Das Studium: Vom Start zum Ziel

Barbara Messing

Das Studium: Vom Start zum Ziel

Lei(d)tfaden für Studierende

2. Auflage

Springer

Dr. Barbara Messing
Resedastr. 50
42369 Wuppertal
Deutschland
barbara.messing@arcor.de

ISBN 978-3-642-20650-4   e-ISBN 978-3-642-20651-1
DOI 10.1007/978-3-642-20651-1
Springer Heidelberg Dordrecht London New York

Die Deutsche Nationalbibliothek verzeichnet diese Publikation in der Deutschen Nationalbibliografie; detaillierte bibliografische Daten sind im Internet
über http://dnb.d-nb.de abrufbar.

Einbandentwurf: KünkelLopka GmbH, Heidelberg

Gedruckt auf säurefreiem Papier

Springer ist Teil der Fachverlagsgruppe Springer Science+Business Media
(www.springer.com)

Vorwort

Liebe Leserin, lieber Leser,
dieses Buch ist für Sie gedacht, wenn Sie

- überlegen, was Sie studieren wollen, und Entscheidungsunterstützung suchen,
- gerade angefangen haben zu studieren und Orientierungshilfen brauchen können,
- bereits ein paar Semester studiert haben und manchmal nicht recht wissen, wie es weitergehen soll oder
- bereits in echten Schwierigkeiten stecken und Klarheit über Ihr Studium suchen.

Die einzelnen Abschnitte sind in bestimmten Phasen des Studiums aktuell, so dass es nicht viel Sinn hat, das Buch von vorne bis hinten durchzulesen und dann wegzulegen. Picken Sie sich jeweils das heraus, was Sie gerade brauchen:

- Die Kap. 1–4 könnte man unter der Überschrift **Orientierungsphase** zusammenfassen. Hier geht es um die Entscheidung für ein Studienfach, eine Hochschulform und die Wahl der Hochschule, die Finanzierung, die erste Orientierung an der Hochschule und die Organisation des Lebens rund um das Studium.
- Ein weiterer Schwerpunkt liegt auf **Arbeits- und Organisationstechniken** wie Literaturrecherche, Schreiben im Studium,

Zeitmanagement, Vortragen, eine Abschlussarbeit schreiben und Prüfungen absolvieren. Dies sind die Themen der Kap. 6–8, 11, 13–15.

- Den dritten Themenstrang könnte man mit **Motivation und Krisen** überschreiben. Hier geht es um Fragen wie: Was mache ich, wenn ich etwas nicht verstehe? Wie erhalte ich meine Motivation? Was ist, wenn ich mich mit Abbruchgedanken trage? Diese und weitere Fragen werden in den Kap. 5, 9 und 17 diskutiert.
- Kapitel 10 gibt Tipps zum Umgang mit Mathematik im Studium.
- In Kap. 16 geht es um Gleichstellung und Frauenspezifisches.

Dieses Buch versteht sich nicht als Anleitung für ein schnelles Studium, sondern als ein Informations- und Reflexionsangebot. Ich kenne Sie nicht und kann mir nicht anmaßen, Ihnen zu sagen, was für Sie das Beste ist. Ich kann und will niemandem Vorschriften machen, sondern nur Argumente vorbringen. Denn nicht jeder Hinweis ist für jeden nützlich: Wer ohnehin schüchtern ist, wird von dem Rat, sich in bestimmten Situationen zurückzuhalten, noch mehr eingeschüchtert; hingegen einem notorischen Anderen-ins-Wort-Faller nahezulegen, er möge doch zeigen, was er kann, kann fatale Wirkungen auf die Atmosphäre im Seminar haben. Wer Gefahr läuft, sich durch seinen Perfektionismus selbst ein Bein zu stellen, zieht vielleicht aus der Mahnung, gründlich und sorgfältig zu sein, noch mehr Nahrung für seine Selbstblockade, während jemand, der zu Oberflächlichkeit und vielleicht auch Bequemlichkeit neigt, sich bestätigt fühlt von Sprüchen wie „Mut zur Lücke!" Sie müssen selbst herausfinden, welcher Stiefel Ihnen passt. Fragen Sie sich stets, wo bei Ihnen aktueller Handlungsbedarf überhaupt besteht, und wenn Sie diesen nicht sehen, lassen Sie sich von den entsprechenden Ratschlägen bloß nicht verwirren.

Ähnliches gilt für die Prägung, die ich selbst durch die Fächer Mathematik und Informatik erhalten habe. Einige Hinweise passen vielleicht nicht in Ihr fachliches Umfeld; lesen Sie selektiv und finden Sie selbst heraus, was Ihnen in Ihrer Situation nützt. Mir ging es nicht nur darum, das Handwerkszeug für das Studium zu vermitteln – richtig lesen, schreiben, zitieren, lesen und Prüfungen absolvieren etwa, obwohl das natürlich Themen sind. Mir liegt daran, zu vermitteln, wie man eine persönliche Beziehung zu seinem Fach entwickelt und die Studienzeit genießt. Das klingt sonderbar in einer Zeit der Wirtschaftsflaute, der vielbeschworenen Akademikerarbeitslosigkeit und der vielen drohenden Menschheitsprobleme. Aber für Ihre Zukunft tun Sie am meisten, wenn Sie Ihren Kopf benutzen, um über Lösungen nachzudenken – nicht, um ihn in den Sand zu stecken und zu erwarten, dass andere für Sie denken. Wenn Ihnen die Lektüre hilft, Ihr Studium mit mehr Optimismus und Spaß an der Sache zu bewältigen, dann hat das Buch seinen Zweck erfüllt.

Und wenn nicht? Dann können Sie sich in einer E-Mail an mich Luft machen (info@barbara-messing.de) und mir schreiben, was Ihnen gefehlt oder Sie gestört hat.

Alle Informationen in diesem Buch wurden sorgfältig zusammengetragen und geprüft. Abgesehen davon, dass mir bei der Recherche Fehler unterlaufen sein können, kann ein Buch niemals tagesaktuell sein. Gerade im Hochschulbereich ändert sich derzeit vieles. Neue Gesetze werden erlassen oder es werden folgenreiche Gerichtsurteile gefällt; Gebühren eingeführt oder (seltener) abgeschafft, Ermessensgrenzen und Kosten werden angepasst. Im Anhang sind Leitseiten vieler offizieller Stellen genannt, bei denen Sie sich über aktuelle Regelungen informieren können. Sie können auch von meiner Homepage

http://www.barbara-messing.de

aus Ihre Recherche starten, dort sind alle angegebenen Verbindungen zusammengestellt und werden laufend aktualisiert.

Webseiten sind flüchtig und vergänglich und ich habe keinen Einfluss auf ihr Bestehen und ihre Qualität. Sollten Links nicht funktionieren, versuchen Sie es mit den gängigen Suchmaschinen. Für Hinweise auf „tote" Links oder interessante neue bin ich jederzeit dankbar.

Das Literaturverzeichnis enthält die Bücher, die unmittelbar mit dem Thema Studieren zu tun haben. Alle weiteren Quellen, die ich benutzt habe, sind im laufenden Text genannt.

Neben der Literatur- und Internetrecherche bildeten meine Erfahrungen aus vielen Jahren im Universitätsbetrieb, als Lehrbeauftragte an Fachhochschulen und als Lehrerin am Berufskolleg die Grundlage für dieses Buch. Mancher Gesprächsfetzen hat hier seinen Niederschlag gefunden und manch Lehre ließ sich ziehen, vor allem dann, wenn Dinge nicht so liefen, wie sie sollten.

Am Gelingen dieses Buches waren darüber hinaus eine Reihe von Personen direkt beteiligt: Für erhellende Gespräche, das Stöbern im Manuskript und technische Unterstützung danke ich Prof. Dr. Christoph Beierle (FernUniversität Hagen) und Dr. Manfred Widera (ehemals FernUniversität Hagen). Dr. Carmen Boxler (ehemals Frauenbeauftragte der Universität Karlsruhe) trug mit kritischen Anmerkungen und philosophischen Kommentaren zum Kap. 16 bei. Sachkundige Auskünfte erhielt ich außerdem von Joachim Ackva, Anna-Katharina Baradaranossadat, Michael Messing und Cornelia Rupp-Freidinger. Ich danke auch Linda Messing und Sören Uebis, die beim Korrekturlesen geholfen haben.

Für die zweite Auflage wurde das Buch vollständig überarbeitet und aktualisiert. Die „neuen" Studiengänge Bachelor und Master sind inzwischen nicht mehr ganz so neu; die Bedeutung der Medien hat mit neuen mobilen Geräten, den sozialen Netzwerken und dem Ausbau der Online-Angebote durch die Universitäten enorm zugenommen. Vieles ist neu hinzugekommen, manches konnte nicht mehr so stehen bleiben, und manchmal habe ich mich gefragt, wozu man ein Buch braucht, wo heutzutage doch eigentlich alles im Internet steht. Die Antwort ist: Genau deshalb. Denn anders als das Internet hat das Buch einen Anfang und – noch wichtiger: ein Ende.

Viel Spaß beim Lesen!

Wuppertal, Deutschland   Barbara Messing
im August 2011

Inhaltsverzeichnis

Kapitel 1
Studieren – was und wo?

Ein Beruf ist das Rückgrat des Lebens.
– NIETZSCHE

Das Glück besteht darin, dass man da steht, wo
man seiner Natur nach hingehört.
– THEODOR FONTANE, Brief an Gustav Karpeles

In zweifelhaften Fällen entscheide man sich für
das Richtige.
– KARL KRAUS

In früheren Zeiten wurde der Sohn des Schusters eben wieder
Schuster, und die Tochter heiratete und bekam Kinder. Heute
gibt es so viele Möglichkeiten, dass es schon weh tut. Die Zahl
der Berufsgruppen und spezialisierten Tätigkeitsfelder wird immer größer, das Angebot immer unübersichtlicher. Ständig entstehen neue Studiengänge. Verschiedene Hochschul- und Aus-
bildungsformen konkurrieren miteinander. Wer schon weiß, wo
er hin will, ist zu beneiden und kann dieses Kapitel überschla-
gen. Den anderen soll dieses Kapitel ein paar strategische Hilfen
geben.

B. Messing, *Das Studium: Vom Start zum Ziel*, 2. Aufl.,
DOI 10.1007/978-3-642-20651-1_1,
© Springer-Verlag Berlin Heidelberg 2012

1.1 Wer darf studieren?

Mit dem Abitur (allgemeine Hochschulreife) dürfen Sie jedes
Fach studieren – prinzipiell. Es ist aber nicht gesagt, dass Sie
Ihr Wunschfach an Ihrer Wunschuniversität studieren dürfen.
Oft gibt es mehr Bewerber als Studienplätze, so dass Auswahlverfahren notwendig werden. Studienplätze werden teils zentral
(hochschulstart.de, Nachfolgeorganisation der ZVS), teils von
den Hochschulen selbst vergeben.

Mit einer Fachhochschulreife (FHR) dürfen Sie an einer
Fachhochschule studieren. Die FHR besteht aus dem schulischen und einem berufsbezogenen Teil. Praktische Erfahrung
kann z. B. durch ein gelenktes Praktikum oder eine Berufsausbildung erworben werden. Daneben gibt es die fachgebundene
Hochschulreife („Fachabitur"), bei der der Zugang auf bestimmte Fächer beschränkt ist.

Es ist aber auch möglich, mit einem qualifizierten Berufs-
abschluss Zugang zur Hochschule zu erlangen. In Nordrhein-
Westfalen beispielsweise regelt dies die Berufsbildungs-
hochschulzugangsverordnung, die auf dem Hochschulgesetz von
2006 beruht. Außerdem gibt es private Anbieter, die Studierende
ohne Hochschulzugangsberechtigung aufnehmen. Von der Fachhochschule kann man zudem unter bestimmten Voraussetzungen
an die Universität wechseln.

Im Übrigen kann man Angebote der Universität auch als Wei-
terbildungsmaßnahmen nutzen und beispielsweise Zertifikate erwerben. Auch ein nebenberufliches Studium (Teilzeit) ist möglich. Zum Studieren ist man nie zu alt! Viele Universitäten bieten
Seniorenstudiengänge und Veranstaltungen für Gasthörer an.

1.2 Lohnt sich ein Studium?

Das kommt darauf an, unter welchem Aspekt man es betrachtet. Dass man auch mit einem abgeschlossenen Studium arbeitslos sein kann, ist nichts Neues. Man kann sich auch in einem

Ausbildungsberuf hocharbeiten. Mit einem abgeschlossenen Studium steigt man allerdings gleich mit einem höheren Gehalt ein – vorausgesetzt, der Berufseinstieg gelingt in der richtigen Branche. Hier spielen so viele wirtschaftliche und persönliche Aspekte eine Rolle, dass sich kaum eine belastbare Aussage treffen lässt.

Der Weg ist nicht mehr so klar vorgezeichnet, wie er vielleicht mal war: Die sich rasch verändernden Bedingungen am Arbeitsmarkt erfordern eine gewisse Flexibilität, und die Jobsuche nach dem Studium kann eine Weile dauern. Das „A13-Syndrom" („Nach einem Studium habe ich den Anspruch auf einen Arbeitsplatz in einer angemessenen Gehaltsklasse") ist längst antiquiert (sollte man „geheilt" sagen?). Es gibt sogar Hochschulabsolventen, die nach dem Studium unbezahlte Praktika ableisten oder sich mit einem Gehalt abfinden, das dramatisch unter ihrem Wert liegt. Das klingt alles andere als verlockend. Diese Unsicherheit mag manchen vom Studium abhalten. Und das gilt vor allem für die, die das Studium nicht aus eigenen Mitteln finanzieren können.

Außer der unsicheren Zukunft wird gern auch die Theorielastigkeit der Universitäten ins Feld geführt, wenn es um den Nutzen eines Studiums geht. Es wird behauptet, die Universitäten lehrten überflüssiges Grundlagenwissen, das mit dem „wahren Leben" höchstens am Rande zu tun habe. Das „wahre Leben" ist in diesem Zusammenhang ausschließlich die Welt der Wirtschaft. Die Universitäten lehren tatsächlich nicht genau das, was der künftige Arbeitgeber sich wünscht. Wie auch – „den" Arbeitgeber gibt es, was immer manche Medien uns weismachen wollen, nicht. Sich beispielsweise auf eine Programmiersprache festzulegen, wäre sehr kurzsichtig und würde Ihre Optionen bei der Stellensuche erheblich einschränken. Natürlich stellen sich die Hochschulen auf die Erfordernisse des Arbeitsmarkts ein und halten mit Projekten den Kontakt zur Industrie. Aber ein Studium ist nun einmal keine Berufsausbildung im klassischen Sinn.

Hinzu kommt: Wissen hält nicht ewig, nicht umsonst spricht man heute immerzu vom „lebenslangen Lernen". Niemand kann so genau wissen, was in fünf Jahren für Spezialkenntnisse wichtig werden. Wichtig ist ein Fundament, von dem aus sich weiter lernen lässt und das Sie befähigt, auch mit neuen Sachverhalten zurechtzukommen. Die Denkbewegungen, die im Studium erlernt werden, gehen einem so in Fleisch und Blut über, dass man hinterher kaum mehr weiß, wann man welchen Stoff aus dem Studium überhaupt anwendet. Es sind oft nicht die Inhalte, sondern mehr die Methoden, die Sie später brauchen werden. „Gebildet sein" bedeutet nicht, so viel Faktenwissen gebunkert zu haben, dass man jede Quizsendung gewinnen kann, sondern sich flexibel auf neue Anforderungen einstellen und neue Erkenntnisse einordnen und bewerten zu können.

Wie breit und tief das Fundament sein soll, das Sie sich erwerben wollen, können Sie selbst bestimmen, die Angebotspalette ist heutzutage von der Berufsakadamie über die Fachhochschule bis hin zur privaten oder staatlichen Universität unüberschaubar groß. Sie können mit einem hohen wissenschaftlichen Anspruch studieren, es gibt aber auch die Möglichkeit, zugleich eine Ausbildung und ein praxisnahes Studium zu absolvieren.

1.3 Informations- und Beratungsangebote

An Informationsangeboten mangelt es wirklich nicht. Auch die nicht-virtuellen Angebote sind im Vergleich zu früher wesentlich attraktiver geworden. Informationsveranstaltungen für Schüler, die Berufsinformationszentren und die Berufsberatung der Bundesagentur für Arbeit, eine Reihe von Internet-Seiten und natürlich auch Bücher bieten die Möglichkeit, sich zu orientieren. Die Bund-Länder-Kommission für Bildungsplanung und Forschungsförderung (BLK) gibt gemeinsam mit der Bundesagentur für Arbeit eine jährlich erscheinende Informationsbroschüre mit dem Titel „Studien- und Berufswahl" heraus. Man kann sie auch online bestellen (www.studienwahl.de). Sie wird jährlich aktualisiert und umfasst über 700 eng bedruckte Seiten. Die

Universität Duisburg-Essen bietet unter www.uni-due.de/isa detaillierte Informationen zu Fächern und Berufen sowie Chancen auf dem Arbeitsmarkt.

Auch die Hochschulen selbst geben sich alle Mühe: Mit den sehr erfolgreichen „Kinder-Unis" haben sie sich schon den ganz jungen Menschen geöffnet. „Schnupper-Unis" wenden sich an Schüler der gymnasialen Oberstufe, die zu Probevorlesungen und Tagen der offenen Tür eingeladen werden. Jede Universität hat eine ausführliche Homepage.

Und dann sind da natürlich auch noch Freunde und Verwandte, die Ihnen mit Rat und Tat beiseite stehen. Von den vielen, oft widersprüchlichen Empfehlungen fühlt sich manch einer völlig überfordert. Auf die eigene innere Stimme zu hören ist sehr schwer, wenn man aus so vielen Richtungen beeinflusst wird. Aber die Entscheidung darüber, ob und was Sie studieren, müssen Sie allein treffen – nicht Ihre Lehrer, nicht Ihre Eltern, auch nicht Ihre Freunde und Geschwister, nicht der Berufsberater, der Sie vielleicht nur zweimal gesehen hat. Es ist *Ihre*

Aua! Rat-Schläge!

Zukunft, die da vor Ihnen liegt. Lassen Sie sich nicht drängeln und nicht „bequatschen", seien Sie äußerst skeptisch gegenüber Geheimtipps, die Ihnen Erfolg und Geld prophezeien, und Unkenrufen, die Ihnen Fächer madig machen wollen. Kein Fach ist von sich aus „trocken", „langweilig", „aufwendig" oder „zu schwer". Es gibt auch kein Fach, mit dem man todsicher arbeitslos wird.

Niemand kann Ihnen vorhersagen, ob Sie mit dem Studium, dass Sie beginnen wollen, glücklich und erfolgreich werden. Stellen Sie sich nicht vor, dass Sie mit unklaren Vorstellungen in die Beratung gehen und sie mit einem fertigen Plan verlassen. Aber die Berufsberater können Sie über Alternativen beraten. Die Qualität der Berufsberatung mag durchwachsen sein, aber die zuständigen Leute haben gegenüber Eltern und Lehrern einen Vorteil, den Sie unbedingt nutzen sollten: Sie haben Abstand. Die Berufsberaterin hat selbst kein Interesse daran, Sie in einen bestimmten Studiengang zu schicken, sie kann und will Ihnen nicht ihre eigenen Interessen aufdrängen und sie steckt Sie nicht gleich in irgendwelche Schubladen, eine Tendenz, die von Menschen im engeren Umkreis nun einmal ausgeht. Von einem Gespräch mit einer neutralen Person kann man sehr profitieren. Die Personen im Bekannten- und Verwandtenkreis sehen häufig nur das Umfeld, in dem sie selbst arbeiten. Es gibt aber weit mehr Berufe als Arzt, Lehrer und Rechtsanwalt.

1.4 Von Prognosen und dem Schweinezyklus

Es ist nicht immer das Interesse am Fach, das die Wahl bestimmt, oftmals ist die Interessenlage noch nicht einmal der Ausgangspunkt für die Entscheidung. Viele stellen sich vielmehr die Frage: Welches Fach hat die besten Zukunftschancen? Was sollte ich studieren, um möglichst gut zu verdienen und nicht arbeitslos zu werden? Mit welchem Fach kann ich am schnellsten Karriere machen? Wer sich mehr an der Lohnt-sich-das-Frage als

an der Interessiert-mich-das-Frage orientiert, muss sich klar machen: Auch wer ein klares Berufsziel vor Augen hat („Ich will
eine Führungsposition übernehmen"), muss sich im Studium zunächst einmal mit den Inhalten seines Fachs auseinandersetzen.
Aus der Schulzeit kennen Sie vermutlich die Erfahrung, sich mit
einem Lernstoff herumzuplagen, der Sie nicht interessiert, vielleicht sogar richtig anödet. An der Universität ist es erheblich
schwerer, derlei Widerwillen zu überwinden und auch in den
Fächern erfolgreich zu sein, für die man nur wenig Interesse
hat. Ein zeitlich weit entfernter Berufswunsch ist eine schwache
Motivation, die nächste Matheklausur zu bewältigen. Zum Ziel,
das Studium erfolgreich abzuschließen, sollte sich dann zumindest ein sportlicher Ehrgeiz gesellen: „Auch das Mathepensum
schaffe ich, wenn ich nur will, auch wenn ich es nicht besonders
spannend finde."

Auf die Frage, ob es sich lohnt, gibt es keine zuverlässige
Antwort, gleichgültig, um welches Fach es sich handelt. Weder endet ein Germanistik-Absolvent zwangsläufig als Taxifah-
rer, noch wird eine Diplom-Informatikerin von jeder Firma um-
worben. Bis zum Abschluss Ihres Studiums kann sich auf dem
Arbeitsmarkt eine Menge tun, und wenn allgemeine Empfehlungen, bestimmte Fächer zu belegen oder Abschlüsse zu machen, ausgesprochen werden, kann dadurch das Gegenteil der
Prophezeiungen eintreten: Aus dem Lehrermangel wird die Leh-
rerschwemme und umgekehrt. Erst werden Informatiker ver-
zweifelt gesucht – dann gibt es zu viele davon. Wenn Sie im
Zusammenhang mit den prognostizierten Berufsaussichten auf
den Begriff „Schweinezyklus" stoßen, ist das nicht abwertend
gemeint. Mit dem Schweinezyklus ist die Beobachtung von zeit-
verzögerten Wirkungen in der Wirtschaft gemeint: Zum Beispiel
führen hohe Gehälter zu einem Run auf bestimmte Berufe, durch
das Überangebot verschlechtern sich jedoch die Gehälter und
daraufhin erlernen weniger Menschen diesen Beruf, was dann
wiederum zu einem Mangel an Fachkräften führt, wodurch die
Gehälter wieder angehoben werden. Kurz gesagt: Gute Fleisch-
preise kurbeln die Schweinezucht an, aber zu viele Schweine

verderben die Preise. Aussagen wie „Ingenieure werden nicht mehr gesucht" oder „Mit Physik kannst du nichts werden" sind platte Verallgemeinerungen. Vor solchen plakativ-universellen „Wahrheiten" muss sogar ausdrücklich gewarnt werden.

Dass Voraussagen mit einer hohen Unsicherheit behaftet sind, liegt auch daran, dass ja aktuell niemand sagen kann, wie sich die anderen entscheiden. Die Stadt Wuppertal schickte ein Kärtchen an ihre Einwohner, auf dem sie diese aufforderte, das Einwohnermeldeamt nicht zwischen halb zehn und halb zwölf zu besuchen, um Wartezeiten zu vermeiden. Ein örtliches Satireblatt kommentierte: „Was ist denn in dieser Zeit? Frühstückspause? Betriebsausflug? Kalenderblattabreißen? Wenn sich jetzt alle Bürger und Bürgerinnen daran halten würden und geschlossen um 11.30 Uhr im Amt auflaufen täten, wären dann die Wartezeiten nicht geradezu unerträglich?"[1]

Natürlich rechnet die Stadt Wuppertal damit, dass sich nicht alle an die Empfehlungen halten (können). Ebenso ist natürlich bekannt, dass einige Studienfächer chronisch überlaufen sind und andere weniger oft gewählt werden. Aber sich allein auf solche Voraussagen zu verlassen, kann nicht nur dazu führen, dass Sie am Ende als der „Gelackmeierte" dastehen, weil die vielen versprochenen Arbeitsplätze dann doch nicht zur Verfügung stehen, sondern vor allem auch dazu, dass Sie etwas studieren, das Ihnen nicht wirklich liegt. Und das kann für Ihre berufliche Laufbahn tatsächlich fatale Folgen haben. Auch mit einer Ausbildung, die auf dem Arbeitsmarkt gefragt ist, haben Sie schlechte Chancen, wenn Sie nur mäßige Noten und eine geringe persönliche Eignung vorzuweisen haben. Eher finden Sie mit einem erfolgreich abgeschlossenen Studium und besonderen Fähigkeiten auch in schwierigen Zeiten eine Nische. Manchmal ist ein „antizyklisches" Verhalten, also das Schwimmen gegen den allgemeinen Trendstrom, der Weg zum Erfolg.

---

[1] „Italien", 11/04.

1.5 Von Traumjobs und finanzieller Sicherheit

Einige Berufe üben zeitlos Faszination aus – Journalismus ist so ein Bereich. Wie Informatik hat auch Journalismus in der „Informationsgesellschaft" seinen festen Platz. Germanistik und Philosophie zu studieren und zu hoffen, auf irgendeinem Wege in den Journalismus hineinzurutschen, ist allerdings keine sehr originelle Idee; die Konkurrenz ist groß und wird das sicher auch noch in zehn Jahren sein. Sich verschärfende wirtschaftliche Bedingungen machen die Sache nicht einfacher. Ein Job bei der Redaktion eines lokalen Anzeigeblättchens entspricht aber kaum dem Wunschtraum eines Universitätsabsolventen. Die Strategie kann hier nur sein, sich – neben der Praxiserfahrung, die man sich gerade in diesem Bereich nicht früh genug erwerben kann – Qualifikationen anzueignen, die bei der Bewerbung hervorstechen. Das kann auch ein Studium der Naturwissenschaft sein; der Quereinstieg ist gerade im Journalismus häufig. An das Studium kann sich der Besuch einer Journalistenschule anschließen – wenn man die Aufnahmeprüfung schafft. Der häufigste Weg in den Journalismus führt über freie Mitarbeit und Volontariat. Eigeninitiative ist in dieser Branche essentiell.

Es gibt auch Bereiche, in denen die Prognosen nicht so schlecht sind und auch der Überlebenskampf nicht so hart, das gilt zum Beispiel für Zahnärzte. Die Überalterung der Gesellschaft geht mit einem erhöhten Bedarf an Zahnreparaturen einher, aber gerade dieses Beispiel zeigt, wie wenig man nach diesen Prognosen gehen kann. Sie können sich vielleicht nicht gut vorstellen, wie der Alltag eines Managers aussieht. Aber beim Zahnarzt war jeder schon einmal. Wem davor graut, den ganzen Tag mit Spiegelchen und Bohrern in anderer Leute Mund herumzufuhrwerken, lässt sich auch durch glänzende Berufsaussichten nicht dazu verführen, Zahnmedizin zu studieren. Als schlechter Zahnarzt haben Sie in einer Welt der multiplen Informationskanäle und der wachsenden Mobilität auch keine Chance.

Stichwort Medizin: Die „Ärzteschwemme" gibt es nicht mehr, im Gegenteil, der „Arzt im Praktikum" wurde abgeschafft, um die Facharztausbildung attraktiver zu machen. Das soll dazu führen, dass nicht so viele Mediziner die Kliniken verlassen und in Bereiche mit besseren Arbeitsbedingungen abwandern. Das ist schön für diejenigen, die sich trotz aller Widrigkeiten nicht abschrecken lassen, Medizin zu studieren. Für die anderen ist es eher nicht von Belang. Das ist so ähnlich wie mit der Zigaretten-werbung: Wer nicht raucht, der lässt sich auch von der Werbung nicht einfangen.

Ein weiteres Beispiel: Finanzielle Sicherheit und viel Freizeit – das assoziieren die meisten Menschen mit dem Lehrerberuf. Junge Menschen gern haben und sich für ein Fach besonders interessieren – das gibt dann den Ausschlag, diesen Beruf zu wählen, den man aus eigener Anschauung allzu gut kennt – vielmehr zu kennen meint. Man darf die Anforderungen des Lehrerberufs nicht unterschätzen. Wer sich in diesem Beruf dann doch nicht wohl fühlt, hat es schwer, ihn zu wechseln, und die häufigen Frühpensionierungen von Lehrern sprechen für sich. Das Fachinteresse kann vielleicht auch mit einem anderen Ausbildungsziel bedient werden; hier gilt es, wirklich gründlich und kritisch zu überlegen, ob man wirklich sein Leben lang zur Schule gehen will.

Dass man einen Beruf gut kennt (etwa durch die Eltern), ist noch kein Grund, ihn zu wählen. Für manche kommt der Beruf der Eltern nicht in Frage, weil sie auch die Nachteile gut kennengelernt haben oder weil sie Pfade scheuen, die ihnen „ausgetreten" erscheinen. Und es lohnt sich wirklich, über die eigenen Erfahrungsgrenzen hinweg zu suchen. Es gibt so viele interessante Berufe, mit denen man nicht alltäglich in Berührung kommt und die man deshalb nicht kennt.

Mit der Sicherheit der Berufsbeschreibung oder der allzu starren Fixierung auf ein Tätigkeitsfeld kauft man sich auch eine gewisse Unfreiheit ein. Der Vorteil der weniger berufsspezifischen Studiengänge ist, dass man nach dem Abschluss weniger festgelegt ist und es eine Reihe von Optionen gibt. Was beispielsweise Mathematiker machen, wissen die meisten Leute nicht so genau. Tatsächlich machen sie alles Mögliche: Sie beschäftigen sich mit Karosseriebau oder arbeiten als Unternehmensberater, sie schreiben Computerprogramme oder sie entwickeln Versicherungstarife. Zu vielen Berufen kommt man auf Umwegen: Fachjournalisten, Leiter von Pressestellen oder Volkshochschulen, Inhaber von Softwarefirmen – diese Leute können auf ganz verschiedenen Wegen ans Ziel gekommen sein. Das Studium ist nur das Sprungbrett und lässt offen, was danach kommt.

1.6 Die Entscheidung für ein Studienfach

Lassen Sie die Wirtschaftsprognosen zunächst einmal außen vor – zu leicht treffen Sie sonst eine fremdbestimmte Entscheidung, die Ihren eigenen Fähigkeiten nicht entspricht. Der Gedanke an Ihr Studienfach muss etwas in Ihnen zum Kribbeln bringen. Ohne innere Beteiligung können Sie vielleicht im Supermarkt Regale einsortieren – ein Studium wird ohne persönliches Engagement zur Qual. Wählen Sie etwas, für das Ihr Herz schlägt.

Der Psychotherapeut Mathias Jung sagt in einem Interview: „Was mich schmerzlich berührt, ist, dass es so selten geworden ist, einem Studium um seiner selbst willen nachzugehen. Dabei wäre das eine Bildung, die mich trägt bis zur Bahre. Darauf könnte man stolz sein. Stattdessen macht man nur noch sein enges BWL[2]-Studium, um möglichst schnell eine Anstellung zu finden und einen BMW anzuschaffen."[3]

Ähnlich äußert sich die Psychologin Cornelia Rupp-Freidinger (Zentrum für Information und Beratung der Uni Karlsruhe). Sie spricht folgende Empfehlung aus: „Hört nicht nur auf die Außenstimmen, was man in welcher Zeit wo machen sollte, um später gut anzukommen. Hört mindestens genauso auf

---

[2] Betriebswirtschaftslehre.

[3] Stern Spezial: Campus & Karriere. Oktober 2004.

eure innere Stimme, was euch wirklich interessiert, wobei ihr
euch gut fühlt, was ihr könnt!"
Folgende Schritte können helfen, eine Wahl zu treffen:

1.6.1 Vorstellungen konkretisieren

Eine typisch vage Aussage, die man im Vorfeld einer Berufs-
entscheidung oft hört, ist „Ich möchte etwas mit x machen".
Ersetzen Sie x beispielsweise durch „Sprachen", „Menschen"
oder „Tiere", dann ist das immer noch eine Leerformel. Auch
ein Metzger hat mit Tieren zu tun und wer als Rechtsmediziner
Leichen obduziert, hat mit Menschen zu tun, aber ob das wohl
gemeint war?

Gleichgültig was Sie tun, Sie werden in jedem Beruf mit
Menschen zu tun haben und folglich auch mit ihnen sprechen.
Die Unterschiede bestehen darin, wie eng, wie oft und in welchem Verhältnis man „mit Menschen zu tun" hat: Eine Einzelperson beraten ist etwas anderes als vor einer Schulklasse oder
in einem Hörsaal zu stehen; andere zu unterrichten ist etwas
anderes als über Therapieformen zu entscheiden; als Lektor an
der Produktion eines Buchs beteiligt zu sein ist etwas anderes
als eine Abteilung von fünfzig Mitarbeitern zu leiten. Und dasselbe gilt für „Sprache": Eine Simultanübersetzerin hat in anderer Weise mit Menschen und Sprache zu tun als eine Bibliothe-
karin, eine Journalistin oder eine Logopädin.

„Ich lese gern": Aha. Jeder Student hat immerzu mit Büchern
zu tun. Es kommt darauf an, welche Bücher man liest und wie.
Schnell und wahllos Romane zu verschlingen weist noch keine
Richtung zu einem Studienfach oder einem Beruf. Schöngeis-
tige Literatur kann einem ganz schön verleidet werden, wenn
man Werk um Werk in Einzelteile zerlegen und mitsamt historischen Bezügen und einem Berg von Sekundärliteratur analysieren muss. Hier muss man schon etwas genauer hinschauen, welche Art von Studium man aufnimmt und ob das dem speziellen
Leseinteresse entgegenkommt. Einfacher ist die Entscheidung
natürlich, wenn man ohnehin nur Fachzeitschriften liest.

„Ich schreibe gern": Auch das sollte jeder Student und jede Studentin. Denn Sie müssen im Studium viel schreiben. Aber was soll es denn sein? Eine schnelle Reportage, ein tiefsinniger Essay, eine Gebrauchsanweisung, ein Fachbuch oder ein Roman? Das Schöne an jeder Art von Studium ist: Wenn Sie gern schreiben, dann bekommen Sie dazu reichlich Gelegenheit. Sie können auch nach dem Studium einen Beruf finden, in dem Sie viel schreiben dürfen. Und Sie werden in so gut wie jedem akademischen Beruf auch in der Lage sein müssen, sich schriftlich auszudrücken. Sachkenntnis ist die Basis dafür. Nur wenige haben eine so interessante Biographie, dass sie den Stoff zu einem Bestseller hergibt. Überlegen Sie sich vor Aufnahme des Studiums also gründlich, *was* und *worüber* Sie schreiben wollen.

Durchforsten Sie Ihre Vorlieben nach diesem Muster und machen Sie Ihre Vorstellungen so konkret wie möglich. Überlegen Sie genau, in welchen Alltagssituationen Sie sich wohlfühlen, in welchen dagegen weniger: Finden Sie es schrecklich, ein Referat zu halten oder genießen Sie die Aufmerksamkeit? Haben Sie Hemmungen, unbekannte Personen anzusprechen, oder sind Sie eher der Typ „Partylöwe", der stets einen lockeren Spruch auf Lager hat? Würden Sie lieber ein Gleichungssystem mit mehreren Unbekannten lösen, einen Radiowecker reparieren, ein Kleinkind hüten oder ein Kleid entwerfen? Formulieren Sie vergleichende Aussagen. Mir kann x wichtig sein und auch y; letztendlich ist aber das Entscheidende: Was ist mir – ganz konkret und unter dem Zugzwang der Ausschließlichkeit – *wichtiger*? Will ich unbedingt viel reisen und nehme dafür ein geringeres Gehalt in Kauf? Wünsche ich die Sicherheit eines Beamtenverhältnisses und mache dafür Abstriche in puncto Kreativität oder heize ich lieber mit Kohle und richte mich mit Apfelsinenkisten ein, wenn ich dafür meinen Traum vom freien Künstlerleben realisieren kann?

Der Anspruch, anderen Menschen (oder „der Gesellschaft") zu helfen, sie zu erziehen, zu heilen oder anderweitig die Welt zu retten ist ebenso lobenswert wie gefährlich. Natürlich kann ein Missstand, den man gern beseitigen möchte, ein starker

Motor für die berufliche Entwicklung sein. Aber man muss sich auch darüber klar sein, was man sich zumuten kann. Um mit einer Hauptschulklasse in einem sozialen Brennpunkt fertig zu werden, braucht man weniger die Fachkenntnisse aus dem Lehramtsstudium als vielmehr eine sehr robuste psychische und auch physische Konstitution. Kinder gern zu haben ist leider auch keine hinreichende Voraussetzung, um diese Kinder auch medizinisch zu betreuen. Es kann sehr schmerzlich sein, sich die eigene Machtlosigkeit eingestehen zu müssen. Psychische Gründe sind mittlerweile noch vor Erkrankungen des Bewegungsapparates die Hauptursache für die Berufsunfähigkeit, und gerade die Lehrer sind davon sehr oft betroffen.[4] Machen Sie sich ein möglichst genaues Bild von Ihrem Berufsziel und hören Sie auch dann gut hin, wenn es um die Nachteile des Jobs geht, von denen man (was verständlich ist) meist nicht so gerne etwas hören möchte. Ein Newsgroupteilnehmer formulierte es einmal so: „Man sollte niemanden davon abhalten, Medizin zu studieren – aber man sollte jeden warnen." Das gilt sicher für alle Fächer. Die Wahl kann nur dann richtig sein, wenn die Entschlossenheit mit den Widerständen wächst.

Gegen das Gefühl der Berufung sind Einwände sinnlos, wie es zum Beispiel in einem Roman von Barbara Wood über drei Ärztinnen geschildert wird:

> „Sagen Sie nur nicht, dass Sie Ärztin werden wollen, weil Sie den Menschen helfen wollen", hatte der Berater sie gewarnt. „Das hören sie gar nicht gern. Schon weil es so pathetisch klingt. Außerdem ist es nicht originell. Sie bevorzugen eine ehrliche Antwort, direkt aus dem Kopf oder aus der Brieftasche. Sagen Sie, Sie streben berufliche Sicherheit an oder Sie haben ein wissenschaftliches Interesse an der Ausrottung von Krankheiten. Sagen Sie nur nicht, dass Sie der Menschheit helfen wollen." Sondra hatte ruhig und fest geantwortet: „Weil ich den Menschen helfen möchte", und die sechs Prüfer hatten gemerkt, dass es ihr ernst war.[5]

---

[4] VDR 2003, nach: Finanztest August 2004.

[5] Barbara Wood: Herzflimmern. Roman, Fischer.

Seien Sie vorsichtig bei dem Ziel, ein Hobby zum Beruf zu machen, besonders, wenn es um künstlerische Tätigkeiten geht. Unter ökonomischen Zwängen und unter dem großen Konkurrenzdruck können Kreativität und die Freude an der Sache sehr leiden. Neben der künstlerischen Begabung sind auch kaufmännisches Geschick und gutes Selbst-Marketing erforderlich. Kunst- und Musikhochschulen unterziehen die angehenden Studenten von jeher einer Eingangsprüfung. Während diese Auswahlverfahren in anderen Studienfächern oft kritisch gesehen werden, werden die Prüfungen angehender Künstler weitgehend akzeptiert. Sie haben ja auch die Funktion, junge Menschen davon abzuhalten, einen Weg einzuschlagen, der ihnen keinen Erfolg verspricht. Es gibt auch die Ansicht, dass künstlerische Leistungen eine gewisse Reife – also auch ein gewisses Alter – voraussetzen und dass einem künstlerischen Beruf zunächst eine „bürgerliche" Ausbildung vorausgehen sollte.

Ähnliches gilt für weniger ambitionierte Hobbys und Vorlieben. Wenn Sie gerne Tiere mögen, sind Sie mit dem Rat, Tierärztin zu werden, nicht unbedingt bestens bedient. Denn die Tierliebe wird allzu oft mit der wirtschaftlichen Realität in Konflikt geraten.

Diese Spannung entsteht bei vielen Tätigkeiten. Neben der inneren Beteiligung ist immer auch professionelle Distanz erforderlich. Man muss sich klar darüber werden, in welchen Bereichen man diese Distanz überhaupt erlernen will (denn erlernen muss man sie) und in welchen man sich die Liebhaberei oder das Engagement erhalten will. Wer als Verkehrsplaner eine Stadtverwaltung berät, kann sich nicht einfach hinstellen und sagen: Warum die Straßen ausbauen – die Leute sollen doch Fahrrad fahren!

Noch einmal: Achten Sie auf Ihre innere Stimme. Das Bauchgefühl gibt Ihnen entscheidende Hinweise – überhören Sie es nicht. Das „Denkvermögen" des Bauch-Nervensystems ist sogar wissenschaftlich belegt, siehe z. B. [Bus02].

Checkliste Interessen

Diese Fragen können helfen, den Berufswunsch einzukreisen:

Was tat ich schon immer gern?
Was habe ich als Kind immer schon gern gemacht? Welche Art von Büchern lese ich am liebsten? Welcher Art von Aufgaben erledige ich zuerst? Was hat mir in der Schule gefallen – und was hat mich gequält?

Visualisieren des Arbeitsplatzes
Wie sieht der Arbeitsplatz meiner Träume aus? Laut und hektisch oder einsam und still? Ein großes Büro, ein kleines Familienunternehmen, die freie Natur oder eine Klinik?

Mit wem will ich zu tun haben?
Mit wem bin ich auf einer Wellenlänge? Was machen die Leute gern, mit denen ich mich gut verstehe (und Interessen teile)?

Vorlieben und Abneigungen
Was finde ich langweilig, furchteinflößend, abschreckend, verwerflich oder anstrengend? Was finde ich spannend, leicht, herausfordernd, erstrebenswert oder einfach selbstverständlich?

Meine Neigungen
Was würde ich tun, wenn ich genügend Geld hätte und mein Leben lang nicht arbeiten müsste?

Meine Ansprüche
Wofür würde ich am liebsten Geld ausgeben – abgesehen von den Dingen des täglichen Bedarfs?

Mein Ehrgeiz
Wenn ein Artikel über mich geschrieben würde – wovon sollte der handeln? Was soll in meinem Nachruf stehen?

1.6.2 Die eigenen Fähigkeiten herausfinden

Leider stimmen die Interessen nicht immer auch mit den Fähigkeiten überein, die man mitbringt. Zwar ist das Gerne-tun die beste Voraussetzung für den Erfolg, aber geschenkt bekommt man deshalb noch lange nichts. Außenstehende können Ihnen weniger sagen, was Sie interessiert, aber in puncto Fähigkeiten ist man auf Urteile anderer und auf Vergleiche angewiesen. Nutzen Sie deshalb Eignungstests (beispielsweise in Berufsinformationszentren, auch im Internet; siehe Kap. 21; oder z. B. [JH04]) und fragen Sie Eltern, Lehrer und Freunde danach, was sie für Ihre Stärken und Schwächen halten.

Schwächen fallen meist mehr auf als Stärken, so wie ein krankes Organ sich eher bemerkbar macht als ein gesundes. So äußert sich eine Stärke manchmal in einem Mangel an Einfühlungsvermögen: Wenn man sich nicht vorstellen kann, was an einer Sache schwer ist, kann man auch nicht begreifen, warum ein anderer sich damit plagt. „Das sieht man doch!", sagt der mathematisch Begabte zu dem, der eben „nichts sieht". Die Tür steht dem einen offen, dem anderen nicht. Vielleicht schafft er es, sie aufzuschieben, aber es kostet doch zumindest Mühe. Wer Erfolg haben will, nutzt vor allem die Türen, die ihm offen stehen, statt an denen zu rütteln, die ihm verschlossen sind. Ebenso wichtig wie die Kenntnis über die Fähigkeiten ist es, diese dann auch mit dem Studienfach in Deckung zu bringen.

Beispiel Informatik: Leider täuschen sich viele Studienanfänger bei den Anforderungen, die im Informatikstudium an sie gestellt werden. Das ist insbesondere viel Mathematik und viel Theorie. Die Internetseite der Gesellschaft für Informatik (www.gi-ev.de) bietet Entscheidungshilfen und verlinkt Sie mit einem Eignungstest. Nehmen Sie solche Angebote wahr. Zum Teil führen die Universitäten auch selbst Eignungstests durch. Diese haben auch die Funktion, Sie über Ihre eigenen Möglichkeiten ins Bild zu setzen. In der Schule ist die Möglichkeit, sich mit anderen zu messen, nur eingeschränkt vorhanden, denn auch wenn Sie der Beste im Physik-Leistungskurs waren: An der Uni ist die Konkurrenz eine ganz andere. Auch das Niveau der Kurse und der Schulen schwankt. Das gilt in beide Richtungen: Sie sind vielleicht besser als Sie meinen, aber vielleicht wurden Sie auch nur wenig gefordert.

Andererseits sollte man sich nicht zu schnell entmutigen lassen und auch nicht die Denkschablone „Das kann ich nicht" einüben. Fähigkeiten kann man sich auch noch aneignen, und Fähigkeiten entwickeln sich. Das gilt für analytische ebenso wie für soziale Fertigkeiten. Geduld beispielsweise ist nicht nur eine sehr relative Sache – wer mit Akribie Armbanduhren auseinandernimmt, muss noch lange keine Geduld mit kleinen Kindern haben – Geduld entwickelt sich oft erst mit den Jahren. Der Profi bleibt gelassen, das bringt die Ausbildung mit sich. Eine Hebamme kann angesichts einer Geburt ja auch nicht in Panik ausbrechen. Fachkenntnisse erwirbt man Schritt für Schritt – niemand muss vom ersten Semester an alles wissen. Von diesem Standpunkt aus sind persönliche Gespräche anonymen Tests sicherlich vorzuziehen.

Wer schon vorher weiß, in welcher Größenordnung sich die Anforderungen bewegen, kommt von vornherein besser zurecht, weil er die Kräfte anders einsetzt. Es ist nicht so sehr die „schwere" Mathematik, die so sperrig ist, sondern die Weigerung, sich für dieses Fach anzustrengen, wenn man doch eigentlich ein anderes gewählt und etwas anderes erwartet hat. Wer sofort ungeduldig wird, wenn er etwas nicht versteht, weil er erwartet, die Dinge würden ihm – wie vielleicht in der Schule – ohne Mühe zufliegen, wirft eher das Handtuch als jemand, der weiß, dass er arbeiten muss, um mitzukommen, und es auch einmal aushält, etwas nicht begriffen zu haben. Wie gesagt, die Geduld erlernt man. Man gewöhnt sich ohnehin an so ziemlich alles, wenn es sein muss oder man etwas heftig will. Das wirklich Schwierige ist zu unterscheiden, wo die Überwindung der Schwierigkeiten sich lohnt und wann man sich verbiegt. Wer unbedingt Kinderärztin werden will, übersteht auch den Präpkurs (Leichen sezieren). Wer sich unter seinen Studienkollegen einfach nicht wohlfühlt, hat vielleicht eine andere Denke und ist tatsächlich

„im falschen Film". Andererseits: Wer glaubt, niemals in der Lage zu sein, vor einer Gruppe von mehr als zwei Personen frei zu sprechen, macht sich vielleicht einige Jahre später keine Gedanken mehr darüber, weil er es einfach gewohnt ist.

1.6.3 Gibt es leichte und schwere Fächer?

Ist Elektrotechnik schwerer zu erlernen als Psychologie? Mathematik schwieriger als Philosophie? Sind Geisteswissenschaften leichter als Naturwissenschaften, Jura leichter als Physik? Diese Frage ist irreführend. Nehmen Sie das „klassisch schwere" Fach Mathematik. Natürlich ist es anstrengend, die abstrakte Denkweise der höheren Mathematik zu verstehen, selbst Beweise zu finden und aufzuschreiben. Aber nirgends ist die Struktur klarer und durchsichtiger als in einer Mathematik-Vorlesung mit ihrer Definition-Satz-Beweis-Anordnung. In keinem anderen Fach ist die Einigkeit darüber größer, was wahr ist und was falsch. Weder gibt es neue Urteile zu Sätzen, die schon vor hundert Jahren bewiesen wurden, noch gibt es Einsprüche gegnerischer Schulen. Kants „Kritik der Reinen Vernunft" zu verstehen ist, wenn man schon vergleichen will, sicher aufwendiger als der Vorlesung „Analysis für Ingenieure" zu folgen.

Wer ein Fach als „Laberei" oder „Pseudowissenschaft" darstellt, kennt es wohl kaum. Wirklich kompliziert (und interessant) wird es an den Schnittstellen, wenn zum Beispiel die eher mathematisch orientierten Wirtschaftswissenschaftler das ökonomische Verhalten der Kunden nicht mit ihren Methoden beschreiben können, weil sie psychologische Aspekte missachten. Ähnliche Erfahrungen machte die Künstliche Intelligenz-Forschung: Eine so simple Sache wie die Bildung eines grammatisch korrekten Satzes (Gelaber?) stellte sich als unerwartet kompliziert heraus, während umgekehrt eine schwierige Sache – das klassische Beispiel ist das Schachspiel – mit zunehmender Rechnerkapazität nahezu einfach wurde.

„Leicht" oder „schwer" hängt keinem Fach an, sondern der Person, die sich damit beschäftigt, und der Intensität, mit der sie das tut. Dort, wo ein wissenschaftlicher Anspruch besteht, ist für „Dünnbrettbohrer" kein Platz. Man darf auch nicht die Verständlichkeit einer Frage mit der Komplexität der Antwort verwechseln. Schadet Fernsehen kleinen Kindern? Wie kann man sich gegen Krebs schützen? Sind Kernkraftwerke notwendig? Darf man Drogen freigeben? Über solche Fragen kann man auch ohne tiefere Sachkenntnis bei Kaffee und Kuchen diskutieren. Eine Übungsaufgabe für Physikstudenten des ersten Semesters dagegen versteht man erst gar nicht – das erscheint schwer. Welch kompliziertes Unterfangen Aussagen über Ursachen und Wirkung sind, wie schwierig es ist, Gesetze zu ändern oder Erziehungsempfehlungen zu geben, das bemerkt man erst, wenn man sich näher damit beschäftigt. Dieselbe Energie, in die Grundlagen der Physik investiert, würde aber auch zeigen, dass die Dinge, wenn man erst die Terminologie verstanden hat, gar nicht weiter kompliziert sind. Das soll nun nicht heißen, dass Physik „leicht" sei, sondern dazu anregen, die Schwierigkeit eines Fachs nicht im Eilverfahren zu beurteilen, nur weil man die Begrifflichkeiten nicht kennt.

1.6.4 Welche Rolle spielen Schulnoten?

Verschiedene Untersuchungen zeigten Zusammenhänge zwischen Schulnoten und Studienerfolg, die den Schulnoten eine bessere Prognosekraft bescheinigen als vielen Testverfahren.[6] Dabei spielt die Gesamtnote im Abitur eine größere Rolle als einzelne Noten. Die größte Prognosekraft hat die Mathemati-

---

[6] z. B. Jutta Baron-Bold: Die Validität von Schulabschlussnoten für die Prognose von Ausbildungs- und Studienerfolg. Eine Metaanalyse nach dem Prinzip der Validitätsgenerierung. Peter Lang Europäische Hochschulschriften, Reihe VI, 280, 1989.

knote, Mathematik gilt als „Wahrsagefach" für den Studienerfolg. Neuere Studien scheinen dies zu bestätigen.[7] Schulnoten
sagen mehr über den Erfolg einer theoretischen Ausbildung aus
als über das Gelingen einer praktischen Tätigkeit.

Unter diesem Aspekt haben Zulassungsbeschränkungen, die
über die Abiturnote definiert sind, ihre Berechtigung. Obwohl
ein Studium natürlich eine fachliche Spezialisierung ist, darf
man nicht unterschätzen, wie wichtig die elementaren Fähigkeiten sind, logisch zu denken, Texte zu verstehen und sich mündlich und schriftlich auszudrücken. An der Abiturnote zeigt sich
auch, ob jemand leistungsbereit und durchhaltefähig ist.

Aber natürlich ist eine Schülerkarriere aber auch von anderen Faktoren bestimmt außer von der Begabung und dem Leis-
tungswillen. Probleme in der Familie, mit Lehrern oder mit der
Institution Schule überhaupt können dafür sorgen, dass man hinter dem bleibt, was man kann. Es gibt Leute, die wegen einer
Lese-Rechtschreibschwäche in der Schule immer Probleme hatten und es später doch weit gebracht haben, und Leute, die mit
einem totalen Versagen in Mathematik dennoch erfolgreich ihr
(Germanistik-)Studium absolvierten. Schnell kann es passieren,
dass die Schule einem vermittelt, dass man bestimmte Dinge einfach nicht kann und nie lernen wird. Für so eine Zuschreibung
genügt ein schlechter Lehrer in einer schwierigen Entwicklungs-
phase. Die Entwicklung geistiger Fähigkeiten hört aber mit dem
Abitur nicht auf. Auch praktische Tätigkeiten bilden weiter. Und
das Umgekehrte gilt ebenso: Auf einer guten Abiturnote kann
man sich nicht ausruhen.

Das Begabungsprofil zeigt sich im Übrigen nicht immer an
den Noten. Ein ausgeprägtes Händchen für den Umgang mit
schwierigen Menschen, ein besonderes Organisationstalent oder
eine außerordentliche körperliche Robustheit: Diese Dinge werden in keinem Fach bewertet, können aber für das Berufsziel sehr

---

[7] z. B. hier: http://www.mathematikzentrum.ch/assets/Dokumente/Auszug-
Studienerfolgsdeterminanten.pdf.

wichtig sein. Nicht jeder könnte an einem Parabelflug oder einer Exkursion in die Tropen teilnehmen, nicht jedem sind Führungsaufgaben auf den Leib geschneidert. Hier können persönliche Einschätzungen mehr aussagen als Noten. Kreativität, soziale Fähigkeiten oder eine große Belastbarkeit können sich durchaus hinter unerwünschten Eigenschaften verbergen, etwa hinter einer großen inneren oder äußeren Unruhe.

1.6.4.1 Mathematik

Ob leicht oder schwer: Wer mit Mathematik nichts zu tun haben will und in diesem Fach trotz Anstrengungen in der Schule nie ein Bein auf die Erde bekam, für den sind auch viele andere Fächer nicht wählbar: In Informatik, Natur-, Ingenieur- und Wirtschaftswissenschaften sind Mathematikkenntnisse unabdingbar und auch in Psychologie und Soziologie hat die Mathematik einen angestammten Platz. Mit einer Fünf in Mathe Maschinenbau zu studieren ist keine gute Idee.

Wer in Mathe zwar zurechtkam, es aber nie so besonders liebte, sollte sich jedoch nicht abschrecken lassen, ein Fach zu studieren, das ohne Mathematik nicht auskommt. Sprechen Sie mit Ihren Lehrern, Eltern, Freunden: Ihre eigene Einschätzung weicht womöglich von dem ab, was andere Ihnen zutrauen. An der Hochschule stellt sich Mathematik anders dar als am Gymnasium. Sicher, es wird anspruchsvoller, aber oft auch interessanter.

Der Mathematik ist in diesem Buch ein Extrakapitel gewidmet (Kap. 10).

1.6.4.2 Deutsch

Um erfolgreich zu studieren, muss man in der Lage sein, Texte zu verstehen und selbst Texte verständlich abzufassen. Das setzt zunächst einmal ein strukturiertes Denken voraus, nicht unbedingt eine literarische Ader. Eine Ingenieurin muss keine ellenlange Besinnungsaufsätze oder humorvolle Glossen abfassen,

aber in präzisen Worten eine technische Konstruktion beschreiben können. Schlüssiges Argumentieren ist in der Philosophie
von zentraler Bedeutung, aber auch in den Rechtswissenschaften oder etwa für einen Manager. Sprachliche Beweglichkeit ist
immer von Vorteil.

Gute Noten in Deutsch und Mathematik sollen eine gute
Grundlage für das Jurastudium sein. Deutsch und Mathematik beherrschen heißt im Grunde: Da kann jemand geradeaus
denken und die Gedanken auch in Worte fassen. Wer generell
Schwierigkeiten hat, Geschriebenes zu verstehen und zu produzieren, sollte sich überlegen, ob er an der Universität überhaupt
richtig ist. Das wissenschaftliche Schreiben ist im Laufe des
Studiums lernbar (vgl. Kap. 11). Wo sollte man es auch sonst
lernen?

1.6.4.3 Fremdsprachen

Englisch braucht man heute auf jeden Fall während des Studiums und auch später im Berufsleben, das ist bekannt. Kenntnisse von Sprachen, die an der Schule nicht gelehrt werden,
werden jedoch an der Hochschule nicht vorausgesetzt. Fehlende
Sprachkenntnisse auch in gängigen Sprachen können Sie während des Studiums nachholen. Dabei muss man sich aber auf
ein anderes Tempo einstellen, als man es von der Schule her
gewohnt ist. Der Aufwand ist nicht zu unterschätzen.

Für einige Studiengänge werden Lateinkenntnisse und/oder
das Latinum verlangt. Die Unterteilung in großes und kleines
Latinum wird nicht mehr überall gemacht. Die Voraussetzungen unterscheiden sich je nach Bundesland, Studienfach und
Hochschule, informieren Sie sich dort oder auch unter www.
altphilologenverband.de. Das Latinum lässt sich auch noch nachholen. Übrigens: Für Medizin braucht man kein Latinum mehr.
In den Terminologiekursen in der Medizin und Pharmazie spielt
Latein eine wichtige Rolle, wird aber nicht vorausgesetzt.

Nützlich sind Latein- und auch Griechischkenntnisse in der
Wissenschaft allemal.

1.6.5 Einseitige und vielseitige Begabung

Bei manchen Menschen sind die Begabungen und Interessen sehr eindeutig und die weniger ausgeprägten Fähigkeiten ebenso leicht zu identifizieren. Vor allem die mathematische und die sprachliche Begabung erscheinen oft als entgegengesetzte Pole. Wenn die Zeugnisse eine solche klare Polarisierung zeigen, hat das Vor- und Nachteile. Einerseits fällt die Wahl für ein Studienfach wesentlich leichter, wenn man schon weiß, in welche Richtung die Reise geht und was auf keinen Fall in Frage kommt. Man hat auch eher eine Vorstellung davon, auf welchem Gebiet man Überdurchschnittliches leisten kann und an welcher Stelle sich die Anstrengung lohnt. Auch die Motivation ergibt sich fast von selbst, wenn man genau weiß, wie die Interessen gelagert sind. Andererseits hat, wer sehr einseitig ausgerichtet ist, immer wieder mit den Schwächen zu kämpfen: Ein Kernphysiker muss Englisch können und im Psychologie-Studium kommt man um Statistik nicht herum. Daran muss das Studium nicht scheitern, aber man muss sich auf diese Schwierigkeiten einstellen und dafür Energie sammeln.

Wenn sich Interessen und Fähigkeiten eher gleichmäßig verteilen, fällt die Wahl wahrscheinlich schwerer. Das eine tun heißt eben erst einmal: das andere lassen. Vielleicht entwickeln sich einige Neigungen mit den Jahren in eine andere Richtung und man ist geneigt, das Studienfach zu wechseln. Vielleicht reichen auch Talent und Motivation nicht, um ein Studienfach durchzuziehen oder das bohrende Gefühl, etwas zu versäumen, das man eben auch gut könnte, wird übermächtig. Man kann versuchen, ein Fach zu finden, das mehreren Neigungen gerecht wird, hier sind insbesondere die so genannten Bindestrich-Fächer zu nennen, die verschiedene Disziplinen ansprechen, z. B. Computerlinguistik oder Wirtschaftsingenieurwesen. Auch beim Lehramt hat man die Möglichkeit, sich ganz unterschiedliche Fachrichtungen auszusuchen.

Vielseitigkeit ist immer auch ein großer Vorteil. Ein Philosoph hat mit einer mathematischen Begabung oder einem Händchen für Computer einen echten Trumpf im Ärmel, und ein Softwarespezialist, der fließend Japanisch spricht, kann unter „besondere Fähigkeiten" ebenfalls punkten.

Checkliste Fähigkeiten

Ihren Fähigkeiten können Sie mit folgenden Fragen auf die Spur kommen:

Was ist leicht?
Was fällt mir leicht? Was fällt mir schwer? Was mache ich nebenher und selbstverständlich? Wovor drücke ich mich nach Möglichkeit?

Was ist schwer?
Für welches Fach musste ich in der Schule am meisten lernen, um am Ball zu bleiben? Was schiebe ich immer vor mir her, welchen Aufgaben weiche ich aus?

Wie sehen es andere?
Was schätzen andere an mir? Welche Aufgaben übertragen mir andere gern, weil sie glauben, dass ich sie gut und schnell bewältige? Mit welchen meiner Fähigkeiten geben meine Eltern in der Verwandtschaft an? Passt mir das?

Mein Neidfaktor
Um welche meiner Gaben beneiden mich andere? Womit kann ich andere in Erstaunen versetzen?

Mein Geduldfaktor
Womit habe ich Geduld? Womit nicht?

1.6.6 Einen Plan B entwickeln

Wenn Sie Medizin studieren und irgendwann merken, dass der Umgang mit den Patienten doch nicht ganz das Richtige für Sie ist, finden Sie vielleicht eine Möglichkeit, in der Forschung, in der Pharmaindustrie oder in einer Versicherung unterzukommen. Aber nicht immer gibt es eine Ausweichempfehlung, wie erwähnt wird das beispielsweise für Lehrer eher schwierig. Da wäre es nicht schlecht, sich einen „Plan B" zu machen, etwa in Form eines Master- oder Diplomabschlusses, der möglicherweise einen Umstieg ermöglicht.

Man kann Studium und Karriere nicht so genau planen, dass ein fertiger Verlaufsplan in der Schublade liegen muss, noch bevor man loslegt. Aber es ist dennoch sinnvoll, eine gewisse Bandbreite abzudecken, etwa auch durch die Wahl von Nebenfächern, die einem mitunter später berufliche Alternativen eröffnen. Auch allzu früh spezialisieren sollte man sich nicht, um sich nicht Wege zu erschweren, die man anfangs gar nicht gesehen hat. Der oben beschriebene Quereinstieg in den Journalismus ist eine solche Option. Bei niemandem ist die Begabung so einseitig gelagert, dass es nicht verschiedene Berufswege gibt, es liegt heutzutage sogar eher im Trend, mehrere Berufe nacheinander oder sogar nebeneinander auszuüben. Glück, Zufälle, persönliche Beziehungen oder auch Sinnkrisen führen oft zu einem Wechsel oder auch zu einem Karrierekick. Wenn Sie die Möglichkeit haben, besondere Talente zu pflegen, nutzen Sie sie, auch wenn Sie phasenweise wenig Zeit dafür haben werden.

Während früher gern empfohlen wurde, „erst mal die Banklehre" zu machen, bevor man das BWL-Studium aufnimmt, wird diese Laufbahn heute nicht mehr so favorisiert, weil das die Ausbildungszeit verlängert. *Ein* Abschluss reicht in aller Regel, und die Praxiserfahrung kann man sich auch während des Studiums (durch Jobs und Praktika) erwerben; zum Teil sind solche Praktika Pflichtanteil des Studiums und bei den neuen Abschlüssen wird darauf besonderen Wert gelegt. Eine andere Möglichkeit, früh mit der Praxis vertraut zu werden, sind die so genannten dualen Studiengänge, die Ausbildung und Studium miteinander verbinden.

Parallel zwei Fächer mit zwei verschiedenen Abschlüssen zu studieren ist nur in wenigen Fällen sinnvoll. Die meisten Studenten sind mit einem Hauptfach ausgelastet. Nur wenige sind so bildungshungrig, dass sie gar nicht mehr aufhören wollen zu studieren.

1.6.7 Das persönliche Umfeld im Studium

Ein weiterer Aspekt bei der Studienfachwahl mag auch die Art Mensch sein, denen man im Fach der Wahl begegnet oder erwartet zu begegnen: den sozial engagierten Erziehungswissenschaftlern, den karriereorientierten BWLern oder verschrobenen Naturwissenschaftlern. Tatsächlich ist schon der Dress-Code an den verschiedenen Fakultäten höchst unterschiedlich. Vielleicht haben Sie nicht so viel Lust, mit lauter Söhnen aus reichem Haus zusammen Jura zu studieren, sich unter lauter angehenden Führungskräften mit entsprechenden Allüren zu bewegen oder jahrelang mit Technik-Freaks zu verkehren, die die Zähne nicht auseinander kriegen. Aber es gibt nicht „den Juristen" oder „die Sozialpädagogin". Hier ist, wenn das Interesse für das Fach besteht, der Mut gefragt, sich dann auch mit Leuten einzulassen, die man in anderen Lebenszusammenhängen wohl ignoriert hätte. Manchmal sind es auch Freunde und Verwandte, die einem die anderen madig machen wollen – als Intellektuelle, Karrieristen, Träumer, Spinner oder was auch immer. Es ist erstaunlich, was die Leute immer alles wissen. Hören Sie einfach nicht hin. Mir wurde mehrfach gesagt, Mathematiker erkenne man an ihren glasigen Augen. Das war abschätzig gemeint, aber vielleicht sprach da ja auch der blanke Neid.

1.6.8 Zugangsbeschränkte Fächer

Informieren Sie sich rechtzeitig über Zulassungsbeschränkungen. Diese unterscheiden sich nach Fächern und Hochschulen und können sich von Semester zu Semester ändern. Achten Sie darauf, dass Sie die Fristen nicht verpassen. Unter www.hochschulstart.de finden Sie zentrale und aktuelle Information.

Insbesondere der Numerus Clausus (NC) ändert sich jedes Jahr. Aus dem aktuellen NC lassen sich keine Schlüsse auf Ihre Zulassungschancen in künftigen Semestern ziehen. Die Hochschulen haben auch eigene Zugangsbeschränkungen.

1.7 Welcher Abschluss ist der richtige?

Was will sie denn nach dem Examen machen?

Sie macht kein Examen, sie macht einen Bachelor!

Ach so! Und was macht sie nach dem Bachelor?

Hetz sie nicht. Lass sie doch erst mal Examen machen.

Danke, Mutter!

Neulich, beim Kaffeetrinken mit Verwandten

Der Abschluss gibt den Titel an, den Sie nach Ihrem erfolgreich absolvierten Studium tragen dürfen. Welcher Abschluss möglich ist, hängt davon ab, welcher Richtung das Fach zuzuordnen ist und wer Sie prüft.

1.7.1 Bachelor und Master

Die Bachelor- und Masterabschlüsse wurden (und werden weiterhin) im Rahmen des so genannten Bologna-Prozesses, der Reform des europäischen Hochschulsystems, eingeführt. Inzwischen ist der Bachelor die meistgewählte Abschlussart sowohl an Universitäten als auch an Fachhochschulen.[8] Diplom und Magister werden so nach und nach abgelöst. Zum Teil sind noch beide Abschlussarten – die alten und die neuen – möglich; in Humanmedizin, Rechtswissenschaften und Lehramt werden auch noch Staatsexamen abgelegt. Neben der internationalen Vergleichbarkeit ist die Zweistufigkeit erklärtes Ziel der Bachelor-/ Mastereinführung: Es gibt einen „Undergraduate"-Abschluss (Bachelor) und einen „Graduate"-Abschluss (Master). Durch die Einführung des European Credit Transfer Systems (ECTS) werden Studienleistungen europaweit anerkannt. Die Credit Points können nach dem neuen System zusammen mit den Noten im Semester erworben (und dann auch „mitgenommen") werden. Ein Credit-Point („Leistungspunkt") entspricht 30 Arbeitsstunden („Workload"); ein Semester ist mit 30 Leistungspunkten, also 900 Arbeitsstunden veranschlagt. Damit kommt man im Jahr auf 1800 Arbeitsstunden, das entspricht einem Vollzeitjob mit 6 Wochen Urlaub. Für den Abschluss eines sechssemestrigen Bachelor-Studiengangs braucht man demnach 180 Credits. Wieviele Leistungspunkte eine erfolgreich besuchte Veranstaltung einbringt, können Sie der Modulbeschreibung im Vorlesungsverzeichnis entnehmen. Beachten Sie, dass mit den Leistungspunkten Ihr gesamter Arbeitsaufwand berechnet wird.

Das Bachelor-Studium ist sehr viel stärker strukturiert als das bisherige Grundstudium. Es ist von kontinuierlichen Leistungskontrollen begleitet, alles zählt; häufig gibt es sogar Anwesenheitspflicht und -kontrolle, was früher an Universitäten unüblich war.

Nach 6 Semestern kann man schon eine „für den europäischen Arbeitsmarkt relevante Qualifikationsebene"[9] erreicht und

---

[8] HISBUS Kurzinformation Nr.1 17, 2007, http://www.his.de/publikation/ HISBUS-Kurzinformationen.

[9] Formulierung aus der Erklärung der Europäischen Bildungsminister vom 19.6.1999, http://www.bmbf.de/pub/bologna_deu.pdf.

den Bachelor in der Tasche haben; nur bei erhöhtem wissenschaftlichen Interesse wird man einen Masterstudiengang
anschließen. Dieser kann auf dem vorher erworbenen Bachelorstudiengang aufsetzen oder aber inhaltlich abweichen (nichtkonsekutiv). Danach darf man sich beispielsweise M.Sc. (Master
of Science) nennen. Aber Vorsicht: Oft gibt es Beschränkungen
für den Masterstudiengang. Während jemand, der ein Diplom
macht, nach der Vorprüfung automatisch zum Hauptstudium
zugelassen ist, kann es für den Masterstudiengang Auswahlverfahren, etwa Aufnahmeprüfungen, geben. Aus dem Bachelorabschluss ergibt sich kein Rechtsanspruch auf den Masterstudiengang. Informieren Sie sich frühzeitig!

Im Zusammenhang mit den neuen Studiengängen fällt immer wieder der Begriff der *Akkreditierung*. Dies ist eine Prüfung
des Curriculums für einen Studiengang durch eine unabhängige
Agentur. Diese Agentur prüft, ob der Studiengang in der vorgegebenen Zeit absolviert werden kann, wie transparent die Beschreibung der Lernziele und Module ist und für welche Berufsfelder der Studiengang ausgerichtet ist. Einige Studiengänge
sind noch in der Akkreditierungsphase; „nicht akkreditiert" ist
daher nicht unbedingt mit „nicht gut" gleichzusetzen.

Die anfänglichen Akzeptanzschwierigkeiten des Bachelor-
Abschlusses scheinen allmählich überwunden, auch wenn es
nach wie vor kontroverse Diskussionen gibt. Die Umstellung
läuft und man wird sich daran gewöhnen.

Auch für die Lehramtsstudiengänge ist die zweistufige Ausbildung vorgesehen, wenn auch noch nicht flächendeckend umgesetzt. Unverändert bleibt das Staatsexamen als Abschluss des
Vorbereitungsdienstes.

Obwohl eine einheitliche Regelung für alle Abschlüsse angestrebt wird, werden alte und neue Abschlüsse noch eine Weile
koexistieren. Die beabsichtigte Vergleichbarkeit aller europäischen Abschlüsse ist weiterhin fragwürdig. Es ist nicht verboten,
ein Diplom zu machen, so lange das noch angeboten wird! Auch
die Staatsexamina bleiben erst einmal, wie sie sind. Dennoch:
Der Trend ist klar. Gerade die zunehmende Internationalisierung

macht die neuen Studiengänge attraktiv. Wer ein Semester ins Ausland gehen will, was auf jeden Fall empfehlenswert ist, sollte sich rechtzeitig informieren, wie sich das in den Studienplan am besten einfügt.

Die neuen Studiengänge werden oft mit dem Etikett „praxisorientiert" versehen und beworben. Die Unterscheidung zwischen „anwendungsorientiert" und „theoretisch", bei der häufig die Wertung „praktisch = gut, theoretisch = schlecht" mitschwingt, ist ebenso alt wie umstritten. Theorie und Praxis gehören zusammen wie „Geld ausgeben" und „Geld einnehmen": Das eine ist ohne das andere nicht denkbar. Es ist eine sonderbare Vorstellung, nach der man von dem Wissen, das sich in einem Fachgebiet innerhalb von vielen Jahren angesammelt hat, einfach eine Art Rahm abschöpfen könnte, den man „für die Praxis" braucht oder aus der sich „Geld machen" lässt. Jeder Fachmann und jede Fachfrau braucht methodisches Wissen. Wer nicht bereit ist, sich Grundlagen anzueignen, sollte überhaupt nicht studieren, schon gar nicht an der Universität. Daran ändern auch die neuen Abschlüsse nichts.

Speziell auf den Bachelor zugeschnitten ist der „Survivalguide Bachelor" [BM10]. Die Autorin und der Autor sind in der Studienberatung Mannheim beschäftigt.

1.7.2 Die traditionellen Abschlüsse

In den meisten Geistes- Kultur- und Sozialwissenschaften hieß der Abschluss bisher „Magister Artium (M.A.)". Ein Magisterstudiengang verbindet zwei bis drei Fächer und schließt mit einer Magisterarbeit im Hauptfach ab.

Ein Diplom macht man in den Natur-, Ingenieur-, Sozial- und Wirtschaftswissenschaften. Man trägt dann beispielsweise den Titel Dipl.-Ing. oder Dipl.-Inform. (FH).

Wer seinen Abschluss an staatlichen Prüfungsämtern macht, erwirbt das Staatsexamen: Dies betrifft Ärzte (auch Zahn- und Tierärzte), Apotheker, Lebensmittelchemiker, Juristen und Lehrer.

Diesen traditionellen Abschlüssen gehen in der Regel zwei Studienabschnitte voraus: das Grund- und das Hauptstudium. Nach dem Grundstudium absolviert man eine Zwischenprüfung (Vordiplom, ärztliche Vorprüfung), woran sich dann das Hauptstudium anschließt.

Der bekannteste zusätzliche Abschluss ist die Promotion, der „Doktor". Die Promotion ist für viele berufliche Ziele nicht zwingend und auch das gesellschaftliche Ansehen der beiden Buchstaben ist nicht mehr so hoch wie einst. Chemiker und Mediziner promovieren meistens, die anderen sollten es sich überlegen, da die Promotion sehr aufwendig ist. Für angehende Wissenschaftler ist sie allerdings obligatorisch (siehe Abschn. 18.3).

1.8 Wo studieren?

Wenn Sie ein Fach gefunden haben, das Sie interessiert, müssen Sie entscheiden, wo Sie Ihr Studium aufnehmen wollen. Auch diese Entscheidung sollte man nicht voreilig treffen. Überlegen Sie zuerst, welche Hochschulen überhaupt in Frage kommen, und informieren Sie sich über die betreffenden Fachbereiche. Listen Sie Vor- und Nachteile der Hochschulen:

- Ist das Fach an der anbietenden Hochschule ausreichend vertreten, oder fällt es eher unter „ferner liefen"?
- Ist es eine große „Massenuniversität" oder eine kleinere Hochschule – und was ist mir lieber?
- Möchte ich in dieser Stadt leben? Oder nehme ich hohe Fahrtkosten vom und zum Heimatort in Kauf, am Wochenende oder auch täglich?

1.8.1 Universität oder Fachhochschule?

An der Fachhochschule (FH) hat man nur eine eingeschränkte Auswahl an Fächern, so dass sich für viele die Wahlmöglichkeit gar nicht ergibt. Umgekehrt erwerben Sie mit einer Fachhochschulreife zunächst nur die Zugangsberechtigung für die FH. Auch hier gibt es Zulassungsbeschränkungen, die sich ganz unterschiedlich gestalten. Mit einem abgeschlossenen FH-Studium kann man an die Universität wechseln, unter Umständen auch schon früher. Genaueres zu Zugangsberechtigungen erfahren Sie über die Bundesagentur für Arbeit: www.arbeitsagentur.de. Dort können Sie sich ins „Berufenet" weiterklicken.

An der Berufsakademie (gibt es nicht in allen Bundesländern) erfolgt die Ausbildung im „dualen System": Sie machen zugleich eine Ausbildung und absolvieren ein Studium. Das ist eine attraktive Möglichkeit, sich zeitgleich in einem Unternehmen einzuarbeiten und sich akademisch zu qualifizieren.

Wer Abitur und wissenschaftliche Ambitionen hat und sich die Option einer Promotion offen halten will, geht besser gleich an die Universität. Wen eine lange Studiendauer schreckt, der ist besser an der Fachhochschule aufgehoben. Generell bietet die Universität mehr Freiheit und weniger „Fürsorge". Wer Probleme damit hat, selbstständig zu arbeiten, wird es an der Universität zumindest so lange schwer haben, bis er gelernt hat, auch ohne ständige Überwachung am Ball zu bleiben.

1.8.2 Welchen Wert haben Hochschulrankings?

Es gibt Bratwürstchen und Nuss-Nougat-Cremes, die von *Ökotest* mit „sehr gut" bewertet wurden. Das bedeutet nicht, dass diese Lebensmittel besonders gesund sind. Es kommt immer darauf an, was überhaupt bewertet wird.

Diese Frage muss man auch beim Einordnen von Hochschulrankings berücksichtigen. Ein Ranking ist das Ergebnis einer vergleichenden Studie und soll Auskunft über die Qualität der Hochschulen geben. Es liegt in der Natur der Sache, dass solche Bewertungen keinen universellen Anspruch haben, auch wenn manche Journalisten das so darstellen. Wichtig ist zu fragen: Worauf kam es den Initiatoren der Studie an? Welche Daten wurden erhoben? Was wurde gefragt? Wer wurde gefragt? Wurden die Antworten überprüft? Wie wurden die Einzelergebnisse bewertet und wie verknüpfen sie sich zu einer Gesamtbewertung? Ist die Studie überhaupt wissenschaftlich fundiert oder dient sie in erster Linie dazu, das Publikum zu unterhalten oder Stimmungen zu verbreiten?

Ob und in welchem Maße man sich nach solchen Einschätzungen richtet, hängt wiederum davon ab, was man von seinem Studium erwartet. Es gibt kein deutsches Havard, aber es gibt exzellente Forschungsgruppen und international renommierte Professoren und Fachbereiche. Daneben ist aber auch die durchschnittliche Studiendauer wichtig und die Höhe der Lebenshaltungskosten in der entsprechenden Stadt. Bevor Sie sich von einer solchen Rangliste beeinflussen lassen, schauen Sie erst einmal, wie denn das Ranking selbst bewertet wurde. Einige haben nämlich harsche Kritik hervorgerufen, zum Beispiel, weil sie methodische Mängel aufwiesen. Oftmals wird in unerträglichem Ausmaß simplifiziert und verallgemeinert. Und keine Angst: An den Universitäten, die auf den Rankinglisten weiter unten stehen, laufen auch nicht nur Deppen herum. Wenn Sie im Laufe Ihres Studiums erkennen, dass die Spezialisten in dem Teilgebiet, das Sie brennend interessiert, an einer anderen Universität sind, können Sie auch den Studienort wechseln oder sich mit besagten Leuten selbstständig in Verbindung setzen.

Rankings können wertvolle Informationen geben, sind aber nur ein Kriterium unter anderen, wenn es um die Wahl der Hochschule geht. Eine gute Möglichkeit, sich hier zu orientieren, bietet die Onlineausgaben von *Zeit* und *Spiegel*.

1.8.3 Spielt es für den künftigen Arbeitgeber eine Rolle, wo man studiert hat?

Hier gibt es unterschiedliche Aussagen, und das kann wiederum nicht verwundern. Da die Rankings unterschiedlich ausfallen, ist auch die Einschätzung durch die Personalverantwortlichen unterschiedlich. Häufig beruhen die Vorlieben auch auf subjektiven Einschätzungen. Sicher ist bei der Einstellung wichtiger, was man an persönlichen Fähigkeiten mitbringt, als dass man an der berühmten Universität studiert hat. Das hängt auch davon ab, wie stark der Tätigkeitsbereich, den man übernimmt, mit Studienschwerpunkten verknüpft ist. Eine allgemeine Aussage lässt sich hier nicht treffen. Einige Untersuchungen kommen zu dem Ergebnis, dass der Studienort eine untergeordnete Rolle spielt. Man muss hier allerdings auch nach Fächern unterscheiden. Da die Maßstäbe für ein Staatsexamen einheitlich sind, spielt etwa für angehende Juristen der Ort, an dem der Abschluss gemacht wurde, eine untergeordnete Rolle. Eher von Bedeutung ist die Reputation der Hochschule in den Fächern Maschinenbau oder Elektrotechnik.

Professor Michael Hartmann, der an der Technischen Universität Darmstadt über Topmanager forscht, sagt: „Die Rekrutierung in den Chefetagen der deutschen Wirtschaft läuft sehr stark anhand habitueller[10] Ähnlichkeiten. Das heißt, da sitzen relativ wenige Personen in relativ wenig formalisierten Verfahren, die sagen: Der passt zu uns oder nicht. Die Entscheidung wird in der Regel in dieser Höhe aus dem Bauch getroffen. Da hat man das Gefühl, das ist er oder das ist er nicht."[11] Wenn es in Deutschland gelingt, Elite-Universitäten zu etablieren, dann wird sich das allerdings ändern, sagt Hartmann. „Dann wird man feststellen, dass die Personalchefs, denen heute egal ist, wo man studiert hat, genau drauf gucken, wo kommen die Leute her? Ein Teil der Sozialauswahl, die heute erst später erfolgt, wird dann ins Bildungssystem verlagert, so dass man wie in Frankreich oder

---

[10] Der Begriff des *Habitus* nach Norbert Elias und Pierre Bourdieu ist sehr aufschlussreich, wenn man danach fragt, wie bestimmte Gesellschaftsgruppen es schaffen, über Generationen hinweg unter sich zu bleiben und wirft kritische Fragen in puncto Chancengleichheit auf.

[11] Deutschlandfunk, „Hintergrund Wirtschaft", 21.11.2002.

in den USA sagen kann, wenn man an der ENA oder in Havard war, ist die Wahrscheinlichkeit, dass man eine Spitzenposition bekommt, sehr hoch, und wenn man nicht da war, ist die Wahrscheinlichkeit außerordentlich gering."

Doch so weit ist es auch jetzt nach fast zehn Jahren noch nicht und auch hier ist zu überlegen: Wie wichtig ist es mir, an einer Uni zu studieren, die einen guten Namen hat – will ich überhaupt ins Top-Management oder in die Spitzenforschung? Bin ich versessen darauf, zur Elite gerechnet zu werden, oder sind mir andere Dinge wichtiger?

1.8.4 Schöne und weniger schöne Städte

Ein Studium dauert mehrere Jahre. Da spielt es schon eine Rolle, ob man sich in seiner Studienstadt wohlfühlt. Allgemeine Aussagen lassen sich aber auch hier nicht treffen. Manche empfinden bei der ersten Reise nach Berlin ein spontanes Heimatgefühl, andere finden es dort nur schrecklich. Eine kleine Stadt ist den einen zu eng oder zu langweilig, für andere ist ein überschaubarer Ort und viel Grün drumherum wichtiger als ein großes kulturelles Angebot. Es ist auch etwas anderes, ob man in einer Stadt mal ein Wochenende verbringt oder ob man dort lebt, Miete zahlt, einkauft und öffentliche Verkehrsmittel benutzt. Ob jemand anders eine Stadt schön oder scheußlich findet, sollte auf Ihre Wahl keinen Einfluss haben. Städte sind schnell mal hochgejubelt oder niedergeredet, da reicht schon eine einzige Erfahrung in der Kindheit. Die große Faszination einer Stadt, in der das kulturelle Angebot unüberschaubar ist, relativiert sich sehr, wenn man feststellen muss, dass man sich das meiste davon gar nicht leisten kann. Manche Städte dagegen verstecken ihre Vorzüge so gut, dass man erst nach einer Weile dahinter kommt, was ihren Reiz ausmacht.

Besuchen Sie die in Frage kommenden Universitätsstädte, und zwar nicht gerade an einem düsteren Novembertag, son-

dern bei freundlichem Wetter, lassen Sie die Atmosphäre auf
sich wirken und geben Sie auch einer weniger populären Stadt
eine Chance. Viele Leute wissen ihre Universitätsstadt erst dann
zu schätzen, wenn sie sie verlassen müssen, denn ohne es zu
merken haben sie sie in ihr Herz geschlossen.

1.9 Studieren neben dem Beruf

Wer gleichzeitig in den Beruf einsteigen und studieren will, ist
mit einem der recht neuen *dualen Studiengänge* gut bedient. Bei
diesen werden eine Ausbildung (an der Fachhochschule oder
der Berufsakademie) mit einem Studium verknüpft. Der wissenschaftliche Anspruch ist nicht so hoch wie bei einem Univer-
sitätsstudium. Es gibt jedoch nicht sehr viele solcher Studienplätze.

Manch einer hat aber schon Ausbildung und Job, fühlt sich
jedoch unterqualifiziert und möchte einen Hochschulabschluss
nachholen. Kann das klappen – zum Beispiel mit einem Fernstudium?

Die Fernstudierenden sind häufig berufstätig und opfern ihre Freizeit für ihr Studium. Auch gesundheitliche oder fami-
liäre Gründe können für ein Fernstudium sprechen. Es gibt neben der der einzigen staatlichen Fernuniversität in Hagen[12] und
einzelnen Studiengängen an verschiedenen Hochschulen (auch
Fachhochschulen) auch eine Reihe privater Anbieter, die (gegen
entsprechende Gebühren) ein Fernstudium anbieten. Das Studienmaterial kommt in der Regel per Post; dazu gibt es oftmals Übungsaufgaben, die an die Hochschule zurückzusenden
sind und dort korrigiert und kommentiert werden. Hinzu kommen gegebenenfalls Präsenzphasen wie Seminare, Studienta-
ge oder Praktika. Betreuung und Diskussion laufen auch über

---

[12] www.fernuni-hagen.de; siehe auch Wikipedia-Artikel.

Newsgroups, Internetforen, per E-Mail oder am Telefon. Bei
größeren Veranstaltungen, etwa den Einführungskursen, ist es
oft möglich, am Wohnort Arbeitsgruppen zu bilden, online geht
es natürlich auch. Auch die Fernuni-Studenten lernen sich untereinander kennen, wenn auch die Art von Kontakt etwas anders ist als an der Präsenzuni. Außerdem gibt es Studienzent-
ren in Wohnortnähe. Die FernUniversität Hagen ist übrigens
eine „richtige" Hochschule wie andere auch, mit Semesterferien,
Praktika und allem, was dazugehört – und natürlich auch mit den
entsprechenden Anforderungen. Wenn Sie einen privaten Anbieter wählen, achten Sie darauf, dass auch Präsenzphasen angeboten werden. Da kann schon ein Wochenende sehr effektiv sein;
persönlicher Kontakt ist durch nichts zu ersetzen.

„Online" ist derzeit noch nicht die vorrangige Art zu studieren. Solange es nichts anderes heißt, als dass Materialien im
Internet verfügbar sind (und die Druckkosten auf den Kursteil-
nehmer abgewälzt werden), ist das auch kein qualitativer Unterschied zu einem Fernstudium, sondern nur ein etwas anderer
organisatorischer Ablauf. Lernplattformen wie *Moodle* eröffnen
hier aber interessante Perspektiven.

Für ein Fernstudium sprechen die folgenden Punkte:

• Wer, aus welchen Gründen auch immer, seinen Wohnort nicht
  verlegen kann oder will, kann dennoch ein breites Fächerangebot studieren. Fahrt- und Umzugskosten entfallen.

• Wer zwar Zeit hat, aber nicht regelmäßig an Vorlesungen teilnehmen kann, ist mit einem Fernstudium gut bedient. Beispiel: Teilzeitjob im Schichtdienst, kleine Kinder, für die man
  nur eine stundenweise Betreuung hat.

• Es gibt wohl kaum eine andere Möglichkeit, neben dem Beruf
  einen Abschluss zu erwerben. Bei einem Fernstudium finden
  die Präsenzphasen größtenteils am Wochenende statt.

• Manche Leute studieren auch parallel zu ihrem Präsenzstu-
  dium an der Fernuni, um ein breiteres Fächerangebot abzudecken.

Problematisch an einem Fernstudium sind dagegen folgende Aspekte:

- Der persönliche Kontakt zum Lehrpersonal und zu den Kommilitonen und Kommilitoninnen ist erschwert. Das kann besonders zu Anfang schwierig sein. Der Spaßfaktor kommt durch die fehlende Geselligkeit auch zu kurz.

- Die Vorlesungsskripten sind auf das Selbststudium hin angelegt, doch es fehlen dennoch die Erläuterungen, die man zwar bei einem mündlichen Vortrag geben würde, aber nicht schriftlich fixieren kann oder will (Anekdoten, Handbewegungen, informelle Erläuterungen). Dadurch ist für Fernstudenten auch häufig schwer zu erkennen, welche Teile der Unterlagen zentral und unentbehrlich und welche nicht ganz so schwergewichtig sind.

- Fernstudenten brauchen mehr Selbstdisziplin, um sich zu festen Zeiten an ihr Studium zu machen, auch dann, wenn es gerade nicht so rund läuft. Allerdings: Wer an der Präsenzuni einmal abgehängt wurde, tut sich ebenso schwer, den Einstieg wieder zu schaffen.

- Der Aufwand eines Studiums wird sehr oft unterschätzt. Es ist unbefriedigend und wenig effektiv, immer nur stundenweise zu studieren, möglicherweise mit langen Unterbrechungen zwischen einzelnen Lernphasen. Auch verplante Wochenenden können auf Dauer problematisch werden.

Wenn man zum Studieren nicht aus dem Haus muss, bedeutet das noch nicht, dass man die Gelegenheit hat, sich intensiv hinter die Bücher zu klemmen. Wer kleine Kinder betreut, weiß, dass „nebenher" nicht mehr sehr viel geht. Hier hängt alles von der Motivation und auch vom Organisationstalent ab: Wer das dringende Bedürfnis verspürt, seinen Kopf zu benutzen und zu lernen, der lässt Bügelwäsche Bügelwäsche sein und setzt sich an den Schreibtisch. Ich kannte eine alleinerziehende Mutter, die allen Widrigkeiten und finanziellen Engpässen zum Trotz nach dem an der Präsenzuni abgelegten Vordiplom an der Fernuni Ha-

gen zu Ende studierte. Inzwischen sind die Kinder groß und sie
selbst ist eine erfolgreiche Steuerberaterin.

Das dringende Bedürfnis, geistig zu arbeiten, dürfte bei einem intellektuell anspruchsvollen Job eher gering ausfallen. Neben dem Beruf und womöglich noch mit Familie eben noch ein
Fernstudium durchzuziehen, um als akademisch gebildet gelten
zu dürfen, ist schwierig. Man muss auch wissen, was man Part-
ner/in und Kindern zumuten kann. Vielleicht muss es ja nicht
gleich ein ganzes Studium sein – man kann auch einzelne Wei-
terbildungsangebote nutzen.

1.10 Wie sollte man sich aufs Studium vorbereiten?

Möglicherweise haben Sie zwischen Abitur und Semesterbeginn
eine Weile Leerlauf. Vielleicht überlegen Sie, ob Sie schon einmal ein wenig „im Voraus" studieren sollen oder Kenntnisse auffrischen sollen, die Sie später brauchen.

Ein gezieltes „Vorstudieren" ist zwar kaum möglich, und die
Kenntnisse, die Sie im Studium brauchen, werden Ihnen zu ge-
gebener Zeit vermittelt. Ratsam ist aber zum Beispiel

- Vor- und Brückenkurse im Fach Mathematik zu belegen (werden von den Hochschulen angeboten);
- fachbezogener Sachbücher zu lesen;
- sich am Computer (vgl. Kap. 12) fit zu machen, dazu gehört
  auch, das Zehn-Finger-System zu lernen;
- sein Englisch aufzufrischen oder zu vertiefen (evtl. durch eine
  Sprachreise oder ein Auslandspraktikum);
- die Stadt zu erkunden, in der man studieren wird;
- das, was Sie gerade schon tun: sich mental auf das Studieren
  einstellen, indem Sie entsprechende Bücher lesen.

Kapitel 2
Geld im Studium

Studieren ist teuer, für den Staat und für die Studierenden selbst.
Zu den Gebühren, die Sie an die Hochschule entrichten müssen,
seien es nun Studiengebühren oder „nur" Semesterbeiträge für
das Studentenwerk und Studienmaterialien, kommen die Lebenshaltungskosten. Da man auch niemals so genau weiß, ob
man in der geplanten Zeit auch wirklich den Abschluss schafft,
kann der hohe Finanzierungsbedarf Angst machen – zumal,
wenn man keine reichen, wohlmeinenden Eltern im Rücken hat.
Zurückgehende Studierendenzahlen sind sicher auch eine Folge
dieser Angst, zumal die Berufsaussichten Studierter nicht mehr
so rosig sind wie einst.

2.1 Was ein Studium kostet

2.1.1 Studiengebühren

Über Studiengebühren entscheiden die Landesregierungen, welche bekanntlich in Folge von Landtagswahlen von wechselnden
Parteien gestellt werden, so dass Studiengebühren in einigen
Ländern einige Jahre nach ihrer Einführung schon wieder abgeschafft wurden (so wie in NRW und, demnächst, in Hamburg).

B. Messing, *Das Studium: Vom Start zum Ziel*, 2. Aufl.,
DOI 10.1007/978-3-642-20651-1_2,
© Springer-Verlag Berlin Heidelberg 2012

studis-online fügt der Übersicht über die Gebührenpflicht daher gleich den Zeitpunkt der nächsten Landtagswahl hinzu. Am besten informieren Sie sich also online. Der Beitrag beträgt in der Regel bis zu 500 Euro im Semester, die Höhe der Gebühr wird zum Teil aber auch von den Hochschulen selbst festgesetzt; unterschiedliche Zahlungsmodelle wie etwa nachgelagerte Gebühren gibt es auch.

Es gibt ohne Zweifel Gründe für die Einführung von Studiengebühren. Dass man für einen Kindergartenplatz eine Menge Geld hinlegen muss, die Hochschulbildung dagegen „Freeware" ist, ist bei genauem Nachdenken nicht sinnvoll. Kindern aus sozial schwachen, zerrütteten und bildungsfernen Familien wäre geholfen, wenn sie ohne Kosten in den Kindergarten gehen könnten oder sogar müssten. Wer dagegen studiert, kann später ohnehin mit einem höheren Einkommen rechnen; es spricht also einiges dafür, den Schulabschluss stärker zu subventionieren als das Studium. Dass sich Leute einschreiben, um ein Semesterticket und andere Vergünstigungen zu bekommen, ist nicht im Sinne des Erfinders, aber ein (unerwünschter) Nebeneffekt. Auch andere Ausbildungswege sind kostspielig und oftmals müssen die Kosten durchaus von den Auszubildenden selbst aufgebracht werden, die Pilotenausbildung etwa kostet zwischen 40.000 und 75.000 Euro. Als häufigstes Argument (um das auch am meisten gestritten wird) wird jedoch angeführt, dass Studiengebühren die Qualität der Hochschulen verbessern können, weil sie viel stärker konkurrieren müssen. Als „zahlender Kunde" kommen Sie mit anderen Ansprüchen an die Hochschule, als wenn Sie das Gefühl haben, das sei alles „gratis". Diese Wertschätzung wird nach dem Abschluss an den Arbeitgeber weitergereicht. Wer auf Pump studiert hat, kann sich nicht mit einem Taschengeld zufrieden geben. Das kann auch den Arbeitsmarkt für Akademiker günstig verändern.

Andererseits vertragen sich Bildung und ökonomische Zwänge schlecht. Ob eine Ausbildung gut ist, kann ein Erstsemester nicht beurteilen; eine teure Ausbildung muss nicht notwendigerweise die beste sein. Hinzu kommt, dass die soziale

Auslese in Deutschland immer noch sehr groß ist: Mit Studiengebühren werden sozial Schwächere – trotz möglicher Förderprogramme – ausgegrenzt. Wer jobben muss, um die Studiengebühren zu finanzieren, bleibt länger an der Uni – die Kinder wohlhabender Eltern sind wiederum im Vorteil. Und ein Darlehen? Nach dem Studium mit einem Schuldenberg ins Berufsleben zu starten ist keine verlockende Aussicht, zumal in dieser Phase eigentlich die Familiengründung ansteht. Auch nachgelagerte Studiengebühren, die erst nach dem Abschluss erhoben werden, sind keine schöne Aussicht. Der abschreckende Effekt von Studiengebühren ist jedoch, einer HIS-Studie aus dem Jahr 2006 zufolge, geringer als zunächst angenommen: Nur 1,4% der Studierwilligen ließen sich durch die Gebühren abhalten, 3% zögerten.[1]

2.1.2 Lebensunterhalt

Unabhängig von Studiengebühren sind verschiedene Semesterbeiträge zu entrichten, etwa eine Einschreibegebühr oder den Sozialbeitrag für das Studentenwerk. Hinzu kommen Lernmaterialien, Ausrüstung (etwa Laborkittel) und Bücher. Das eigentlich Teure am Studieren ist aber der Lebensunterhalt. Das deutsche Studentenwerk führt regelmäßig Sozialerhebungen durch (www.studentenwerke.de). 2009 lag der Durchschnitt dessen, was Studierenden für ihren Lebensunterhalt zur Verfügung stand, bei 812 Euro. Der größte Posten ist die Miete. Dazu kommen Fahrtkosten und natürlich das, was man für Essen, Körperpflege und Freizeitaktivitäten ausgibt.

Trotz dieser Schwierigkeiten ist ein abgeschlossenes Studium eine gute Startposition für die Zukunft, und wenn Sie Ihr erstes

---

[1] *Studiengebühren aus der Sicht von Studienberechtigten*, Untersuchung der HIS Hochschul-Informations-System GmbH im Auftrag des BMBF, veröffentlicht 2008

„richtiges" Gehalt auf dem Konto haben, geraten die mageren
Jahre allmählich in Vergessenheit. Aber natürlich muss man sich
gut überlegen, ob man das, was man studiert, auch gern und gut
studieren und zu einem erfolgreichen Abschluss bringen kann.
Das ist nicht mehr zu vergleichen mit der freien Form des Sich-
erst-mal-Orientierens, bei der man Neigungen nachgehen und
auch mal ein Semester „verlieren" kann, ohne gleich dem finanziellen Ruin gegenüberzustehen.

2.2 Finanzierung

Die Förderung von Bildung ist in aller Munde. Niemand möchte,
dass ein begabter junger Mensch sich von den Kosten eines Studiums abschrecken lässt. Daher gibt es – trotz und gerade wegen
der Studiengebühren– viele Möglichkeiten der finanziellen För-
derungen. Wenn Ihnen die Hinweise in diesem Abschnitt nicht
ausreichen, sollten Sie sich die Broschüre „Clever studieren –
mit der richtigen Finanzierung" der Verbraucherzentrale NRW
besorgen ([Ver09]). Informationen erhalten Sie auch bei den Studentenwerken (www.studentenwerke.de).

2.2.1 Eltern

Der überwiegende Teil der Studentinnen und Studenten wird von
den Eltern finanziert. Grundsätzlich sind Eltern dazu verpflich-
tet, für die erste Ausbildung ihrer Kinder aufzukommen. Können
sie dies nicht oder nur teilweise leisten, besteht das Anrecht auf
Ausbildungsförderung.

Unterhaltsforderungen gegenüber den Eltern haben Grenzen:
Wer nicht erkennbar ernsthaft studiert, kann von seinen Eltern
keinen Unterhalt mehr verlangen. Unter www.bafoeg-aktuell.de
sind auch rechtliche Aspekte des Unterhalts durch Eltern verlinkt. Außerdem können Eltern ihre Unterstützung in Naturalien

gewähren, also verlangen, dass das studierende Kind zu Hause wohnen bleibt und dort Verpflegung, Taschengeld und Geld für Studienmaterial erhält. Sind die Eltern geschieden, sind sie beide unterhaltspflichtig, wobei auch in diesem Fall ein Naturalunterhalt bestimmt werden kann. Schlagen Sie ein solches Angebot aus, können Sie Ihren Unterhaltsanspruch unter Umständen ganz verlieren.

Zwar können Ihre Eltern Ihnen nicht vorschreiben, welches Fach Sie studieren sollen, sie müssen aber nicht unter allen Umständen ein Studium finanzieren, das keine Aussicht auf Erfolg verspricht. Das festzustellen ist natürlich nicht ganz einfach. Der Unterhaltsanspruch erlischt auch, wenn die Regelstudienzeit erheblich überschritten wurde. Informieren Sie sich gründlich, bevor Sie versuchen, einen Unterhaltsanspruch einzuklagen. In diesem Fall kann das BAFöG-Amt eventuell einen Vorschuss gewähren, den es sich bei den Eltern zurückholt. Sicher ist das kein erfreuliches und auch kein einfaches Verfahren, das das vermutlich ohnehin gestörte Verhältnis zwischen Eltern und Kindern weiter belasten wird.

Man sieht: Wenn Sie sich mit Ihren Eltern gut verstehen und sie Sie nicht nur unterstützen können, sondern dies auch gern tun, haben Sie eine große Sorge weniger. Zu der finanziellen Sicherheit kommt dann auch der psychische Rückhalt, der für den Studienerfolg förderlich ist.

Leider ist das Verhältnis zwischen Eltern und Kindern aber nicht immer ungetrübt. Auch wenn eine Unterhaltsklage nicht notwendig ist, kommt es vor, dass Eltern die finanzielle Abhängigkeit ihrer Kinder ausnutzen, um eine Macht auszuüben, die sie über ihre erwachsenen Kinder eigentlich längst nicht mehr haben. Familientradition, Eitelkeit oder vermeintlich „besseres Wissen" mögen Gründe dafür sein, dass Kinder zu bestimmten Berufswegen genötigt werden. Umgekehrt kann es auch sein, dass Kinder gerade aus Trotz das nicht tun, was ihre Eltern gern hätten. Erwachsen werden heißt aber zu lernen, sich auf sein eigenes Urteil zu verlassen und selbstverantwortlich zu handeln, also weder „wegen" noch „trotz" Elternwunsch,

sondern unabhängig davon. Die Ablösung vom Elternhaus ver-
läuft nicht immer schmerzfrei und lässt sich auch nicht zwischen
Abitur und Studienbeginn abhandeln. Wenn Eltern meinen, ihre
Wünsche nur noch mit dem Druckmittel „Geld" durchsetzen zu
können, erklären sie ihre Erziehungsversuche im Grunde als gescheitert.

2.2.2 BAFöG

Rund ein Viertel der Studierenden erhält eine Förderung
nach dem Bundesausbildungsförderungsgesetz, kurz, „bekommt
BAFöG". Die Ämter für Ausbildungsförderung sind den örtlichen Studentenwerken angegliedert. Stellen Sie dort rechtzeitig
einen Antrag, notfalls formlos, denn BAFöG wird zu Beginn
des Studiums, nicht aber rückwirkend gezahlt. Ausschlaggebend
ist der Tag der Antragstellung. Das Antragsformular bekommen
Sie aber auch im Internet (www.bafoeg.bmbf.de). Den Antrag
müssen Sie nach 12 Monaten erneuern, wenn Sie weiter BAFöG
beziehen wollen. Wenn Sie während des Semesters oder in der
vorlesungsfreien Zeit mehr als 400 Euro[2] im Monat (die Jah-
ressumme zählt) verdienen, wird dieser Verdienst aufs BAFöG
angerechnet.

Mit einem falschen BAFöG-Antrag kann man sich strafbar machen. Nach einem Grundsatzurteil in Bayern geht der
BAFöG-Betrug über eine Ordnungswidrigkeit hinaus (AZ: 1St
RR 129/04). Kernsatz des Urteils: „Wer Leistungen nach dem
Bundesausbildungsförderungsgesetz durch unrichtige Angaben
zu seinen Vermögensverhältnissen erlangt, macht sich wegen
Betruges strafbar." Wenn Sie verschweigen, dass Sie Vermögen,
etwa in Form von Aktien, besitzen, kann das neben empfind-
licher Geldbußen auch eine Vorstrafe zur Folge haben. Die

---

[2] Solche Zahlen und auch Bedingungen können sich ändern, informieren
Sie sich bei den entsprechenden Stellen.

Rechtspraxis ist hier von Bundesland zu Bundesland verschieden, aber dieses Risiko lohnt sich keinesfalls. Einem angehenden Juristen oder Lehrer kann eine Vorstrafe beruflich das Genick brechen.

2.2.3 Stipendien

Ein kleiner Teil der Studierenden erhält ein Stipendium, das einen Teil der Lebenshaltungskosten abdeckt oder auch nur als „Büchergeld" gezahlt wird. Ein Stipendium hat den großen Vorteil, dass es nicht zurückgezahlt werden muss, allerdings muss man dafür bestimmte, nicht einheitliche Voraussetzungen erfüllen. Dazu gehören natürlich gute Noten, aber nicht überall stehen diese an erster Stelle. Stipendien werden von Parteien und anderen Verbänden vergeben. Die Studienstiftung des deutschen Volkes fördert besonders Begabte. Dort kann man sich nicht selbst bewerben, sondern wird vorgeschlagen. Aber Sie dürfen natürlich Ihre Lehrer oder, nach der erfolgreichen Zwischenprüfung, Ihren Professor ansprechen und fragen, ob er Sie vorschlägt.

Wenn Sie Ihr Studium nicht ohne Probleme finanzieren können, empfiehlt sich eine Bewerbung um ein Stipendium allemal. Viele Adressen für Stipendiengeber finden sich in [HVH06]. Informieren Sie sich bei Ihrer Hochschule oder im Internet, beispielsweise beim Bildungsserver (www.bildungsserver.de).

2.3 Versicherungen

Der Umgang mit Versicherung ist oftmals mehr von Emotionen als von kaufmännischen Überlegungen geprägt, nach dem Motto: Das Auto hat 60.000 Euro gekostet, aber die verlorenen Radkappen soll die Versicherung bezahlen. An dieser Stelle lohnen sich ein paar strategische Überlegungen, nicht nur die Frage: Muss das sein?

Eine Versicherung soll in erster Linie vor dem finanziellen Ruin schützen, der Folge einer ernsten Erkrankung, eines Unfalls oder einer Schadensersatzforderung sein kann. Das geklaute Fahrrad ist keine Bedrohung der existenziellen Grundlage, auch nicht die neue Brille, die Zahnkrone oder die geplatzte Urlaubsreise. Wichtig sind die Versicherungen, die man eigentlich niemals in Anspruch nehmen möchte, weil der Schadensfall das Leben grundlegend verändert. Das ist zum Beispiel der Fall, wenn man aus gesundheitlichen Gründen nicht mehr arbeiten kann. Als Faustregel gilt: Was die eigene Leistungsfähigkeit übersteigt, sollte man versichern, beherrschbare Risiken nicht. Unter diesem Aspekt sind auch Selbstbehalte zu sehen (der Anteil, den man selbst an einem entstehenden Schaden zu tragen bereit ist). Diese halten sich nämlich auch im Rahmen, verglichen mit dem, was die Versicherung im Fall der Fälle leistet.

Die gesetzliche Berufsunfähigkeitsversicherung wurde 2001 für alle nach dem 1.1.1961 Geborenen abgeschafft. Die gesetzlichen Krankenkassen müssen ihre Leistungen immer wieder reduzieren. Private Vorsorge für den Fall einer ernsten Erkrankung ist daher anzuraten. Dieses Risiko ist am besten in jungen Jahren abzusichern, denn sobald sich auch nur mögliche Vorboten einer schweren Erkrankung zeigen, etwa veränderte Blutwerte, ist der Zugang zu einer privaten Versicherung schwierig.

2.3.1 Krankenkasse

Sind Sie bei Ihren Eltern in der gesetzlichen Krankenkasse mitversichert und verdienen höchstens geringfügig, so bleiben Sie auch versichert, bis Sie 25 sind.[3] Danach müssen Sie sich selbst

---

[3] Bislang bewirkten Wehr- oder Zivildienst eine Verlängerung der Familienversicherung um die entsprechende Zeit. Freiwillige Dienste führen nicht

versichern; der Studententarif liegt bei den gesetzlichen Kassen um 55 Euro (inklusive Pflegeversicherung), ab 30 oder wenn Sie bereits vierzehn Semester studiert haben, haben Sie kein Anrecht mehr auf den Studierendentarif; Verlängerungen können z. T. auf gesonderten Antrag erwirkt werden, z. B. bei Schwangerschaft, Pflege eines Angehörigen oder Ableisten eines freiwilligen sozialen Jahres. Die gesetzliche Kasse bietet Ihnen nach Ende des Studierendentarifs eine freiwillige Weiterversicherung zu einem höheren Beitrag an. Sie könnten zu diesem Zeitpunkt auch zu einem privaten Anbieter wechseln. Dieser Schritt will gut überlegt sein; vergleichen Sie die Angebote und das Kleingedruckte. Auch gesetzliche Kassen sollte man untereinander vergleichen und gegebenenfalls wechseln, statt nur aus Gewohnheit immer bei derselben zu bleiben.

Bei bestehender gesetzlicher Pflichtversicherung ist eine private stationäre Zusatzversicherung bedenkenswert, die sich mit Auslandsreiseschutz und auch mit einer Wechseloption kombinieren lässt. Diese Wechseloption ermöglicht Ihnen, die Frage „gesetzlich oder privat" erst einmal offen zu lassen. Sie können dann später noch in die private Kasse wechseln, ohne erneute Gesundheitsprüfung. Die Kosten für eine solche Zusatzversicherung liegen zwischen 10 und 25 Euro im Monat.

Womöglich sind Sie auch über Ihre Eltern privat versichert. Lösen Sie diesen Vertrag nicht unüberlegt. Reduzierte Leistungen der gesetzlichen Kassen betreffen nicht nur Brillen und Medikamente gegen grippale Infekte. Die wirklich essenziellen Leistungen spielen sich im stationären Bereich ab, und Ihre Gesundheit kann tatsächlich von der Qualität einer Operation abhängen. Aber natürlich sind die privaten Krankenkassen auch von der Kostenexplosion im Gesundheitswesen betroffen;

---

zur Verlängerung; was dies nach Aussetzung der Wehrpflicht bedeutet, wenn jemand freiwillig Wehrdienst geleistet hat, ist noch nicht abschließend geklärt (wie aus dem Protokoll der Fachkonferenz Beiträge des GKV-Spitzenverbandes am 28. Juni 2011 hervorgeht).

da sie ihre vertraglich festgelegten Leistungen nicht verringern können, bleibt nur die „Beitragsanpassung", und diese Korrektur geht eher nach oben als nach unten. Die Beiträge für die Zusatzversicherungen konnten dagegen in den letzten Jahren gesenkt werden.

Die Gesetzeslage im Gesundheitswesen kann sich in diesem Bereich jederzeit ändern, so dass es fahrlässig wäre, hier allzu Konkretes zu raten. Wichtig ist, wie oben erwähnt, eher strategisch darüber nachzudenken und sich nicht einseitig beraten zu lassen, sondern mehrere, unterschiedliche Ansichten zu hören.

2.3.2 Haftpflicht

Nach § 823 BGB haftet man für Schäden, die man selbst vorsätzlich oder fahrlässig verschuldet hat, persönlich und unbegrenzt. „Unbegrenzt" kann heißen, dass man sein Leben lang einen Schuldenberg abträgt. Eine private Haftpflichtversicherung springt zumindest dann ein, wenn ein Schaden durch Unaufmerksamkeit entsteht, also durch Fahrlässigkeit, die nicht als „grobe Fahrlässigkeit" zu werten ist. Vor Geistesabwesenheit kann man sich nicht wirklich schützen. Daher ist eine private Haftpflichtversicherung mehr als ratsam, zumal sie auch nicht viel kostet. Wenn das Studium Ihre erste Ausbildung nach der Schule ist, sind Sie in der Regel noch bei Ihren Eltern mitversichert (vorausgesetzt natürlich, Ihre Eltern haben eine Haftpflichtversicherung). Ansonsten müssen Sie sich selbst versichern. Diese Versicherung ist nicht sehr teuer; qualitativ saubere Verträge gibt es ab 3 Euro im Monat.

Wenn Sie zum Beispiel im Labor mit wertvollen Geräten umgehen, achten Sie auf eine Zusatzdeckung hierfür. Vom normalen „Kleingedruckten" sind solche Schäden häufig nicht abgedeckt. Hören Sie sich auch am Fachbereich um, ob es entsprechende Erfahrungen gibt.

2.3.3 Berufsunfähigkeitsversicherung

Da Sie vom Staat im Falle der Berufsunfähigkeit nicht viel zu erwarten haben, ist eine private Absicherung zu empfehlen. Eine Berufsunfähigkeit wird meist erst in den letzten Semestern oder nach dem Studium abgesichert und bezieht sich dann auf den Beruf, den Sie ausüben. Inzwischen gibt es auch schon Anbieter, die Studenten schon ab dem ersten Semester gegen Berufsunfähigkeit versichern. Die Kosten liegen bei 30–60 Euro im Monat, je nach angestrebtem (oder bereits ausgeübtem) Beruf.

Erwerbsunfähigkeit bedeutet, dass Sie nicht nur nicht im erlernten Beruf, sondern überhaupt nicht erwerbstätig sein können. Beispiel: Ein Konzertpianist ist mit einem fehlenden Finger berufs-, aber nicht erwerbsunfähig. Die Erwerbsunfähigkeit kann man schon früher und deutlich günstiger absichern als die Berufsunfähigkeit und man kann sie später in eine Berufsunfähigkeitsversicherung umwandeln.

2.3.4 Vorsicht bei weiteren Versicherungen

Weitere Versicherungen sind optional und hängen von der persönlichen Risikobereitschaft ab. Auf dem Weg zur und von der Uni und auf dem Gelände der Hochschule sind Sie gesetzlich unfallversichert, bei Freizeitunfällen zahlt die gesetzliche Unfallversicherung nicht. Der Verlust der Arbeitsfähigkeit ist statistisch gesehen weit häufiger auf Krankheiten als auf Unfälle zurückzuführen (10% der Fälle von Berufsunfähigkeit gehen auf Unfälle zurück). Eine Unfallversicherung ist in bestimmten Fällen, z. B. wenn eine Berufsunfähigkeitsversicherung nicht abgeschlossen werden kann, sinnvoll, gehört aber ansonsten zu den „Kann"-Versicherungen.

Eine Rechtsschutzversicherung ist teuer und es ist fraglich, ob sie sich lohnt. Solange Sie unverheiratet in Erstausbildung sind, sind Sie, abhängig von Alter und Vertragsgestaltung, bei der Rechtsschutzversicherung Ihrer Eltern mitgeschützt – falls diese eine solche Versicherung haben.

Sie können außerdem Ihren Hausrat versichern, sofern dies nicht über Ihre Eltern abgedeckt ist, was in der Regel der Fall ist, wenn Sie keine eigene Wohnung, sondern nur ein Zimmer zur Untermiete bewohnen. Vorausgesetzt natürlich immer, dass Ihre Eltern ihren Hausrat versichert haben. Für Ihr Fahrrad ist ein hochwertiges Schloss eine gute Alternative zu einer teuren Diebstahlversicherung.

Eine Risikolebensversicherung ist nur dann sinnvoll, wenn man Angehörige hat, für die man eine Versorgungsverantwortung hat, in erster Linie also Kinder. Für eine kapitalbildende Lebensversicherung oder eine private Rentenversicherung werden Sie während des Studiums eher wenig übrig haben und dafür müssen Sie auch noch nicht ansparen.

2.4 Vergünstigungen

Als Studentin oder Student können Sie eine Reihe von Vergünstigungen erhalten, nicht nur beim Eintritt ins Kino, sondern beispielsweise auch bei den Telefon- und Rundfunkgebühren. Ihr Radio- und Fernsehgerät müssen Sie bei der GEZ anmelden (www.gez.de), den Antrag auf Gebührenbefreiung stellen Sie bei der Sozialbehörde. Zum Glück erspart man sich heute viel Lauferei, indem man entsprechende Formulare aus dem Internet lädt.

Die meisten Geldinstitute bieten günstige Konten für Studierende an. Sie spekulieren natürlich darauf, dass das Konto auch nach dem Studium beibehalten wird, weil ein Wechsel immer einen gewissen Aufwand mit sich bringt. Sobald ein Girokonto jedoch nicht mehr gebührenfrei ist, gibt es große Unterschiede bei den verschiedenen Banken. Wählen Sie Ihr Konto also am besten gleich von Anfang an mit Bedacht. Online-Banking ist in der Regel besonders kostengünstig. Richten Sie neben dem

Girokonto auch ein Tagesgeld- oder Sparkonto ein, auf dem Ihr Geld (wenn Sie welches übrig haben) die Chance hat, sich ein wenig zu vermehren. Mit einer Maestro-Karte (Nachfolgerin der EC-Karte) kommt man normalerweise aus; um eine (meist kostenpflichtige) Kreditkarte zu bekommen, müssen Sie eine gewisse Bonität mitbringen. Das Konto dauerhaft zu überziehen, wozu eine Kreditkarte verführen kann, ist ohnehin keine gute Idee.

2.5 Jobben im Studium

Sie können neben dem Studium in begrenztem Umfang einem Job nachgehen, ohne steuerpflichtig zu sein oder Sozialabgaben zu zahlen. Keine zusätzlichen Abgaben entstehen auch bei einer auf die vorlesungsfreie Zeit befristeten Anstellung. Ab 400 Euro/ Monat entsteht zumindest eine Rentenversicherungspflicht; Kranken-, Pflege- und Arbeitslosenversicherung müssen bezahlt werden, wenn das Studium nicht mehr im Vordergrund steht. Näher informieren können Sie sich beim Studentenwerk und bei der Bundesknappschaft (Links in Kap. 21). Auch die Krankenkassen bieten Informationen dazu, außerdem die Arbeitsagentur (www. arbeitsagentur.de).

Die meisten Menschen schildern die Erfahrungen mit den Jobs, die sie während ihres Studiums gemacht haben, als bereichernd. Man kann einen Blick in die Arbeitswelt werfen und sich darüber klar werden, wo man den Rest seines Arbeitslebens verbringen oder auch nicht verbringen will. Man sieht, dass die Welt außerhalb von Schule und Hochschule anders tickt, lernt ungewohnte Belastungen und einen anderen Menschenschlag kennen.

Ein Job ist auch dann bereichernd, wenn er mit dem Studium selbst nichts zu tun hat, allerdings eher mit Blick auf die allgemeine Lebenserfahrung. Studentenjobs können auch eine Eintrittskarte zum festen Arbeitsvertrag sein. Steht der Job in engem Zusammenhang zum Studienfach, können sich theoretisches Wissen und praktische Erfahrung ergänzen. Das ist ja auch der Sinn der Praktika. Wer sich vorstellen kann, im Bereich Wissenschaft zu arbeiten, sollte sich einen Job an der Uni suchen (als „HiWi", siehe Abschn. 3.2.3), in der Regel kommt das aber erst nach dem ersten Studienabschnitt (Grundstudium, Bachelor) in Frage.

Allzu intensives Jobben kann den Studienabschluss jedoch verzögern oder sogar gefährden. Das gilt besonders dann, wenn das zeitliche Ausmaß des Geldverdienens nicht rigoros beschränkt wird. Wer immer wieder zu Überstunden herangezogen wird, kann weniger Energie für sein Studium aufwenden. Neben der dringlichen praktischen Arbeit kann das eher zähe Lernen unattraktiv erscheinen, und wenn dies in eine Phase verminderter Motivation fällt, wird die Distanz zum Studium immer größer.

Ein repräsentatives Auto, eine großzügige Wohnung, modische Kleidung, ein aufwendiges Hobby, all das hat seinen Preis. Wer sich mit etwas weniger zufrieden gibt, muss weniger jobben und kann das Studium schneller abschließen. Ein ernsthaftes Studium erfordert auch Muße. Man kann nicht immer gegen die Uhr arbeiten, manchmal ist es nötig, sich eine längere Zeitspanne frei von studienfernen Tätigkeiten (wie Nebenjobs) zu halten. Das gilt besonders während der Abschlussarbeit. Auch zu Beginn des Studiums braucht man Zeit, um sich zurechtzufinden. Packen Sie sich lieber nicht mit zu viel Arbeit zu, auch wenn Sie verlockende Angebote haben. Hier ist langfristiges Denken gefragt.

2.6 Mit dem Geld auskommen

Wie ein Mensch mit seinem Geld umgeht, ist eine sehr persönliche, fast intime Sache. Der eine gibt sich großzügig und vertraut fest darauf, dass das Geld irgendwie „nachwächst", wenn man für die schönen Dinge des Lebens mehr ausgegeben hat,

als man sich leisten kann. Andere sind überzeugt davon, dass
Qualität ihren Preis hat und machen lieber Schulden, als sich
mit dem zufrieden zu geben, was „jeder" hat. Für manche ist
aber das Geld-Ausgeben immer mit einem beklemmenden Gefühl verbunden: Es könnte ja vor dem Monat zu Ende sein –
lieber geizt man herum, um auch ganz sicher zu sein, dass man
im Notfall nicht mittellos dasteht.

Wenn Sie aus dem Elternhaus ausziehen, kommen Kosten auf
Sie zu, von deren Dimension Sie bisher womöglich nichts geahnt haben. Es ist unbedingt notwendig, sich einen realistischen
Überblick zu verschaffen über das, was man hat, und das, was
man sich leisten kann. Deshalb empfiehlt sich das Führen eines
Haushaltsbuches sehr. Es dient nicht nur dazu, herauszufinden,
wo das Geld bleibt, es kann auch disziplinarisch wirken: Will
ich wirklich am Abend wieder 6 Euro in die Spalte „Luxus" ein-
tragen? Führt man penibel Buch über Ein- und Ausgaben, sieht
man rasch, wie schnell sich kleine Ausgaben zu großen Posten
aufsummieren, und die Frage, wo man sparen kann, beantwortet
sich schnell. Wenn der größte Teil des Geldes für Handy und
Zigaretten drauf geht, kommt man schon von selbst ins Grübeln.
Elektronische Vorlagen für ein Haushaltsbuch finden Sie leicht
im Internet; Selbermachen mit einem Tabellenkalkulationsprogramm ist aber auch nicht schwer (siehe auch barbara-messing.
de, Downloads).

Eine Aufstellung der Kosten kann auch als Argumentations-
hilfe dienen, wenn Sie Ihren Eltern klar machen wollen, dass Sie
mehr Unterstützung brauchen. Aber dann müssen die Ausgaben
eben auch wirklich notwendig sein.

Wenn Sie Ihr Geld zusammenhalten wollen, bezahlen Sie vorzugsweise in bar (ausgenommen natürlich Miete, Strom etc.).
Die Wahrnehmung für Geld, das einem „zwischen den Fingern
zerrinnt", geht bei der Benutzung von Plastikgeld verloren. Größere Kaufentscheidungen sollte man niemals aus einer Laune
heraus treffen. Manchmal genügt es, erst einmal ein paar Runden durch die Stadt zu drehen oder einen Tag verstreichen zu
lassen, dann legt sich das Gefühl, eine Sache unbedingt und

sofort zu brauchen, oft von selbst. Entwickeln Sie Widerstand
gegen die allgegenwärtige Werbung, die man oftmals nur noch
als „Gehirnwäsche" bezeichnen kann. Vor allem elektronischer
Schnickschnack mag ja ungeheuer günstig sein – ihn im Laden
stehen zu lassen, ist ohne Zweifel noch günstiger. Man wird
nicht reich durch das, was man kauft, sondern durch das, was
man mit bestem Gewissen *nicht braucht*. Gerade die moderne
Elektronik hat es unerbittlich auf unser Geld und unsere Zeit
abgesehen. Denn schließlich will das ganze Zeug auch bedient,
benutzt und gewartet werden.

Viele Menschen denken auch, dass sie unbedingt ein Auto
brauchen. Ein Auto ist in Anschaffung und Unterhalt ein ge-
wichtiger Posten. Reparaturen und TÜV sind Kosten, die regelmäßig, manchmal aber auch plötzlich und in unerwarteter Höhe
anstehen. Obwohl viele Leute dies als Schicksalsschlag darstellen: Das sind keine unabwendbaren Zahlungen! Es gibt durchaus
Leute, die zeitweise oder sogar für ihr ganzes Leben gut ohne
Auto auskommen, sei es aus Überzeugung, aus Sparsamkeit oder
weil sie den Sehtest nicht bestanden haben. Wenn ein Auto erst
einmal da ist, macht es sich schnell unentbehrlich – aber das ist
es nicht. Wie bei allen anderen Ausgaben muss man sich fragen:
Wie wichtig ist es mir? Was nehme ich in Kauf, um mir den
fahrbaren Untersatz leisten zu können?

Keine gute Idee sind Schulden, denn die können zu einer
gefährlichen Abwärtsspirale führen. Fangen Sie am besten gar
nicht erst an, auf Pump zu leben, man kann das gar nicht oft
genug betonen.

Statt Geld sollten Sie sich lieber Bücher leihen. In die
Universitätsbibliothek werden Sie sowieso öfter gehen. Für die
Unterhaltungsliteratur empfiehlt sich die Stadtbücherei, der Jah-
resbeitrag ist, wenn er überhaupt erhoben wird, gering und
amortisiert sich schnell. Auch Zeitungen und Zeitschriften kann
man dort ausleihen oder zumindest vor Ort lesen, wodurch nicht
nur die Kosten für die Lektüre, sondern auch das lästige Ent-
sorgen von Altpapier entfallen.

Im Winter spart das Benutzen öffentlicher Leseplätze Heiz-
und auch Stromkosten. Hier lässt sich auch sonst sparen, wenn
man Lichter nicht ungenutzt brennen lässt und die Heizkörper
herunterdreht, wenn man das Haus verlässt oder schläft. Das sind
Elternsprüche, ich weiß. Ich erinnere mich aber sehr gut an den
Schock, den ich bekam, als ich meine erste eigene Stromrech-
nung erhielt. Ich nutzte danach jede Gelegenheit, im Sportinsti-
tut zu duschen.

Wenn Sie trotz aller Bemühungen wirklich in die Bedürftig-
keit rutschen, suchen Sie Hilfe beispielsweise bei gemeinnüt-
zigen Stiftungen. Wenden Sie sich an das Studentenwerk oder
das AStA-Sozialreferat. Der „Freitisch" hat eine lange Tradition:
Hier wird kostenloses Essen – meist in der Mensa – an Bedürf-
tige ausgegeben.

Geld sparen klingt immer ein bisschen nach Askese. Es kann
auf die Dauer wirklich an den Nerven zerren, wenn man den
Cent immer zweimal umdrehen muss, bevor man sich traut, ihn
auszugeben. Während des Studiums sind Sie dafür reich an Zeit
und Freiheit. Ihr behäbiger Großonkel könnte sich zwar die fei-
nen belgischen Trüffel, die Sie so begehrenswert, doch leider
unerschwinglich finden, finanziell problemlos leisten – aber der
Arzt hat es ihm längst verboten. Und heimlich wünscht er sich
vielleicht, er wäre so jung und schlank wie Sie und müsste nicht
auf seinen Blutzuckerspiegel achten. Bald fehlt uns der Wein,
bald fehlt uns der Becher, wie es Tucholsky dichtete, der zu dem
weisen Schluss kommt: „Wir möchten so viel: Haben. Sein. Und
gelten. Dass einer alles hat – das ist selten."

Kapitel 3
Die Uni von außen und von innen

Ob die Mama mich abholt?

Bevor man sie näher kennt, ist sie vor allem groß, unübersichtlich und furchteinflößend. In vielen Städten ist die Uni einer der größten Arbeitgeber, oftmals auch Aushängeschild der „Universitätsstadt". Sie beschäftigt außer dem akademischen Personal auch viele nichtakademische Kräfte, etwa Sekretärinnen,

Hausmeister, Reinigungspersonal, Techniker und Laborassistenten, und sie prägt das Stadtbild durch Copyshops, Studentenkneipen und Hinweise auf allerlei Veranstaltungen.

3.1 Das Gebäude

Schauen Sie sich Ihre Universität schon vor Beginn Ihres Studiums an! Besuchen Sie einen öffentlichen Vortrag oder eine Diskussionsveranstaltung, Tage der Offenen Tür oder „Schnupperwochen". Die Architektur einer Hochschule ist nicht mit ihrer Qualität gleichzusetzen, aber zweifelsohne wirkt eine ins Stadtzentrum eingebettete, gewachsene Universität wie die in Karlsruhe einladender als betonbetonte Zweckbauten wie die Bochumer Universität. Der „Campus" ist das Universitätsgelände. In Bonn beispielsweise ist die Universität weit über die Stadt verteilt – es gibt keinen Campus, nur ein „Hauptgebäude". In Bielefeld dagegen findet sich alles unter einem Dach. Beide Formen haben ihre Vor- und Nachteile. Auch auf einem Campus hat man mitunter ziemlich weite Wege von einer Veranstaltung zur anderen, zumal man lange Gänge, zahlreiche Stufen und klappernde Aufzüge mitrechnen muss.

Nicht überall gönnt man den Studierenden Licht und Luft. Es kann passieren, dass man in einem fensterlosen, von Beton beherrschten Hörsaal sitzen muss, an dessen Decke riesige Belüftungsrohre hängen. Menschen beurteilen die Schönheit anderer wohlwollender, wenn sie sie in einer ansprechenden Umgebung betrachten. Ich bin mir sicher, dass in einer ansprechenden Umgebung auch das Lernen leichter fällt – und sei es, weil man den Professor bei schmeichelnder Beleuchtung sympathischer findet.

In einer echten „Studentenstadt" studieren zu können, hat natürlich einen ganz besonderen Charme. Das kann man sich nicht immer aussuchen. Dennoch – bevor Sie sich blindlings bei der Universität bewerben, die Ihrem bisherigen Wohnort am nächsten ist, machen Sie doch einmal eine kleine Reise in andere

Städte und schauen Sie sich dort Universitäten an (vgl. auch Abschn. 1.8.4). In einer anderen Stadt zu leben, auch in einem anderen Bundesland, ist ganz sicher eine Bereicherung und eine Erfahrung, von der Sie lange zehren werden. Mit der Wahl des Studienortes legt man sich nicht für sein Leben fest – noch nicht einmal für sein ganzes Studium, denn man kann durchaus erwägen, die Uni nach dem Bachelor zu wechseln und den Master anderswo zu erwerben.

Sie fallen nicht weiter auf, wenn Sie sich auf dem Universitätsgelände herumtreiben. Setzen Sie sich auch ruhig mal in eine Vorlesung, um zu erleben, wie sich das anfühlt. Gehen Sie in die Mensa, die „Universitätskantine", schauen Sie sich Aushänge an, nehmen Sie sich Fachbereichszeitungen mit. Dann bekommen Sie ein Gefühl für das Studentenleben.

3.2 Vom Student zum Professor

An der Uni gibt es keine flachen Hierarchien, „oben" und „unten" sind klar bestimmt. Zwar ist es mit der alten „Ordinarienherrlichkeit" vorbei und es gibt *ein bisschen* mehr Demokratie, aber ganz klar ist: Als Erstsemester sind Sie zunächst mal am Ende der „Nahrungskette". Ein Trost: Sie sind dort nicht allein. Ohne die Studierenden gäbe es die Universitäten überhaupt nicht, und als Studierendenschaft haben Sie mehr Macht, als Sie denken. Wir verfolgen in diesem Abschnitt den Weg vom ersten Semester bis zum Professor.

3.2.1 Studenten und Studentinnen

Ihr Studienerfolg hängt nicht unwesentlich damit zusammen, mit wem Sie studieren. Die bunte Mischung der Leute, die dasselbe Fach im selben Semester studieren wie Sie (Ihre *Kommilitonen* und *Kommilitoninnen*), bestimmen die Atmosphäre, in der Sie

lernen. Eine gute Arbeitsgruppe trägt wesentlich zu Ihrem Fortkommen bei. In den meisten Disziplinen ist Teamarbeit üblich
und oft wird das auch von Dozentenseite unterstützt. Dass sich
Studierende gegenseitig demoralisieren und ausbremsen, ist aber
auch keine Seltenheit. In einigen Fächern, die hier sicher nicht
genannt werden wollen, sind Klausuraufsichten überflüssig –
man lässt nicht abschreiben.

Dass es außer Gemeinsamkeit auch Konkurrenz unter den
Studierenden gibt, ist nur menschlich. Achten Sie darauf, Kontakte zu Studierenden zu suchen, die ernsthaft entschlossen sind,
ihr Studium zu Ende zu bringen (zumindest, wenn Sie selbst das
beabsichtigen); leicht kann es passieren, dass Sie sich eine neue
Arbeitsgruppe suchen müssen, weil Ihre Mitstreiter ausgestie-
gen sind. Sich zu Beginn des Studiums mit wenig motivierten
Kommilitonen in Diskussionen über Frust und Studienabbruch
zu verstricken, ist in höchstem Maße destruktiv. Andererseits
kann Ihr Mut sinken, wenn Sie sich mit Leuten zusammentun,
deren Leistungsniveau und Vorwissen allzu weit über dem Ihren liegen. Sie müssen aber auch nicht im ersten Semester Ihre Arbeitsgruppe für den Rest des Studiums finden. Spätestens
nach der Zwischenprüfung bzw. dem Bachelor driftet sowieso
alles auseinander. Bleiben Sie zu jedem Zeitpunkt offen für neue
Kontakte.

3.2.2 Studentische Organisationen

Ihr wichtigster Ansprechpartner auf studentischer Ebene ist
zunächst die Fachschaft. Das ist eine mehr oder weniger lose Ansammlung von Leuten, die über ihr Studium hinaus am
Fachbereich engagiert sind. Sie verkaufen Skripten, führen Ori-
entierungsveranstaltungen für Erstsemester durch, arbeiten in
Fachbereichsgremien mit, machen Fachschaftszeitungen, sammeln Prüfungsprotokolle und organisieren Partys – und das alles ehrenamtlich, bei meistens leeren Kassen. In der Fachschaft
treffen Sie hilfsbereite, verständnisvolle Kommilitonen und

Kommilitoninnen, die sich noch sehr gut erinnern, wie orientierungslos sie am Anfang an der Uni herumgelaufen sind, die Sie alles fragen und selbstverständlich ungefragt duzen können. Manche sind über den Fachbereich hinaus politisch und/oder hochschulpolitisch engagiert, doch sie machen daraus in der Regel kein Geheimnis, so dass Sie wissen, woran Sie sind. Und selbstverständlich bekommen Sie auch als „politische Gegnerin" die gewünschten Auskünfte.

Fachschafter sind jedoch auch manchmal frustriert. Fachschaftsarbeit macht zwar Spaß, aber die Resonanz bei der Basis ist meist mager. Eine Handvoll ohnehin überlasteter Studentinnen und Studenten kämpft um den Erhalt der Fachschaftszeitung, steht als Organisatoren bis 4 Uhr hinter der Biertheke, rennt dem Professor, der eine unmögliche Klausur gestellt hat, die Bude ein – und so richtig dankbar ist keiner. Das führt immer wieder zu geharnischten Artikeln in der Fachbereichszeitung und dramatischen Rücktritten exponierter Vertreter. Es gibt natürlich tausend Gründe, sich am Fachbereich nicht zu engagieren, aber tun Sie den Unermüdlichen wenigstens den Gefallen zu zeigen, dass Sie ihre Arbeit schätzen und fassen Sie die Fachschaftsarbeit nicht als selbstverständliche Serviceleistung auf. Fragen Sie nach der Fachschaftsarbeit, besuchen Sie Vollversammlungen, nehmen Sie Zeitungen und Flugblätter mit einem „Dankeschön" entgegen. Und kaufen Sie, wenn das an Ihrem Fachbereich nötig ist, Beitragsmarken, die die Arbeit der Fachschaften finanzieren.

Für die gesamte Studierendenschaft arbeitet der AStA oder UstA (Allgemeiner Studierendenausschuss/Unabhängiger Studierendenausschuss, je nach Bundesland bzw. Hochschulgesetz). Er wird vom Studierendenparlament (SP oder StuPa) gewählt, welches wiederum von allen Studierenden gewählt wird. Wie im wirklichen Leben gibt es Parteien, nur heißen sie Hochschulgruppen, Minister – sie heißen Referenten – und einen Kanzler oder eine Kanzlerin, genannt AStA (UStA)-Vorsitzender oder Vorsitzende. Auch wenn Sie selber nicht vorhaben, eine politische Laufbahn einzuschlagen, ist es doch interessant, die politische Landschaft der Hochschule, das Gerangel um

Pöstchen und das Chaos eines Studierendenparlaments zu beobachten. Engagement an der Hochschule ist ein Training auch für das Berufsleben mit all seinen Besprechungen, schweren Entscheidungen und persönlichen Querelen. Der Zeitverlust des persönlichen Einsatzes an der Hochschule wird durch einen Fundus wertvoller Erfahrungen ausgeglichen. Manchem Berufsanfänger wünscht man, er hätte in der Fachschaft gelernt, wie man eine Sitzung leitet und schon mal einen Bericht für das Fachbereichsblättchen geschrieben.

3.2.3 Studentische Hilfskräfte

Der erste Job eines angehenden Wissenschaftlers ist oft eine Stelle als „HiWi". HiWi müsste eigentlich „WiHi" heißen, denn es ist die Abkürzung für „Wissenschaftliche Hilfskraft". „Hiwi" hat sich auch in der Umgangssprache im Sinne von „Handlanger, Laufbursche" eingebürgert – wahrscheinlich, weil HiWis so oft niedere Aufgaben wie Kopierarbeiten bekommen und immer belastet werden, wenn es den anderen zu langweilig wird. Studentische Hilfskräfte (SHK) kochen aber nicht nur Tee fürs Kolloquium, sie führen auch qualifizierte Arbeiten aus, zum Teil im Bereich der Forschung. Über einen solchen Job erhält man Einblick in den Universitätsbetrieb und bekommt so manches mit. Von daher ist ein Hiwi-Job durchaus empfehlenswert. Streng genommen muss man zwischen wissenschaftlichen und studentischen Hilfskräften unterscheiden – die einen haben schon einen Abschluss, die anderen noch nicht.

Einige der Hilfskräfte sind im Lehrbetrieb als Tutoren (Übungsleiter) beschäftigt. Mit diesen haben Sie also beispielsweise in der Kleingruppenübung zu tun. Es sind Studentinnen und Studenten, die bereits die Zwischenprüfung abgelegt haben und jüngere Semester betreuen. Sie sind Ihre ersten Ansprechpartner für Verständnisprobleme. Die Tutoren machen oft die Erfahrung, dass sie selbst Sachverhalte erst dann richtig verstehen, wenn sie sie weitervermitteln. Für die Anfänger ist das nicht immer eine glückliche Situation, aber das gemeinsame Ringen um den Stoff kann auch sehr produktiv sein, wenn niemand da ist, der sich als „Mister Allwissend" darstellt.

3.2.4 Mittelbau

Das wissenschaftliche Personal zwischen Studienabschluss und Professur heißt „akademischer Mittelbau". Einen „Unterbau" und einen „Oberbau" gibt es nicht. Das heißt – es gibt ihn schon, er heißt nur nicht so. Die Angehörigen des Mittelbaus haben verschieden gestaltete, größtenteils befristete Verträge mit der Hochschule. Viele sind auch im Forschungsbetrieb tätig, die Akademischen Räte (die einzigen, die einen unbefristeten Vertrag haben) nur in der Lehre.

Nach dem Studium ist das erste Karriereziel für einen angehenden Wissenschaftler die Promotion. Diese kann bis zu sechs Jahren dauern (es gibt auch Langzeit-Doktoranden), und in dieser Zeit muss man sich innerhalb der Forschung platzieren. Wer in dieser Zeit das Glück hat, an der Universität angestellt zu sein, ist auch mit Lehraufgaben betraut. Man steht nun nicht immer selbst vor der Übungsgruppe, aber entwirft Übungsaufgaben und Klausurfragen. Die wissenschaftlichen Mitarbeiter (oft auch einfach „Assi" genannt, obwohl ein Hochschulassistent streng genommen noch einmal etwas anderes ist) lesen Skripten Korrektur und fungieren in Prüfungen als Beisitzer. Sie tun so ziemlich alles, haben aber kaum eine Entscheidungsbefugnis.

„Mittelbauer" haben eine zwiespältige Funktion zwischen Studenten und Professoren. Es ist zum Beispiel nicht ganz klar, ob man den Assistenten noch duzen darf. Einige wissenschaftliche Mitarbeiter duzen die Studenten ihrerseits ohne Probleme, die Studenten selbst aber trauen sich oft nicht recht, zurückzuduzen. Je nach Fachbereich gibt man sich mehr oder weniger formell, je nach Charakter mehr oder weniger überheblich.

Wissenschaftliche Mitarbeiter plagen sich mit einer Reihe von Problemen herum: Das Ziel Promotion ist ein kompliziertes

Unterfangen. Die finanzielle Sicherheit ist höchstens befristet vorhanden, es wird selbstständiges Arbeiten erwartet und nicht immer läuft die Sache rund. Und wenn doch, dann wird die Zeit erst recht knapp: Wer Veröffentlichungen schreibt und Konferenzen besucht, hat nur noch ein begrenztes Zeitkontingent für den Lehrbetrieb. Der Vertrag schreibt in der Regel die Hälfte der Zeit für die Lehre und Verwaltung fest, aber das verteilt sich nicht immer gleichmäßig. Das Engagement für die Lehre und die Belange der Studierenden schwankt unter wissenschaftlichen Mitarbeitern sehr. Das ist auch davon abhängig, wie die allgemeine Kultur am Fachbereich und Lehrgebiet ist. „Wie der Herr, so's Gescherr"[1] passt hier oft. Jedenfalls sollten Sie die wissenschaftlichen Mitarbeiter nicht unterschätzen. Auch wenn es manchmal so aussieht, als würden sie nur dackelmäßig hinter ihrem Chef herlaufen: Sie sind im Universitätsbetrieb unentbehrlich.

3.2.5 *Professoren an der Universität*

Nach der Promotion gibt es die Möglichkeit, über eine Juniorprofessur an eine eigenständige Forschungstätigkeit und später zu einer unbefristeten Professur zu kommen. Ein anderer Weg ist die Habilitation, ein zweites, größeres Forschungsprojekt mit einer Abschlussarbeit, die dann zu der sogenannten Venia Legendi führt, der Erlaubnis, das entsprechende Fachgebiet in Forschung und Lehre zu vertreten. Die Habilitation soll schon seit Jahren abgeschafft werden, zumal sie auch nicht den internationalen Standards entspricht. Mehr und mehr wird sie durch vergleichbare wissenschaftliche Leistungen ersetzt, durch hochwertige Veröffentlichungen also. Wer habilitiert ist, darf sich Dr. habil. oder „Privatdozent" nennen, den Professorentitel bekommt man erst bei einem Ruf auf einen Lehrstuhl. Die Lehrtätigkeit läuft die ganze Zeit quasi nebenbei, denn bei der

---

[1] Lateinisch: „Qualis rex, talix grex."

Berufung auf eine Professur spielen Forschungsresultate –
dokumentiert durch wissenschaftliche Publikationen – die
größte Rolle. Professoren sind in puncto pädagogische Eignung
in der Regel Autodidakten. Nicht jeder ist zum Hochschullehrer geboren, aber für einen begabten Wissenschaftler ist die
Hochschule zunächst natürlich die erste Adresse. Weil aber die
Lehrtätigkeit aufreibend und zeitraubend ist, gehen viele Wissenschaftler an Forschungsinstitute, wo sie keine Lehrverpflich-
tungen haben. Manche arbeiten sowohl an der Universität als
auch an einer Forschungseinrichtung oder aber in einer eigenen
Firma.

Ein Hochschulprofessor hält nicht nur Vorlesungen und verteilt Seminarvorträge. Er nimmt an Konferenzen teil, als Orga-
nisator, im Programmkomitee oder mit einer eigenen Arbeit, die
er vorstellt. Er betreut und begutachtet Doktorarbeiten und For-
schungsanträge, vergibt Abschlussarbeiten, hält Prüfungen ab,
sitzt in verschiedenen Gremien und sehr oft in Vorträgen und
ist überhaupt sehr beschäftigt. So ist es verständlich, dass viel
Arbeit und Verantwortung an die wissenschaftlichen Mitarbeiter
abgegeben wird. Vielleicht gehören Sie zu denjenigen, die im
Supermarkt die Kassiererin gleich nach „Ihrem Vorgesetzten"
fragen, wenn Sie mit etwas nicht zufrieden sind. Natürlich ist
es Ihr gutes Recht, sich an den Professor zu wenden, wenn Sie
glauben, eine ungerechte Note in einer Klausur bekommen zu
haben. Aber erwarten Sie nicht, dass der zuständige Assistent
daraufhin abgestraft oder gar entlassen wird, und erwarten Sie
nicht, dass die Drohung „dann gehe ich eben zu Professor X"
den wissenschaftlichen Mitarbeiter erschreckt. Denn nicht selten lässt sich der Professor von seinem Assistenten informieren
und schließt sich dessen Vorschlag an – einfach aus Zeitmangel.
Mitunter sind die Professoren großzügiger als ihre Mitarbeiter –
aus ihrem größeren Abstand heraus, aus Gutmütigkeit oder auch
aus Bequemlichkeit.

Es gibt so viele Professoren, die weit entfernt von ihrer Uni
wohnen und deshalb häufig abwesend sind, dass sich dafür die
Bezeichnung „Di-Mi-Do-Prof" eingebürgert hat. Leicht kann

der Eindruck entstehen, dass diese Dozenten sich ein bequemes Leben auf Staatskosten machen. Davon kann in den allermeisten Fällen keine Rede sein. Die Professorenlaufbahn ist alles andere als gemütlich, und zu den größten Hindernissen gehören die häufigen Ortswechsel, die auch Partner und Familie belasten. Viele Professoren haben, wenn sie endlich auf einer unbefristeten Stelle angelangt sind, bereits schulpflichtige Kinder. Ein Umzug ist dann nicht mehr so einfach und dadurch entsteht diese nicht sehr glückliche Situation.

Nehmen Sie Rücksicht auf die chronische Zeitnot des Professors. Halten Sie sich an Absprachen und Termine, fassen Sie Nachrichten kurz und wundern Sie sich nicht, wenn er nicht mehr weiß, was er letzte Woche zu Ihnen gesagt hat. Das Klischee vom zerstreuten Professor ist nicht sehr weit von der Realität entfernt.

Bei allem Respekt denken Sie immer daran, worin die Existenzberechtigung der Professorinnen und Professoren besteht. „Professoren ohne Studenten sind so nutzlos wie Schraubenzieher ohne Schrauben, und sie leiden darunter" (Paul Feyerabend).[2]

3.2.6 Professoren an der Fachhochschule

Die Fachhochschulen haben eine praxisnahe Ausbildung zum erklärten Ziel und entsprechend wird auch das Lehrpersonal ausgewählt. Neben der wissenschaftlichen Eignung ist Erfahrung außerhalb der Hochschule Voraussetzung für die Übernahme einer Fachhochschulprofessur. Der Dozent an der Fachhochschule (FH) wird Ihnen also hin und wieder aus dem Berufsalltag in der freien Wirtschaft erzählen. In der Regel ist er promoviert und hat mehrere Jahre Berufserfahrung. Wissenschaftliche Mitarbeiter hat er eher nicht, macht also das meiste selbst. Das macht den

---

[2] Paul Feyerabend. Zeitverschwendung. Suhrkamp, Frankfurt 1997.

Kontakt zu den Studentinnen und Studenten auch etwas persönlicher, die Distanz ist nicht so groß wie an der Universität.

Manchmal werden Vorlesungen auch an Lehrbeauftragte „outgesourct". Ein Lehrbeauftragter hat keine feste Anstellung an der entsprechenden Hochschule, sondern erhält nur den Auftrag, eine Veranstaltung abzuhalten. Dies sind zuweilen recht kurzfristige Arrangements. Als Hörer kann Ihnen das im Prinzip gleichgültig sein, nur wundern Sie sich nicht, wenn Lehrbeauftragte über die genauen Abläufe an Ihrer Hochschule nicht so gut Bescheid wissen.

3.3 Die Veranstaltungen

3.3.1 Vorlesung

Eine Vorlesung ist nicht nur eine Veranstaltung. „Vorlesung" umfasst einen Ausschnitt aus einem Fachgebiet, der den Umfang einer gegebenen Semesterwochenstundenzahl (SWS) hat und deshalb als Prüfungsgrundlage in Frage kommt und auch Grundlage für die vergebenen Leistungspunkte (Credit Points) ist.

Die Veranstaltung „Vorlesung" ist, gelinde gesagt, gewöhnungsbedürftig. 90 Minuten lang einem anspruchsvollen Vortrag zuhören und das Gehörte mitzuschreiben ist sehr anstrengend und mitunter ziemlich langweilig. Es ist anstrengend, weil der Stoff unbekannt ist und in kürzester Zeit irgendwie so konserviert werden muss, dass man nachher noch weiß, worum es ging. Und es ist langweilig, wenn man den Faden verliert und nicht mehr wirklich versteht, wovon der da vorne überhaupt redet, und es in dem Moment auch gar nicht wissen will. Wenn sich mehrere Vorlesungen aneinander reihen, treten zwangsläufig Ermüdungserscheinungen auf.

Derselbe Stoff kann von verschiedenen Personen sehr unterschiedlich dargestellt werden. Einige Professoren sprühen vor

Begeisterung und Witz, andere sind schlecht vorbereitet und verlieren oft den Faden, wieder andere tragen monoton vor, was sie sich aufgeschrieben haben, und dann gibt es auch solche, die sich einem in größtmöglicher Breite angelegtem Vortrag über Gott und die Welt hingeben, so dass man sich auf vielen Seitenpfaden verliert und die Hauptsachen nicht mitbekommt.

Einer guten Vorlesung zu folgen ist leicht. Wenn Sie darauf hingewiesen werden, welche Stellen besonders wichtig sind und wo es Schwierigkeiten geben kann, wenn Sie sich gut unterhalten fühlen und mit den Randnotizen etwas anfangen können, wenn die Vorlesung eine übersichtliche Struktur hat und Ihnen womöglich auch ein Skript zur Verfügung steht, dann sollte es Ihnen möglich sein, den Stoff innerhalb der vorhandenen Zeitspanne zu bewältigen. Wichtig ist dennoch, dass Sie die Vorlesung vor- und nachbereiten. Dies kann mehr Zeit in Anspruch nehmen als die Vorlesung selbst! Vor- und Nachbereitung bedeutet beispielsweise

- eine gut lesbare Mitschrift anfertigen bzw. diese überarbeiten (noch einmal ganz abschreiben ist allerdings des Guten zuviel);
- wichtige Begriffe herausschreiben oder unterstreichen;
- Inhaltsverzeichnisse und Übersichten anlegen;
- Begleitliteratur lesen;
- den Inhalt mit Kommilitonen diskutieren und Verständnislücken schließen;
- begleitende Übungsaufgaben erledigen.

Sollte also Ihr Professor einen Beweis mit der Bemerkung „Das können Sie selbst!" auslassen, dann versuchen Sie, diesen Beweis selbstständig zu führen.

Es ist am sinnvollsten, die Nachbereitung so bald wie möglich nach der Vorlesung anzugehen. Jeder Tag, der zwischen der Vorlesung und der Nachbereitung vergeht, erhöht den Aufwand, weil vieles schon auf dem Weg ins Vergessen ist. Gewöhnen Sie sich möglichst schon zu Beginn Ihres Studiums eine Routine zur Nachbereitung der Vorlesung an. Reservieren Sie beispielsweise feste Zeitblöcke dafür (vgl. Kap. 6). Verabreden Sie sich zu festen Zeiten mit Ihrer Arbeitsgruppe.

Das Wichtigste: Lassen Sie sich von einem Dozenten, der Ihnen nicht zusagt, nicht den Spaß am Studium verderben. Und geben Sie auch unerfahrenen Dozenten eine Chance, sich zu entwickeln. Sie können sich sicher noch an Referate in der Schule erinnern und wie aufwendig die Vorbereitung ist. Studenten denken oft, die Professoren würden die Vorlesungen „aus dem Ärmel schütteln" und auch ein Skriptum schriebe sich von selbst, wenn man lange genug im Geschäft ist. Das ist nicht der Fall. Es bleibt auch mit viel Routine mühsam, einen qualifizierten Vortrag zu halten.

Im Übrigen gibt es auch die Möglichkeit, auf den Dozenten einzuwirken. Bei einer großen Einführungsveranstaltung können Sie beispielsweise über die Fachschaft ein Gespräch mit dem Professor vereinbaren und die Schwierigkeiten der Studenten diskutieren. In einer kleineren Veranstaltung sprechen Sie sich vielleicht vorher mit einigen Kommilitonen ab und melden sich gleich zu Beginn der Stunde mit dem Hinweis, Sie wollten etwas zur Vorlesung sagen. Ihre Dozenten sind offener für Ihre Wünsche, als Sie vermutlich denken. Und eine kleine „Metadiskussion" am Rande der Vorlesung ist für beide Seiten sinnvoll. Die eher unerfahrenen Dozenten sind dankbar für jeden Hinweis und die älteren kennen vielleicht Ihre Probleme schon und können Ihnen wertvolle Hinweise geben. Vielerorts ist die Evaluation der Vorlesungen inzwischen Standard. Das bedeutet, dass Sie am Ende des Semesters Ihre Meinung über die Qualität der Vorlesung äußern können und diese Bewertungen offiziell erfasst werden. Es ist sicher sinnvoll, mit gewichtigen Kritikpunkten nicht bis zum Ende des Semesters zu warten. Dafür dürfte auch der Dozent dankbar sein, denn niemand möchte nachher durch schlechte Noten auffallen.

Und wenn das alles nichts nutzt, die Vorlesung einfach schlecht ist, der Professor stur, sein Vortrag unverständlich, seine Unterlagen chaotisch? Machen Sie sich klar: Sie gehen nicht mehr zur Schule. Außer in sehr kleinen Veranstaltungen mit viel persönlichem Kontakt fällt es nicht weiter auf, wenn Sie fehlen. Allerdings brauchen Sie den Stoff. Sie müssen also entscheiden, ob es möglich ist, das Ziel der Vorlesung auch ohne Besuch der Veranstaltung zu erreichen. Sie können zum Beispiel das Skript benutzen, und wenn es das nicht gibt, mit der Arbeitsgruppe absprechen, die Vorlesung abwechselnd zu besuchen und nachher gemeinsam die Inhalte zu erarbeiten. Wenn Sie darüber hinaus noch ein paar Bücher benutzen, kann das durchaus effektiver sein, als die Stunden im Hörsaal abzusitzen. Letztendlich müssen Sie das selbstständige Erarbeiten von Stoff ohnehin lernen. Eine andere Möglichkeit besteht darin, die Veranstaltung ein (oder zwei) Semester später zu besuchen, wenn jemand anderes sie anbietet. Das passt nicht immer in den Zeitplan, ist aber manchmal wirklich empfehlenswert. Eine Vorlesung unter demselben Titel, gehalten von einem anderen Dozenten, kann dem Stoff ein ganz anderes Gesicht geben. Gerade bei fortgeschrittenen Veranstaltungen unterscheiden sich oft auch die Inhalte. Hören Sie sich vorher um, denn es steht oft schon lange fest, wer welche Vorlesung wann anbietet.

3.3.2 Tutorium/Übung/Praktikum

Weil klar ist, dass man nur durch Zuhören nichts lernen kann, werden Sie in Kleingruppen dazu angeleitet, sich mit dem Stoff aktiv auseinander zu setzen; außerdem gehören oftmals Praktika (im Rechnerraum oder im Labor) zum Pflichtprogramm. Die Modelle sind unterschiedlich, die Veranstaltungen mehr oder weniger verbindlich, aber das Ziel ist immer gleich: Sie diskutieren mit Ihren Kommilitonen und einem Übungsleiter über die Inhalte der Vorlesung, erproben Ihr Wissen an Aufgaben oder setzen Erlerntes praktisch um (Praktika außerhalb der Hochschule sind an dieser Stelle nicht das Thema).

Der Nutzen, den Sie aus diesen Angeboten ziehen, liegt bei Ihnen. Sie können mehr oder weniger passiv die Veranstaltung an sich vorbeiziehen lassen, mitschreiben und bei sich denken, dass die Prüfung ja noch fern ist. Sinnvoller ist es natürlich, aktiv mitzuarbeiten und vor allem auch die Fragen zu stellen, die Ihnen auf der Seele brennen. Nicht nur die, die unmittelbar mit dem Stoff zu tun haben. Diskutieren Sie auch Hintergründe oder Lernstrategien. Lassen Sie sich vom Übungsleiter ein Feedback über Ihren Lernfortschritt geben. Vergleichen Sie sich mit Ihren Mitstudierenden. Arbeiten Sie auch die Tutorien zu Hause nach.

Natürlich gibt es auch unter den Tutoren bessere und schlechtere. Das Gute hier: Ein Wechsel der Übungsgruppe ist weit weniger kompliziert als eine Alternative zur Vorlesung zu finden. Besuchen Sie eine andere Kleingruppe als diejenige, zu der Sie sich angemeldet haben, und wenn Ihnen die Betreuer dabei in die Quere kommen, erklären Sie Ihr Problem.

3.3.3 Seminar

Das Wort „Seminar" leitet sich aus dem lateinischen „seminarium" ab, wörtlich übersetzt: „Pflanzschule, Baumschule", und wird in zwei Bedeutungen verwendet: Erstens bezeichnet es die Institution und die Räumlichkeit eines Fachbereichs („anglistisches Seminar"), andererseits bezeichnet man damit eine Veranstaltung, in der die Teilnehmer durch Diskussionen und Vorträge ein bestimmtes Thema gemeinsam erarbeiten. Neben Anfängerveranstaltungen (auch Proseminar genannt) gibt es auch fortgeschrittene, zum Teil hoch spezialisierte Angebote. Häufig wählen Dozenten hier aktuelle Themen oder solche, die in ihrem besonderen Interessengebiet liegen, oder aber Gebiete, die sie sich neu erschließen wollen.

Es ist nicht ganz einfach, überhaupt ein Thema für einen Vortrag zu bekommen. Es gibt unterschiedliche Vergaberoutinen. Da die Lehrgebiete eigenständig arbeiten, werden Themen in der Regel oft auch nur dezentral vergeben. Das heißt, es kann sein, dass Sie dreimal hintereinander Pech haben. Manchmal wird gelost, es gibt eine Warteliste oder es heißt einfach nur, sich schneller zu melden als andere. Bei großem Andrang werden Themen

manchmal auch doppelt vergeben. Dann trägt entweder nur einer
der beiden Bearbeiter vor oder es gibt zwei parallele Veranstaltungen. Etwas mehr Kunden- – pardon: Studentenorientierung –
wäre hier sicher angebracht. Aber vielerorts gibt man sich auch
wirklich große Mühe, den Anforderungen gerecht zu werden.

Wenn Sie ein Seminarthema übernehmen, verpflichten Sie
sich. Es gibt zwar keine rechtliche Handhabe gegen Sie, wenn
Sie „abspringen", aber Sie hinterlassen einen denkbar schlechten Eindruck, wenn Sie ein Thema übernehmen und sich dann
nie wieder bei Ihren Betreuern melden oder am Tag des Seminars kurz anrufen, um zu sagen, dass Sie den Vortrag doch nicht
halten werden. Auch wenn Sie auf Anfrage sagen, Sie hätten
das alles nicht geschafft und Ihre Unterlagen deshalb schon alle
entsorgt, wird man Ihnen später nur ungern eine weitere Arbeit
anbieten. Glauben Sie auch nicht, dass die Dozenten und Mitarbeiter sich untereinander nicht verständigen. Manche Studierende meinen offenbar, sie würden ohnehin im allgemeinen Tru-
bel untergehen. Das stimmt für große Vorlesungen, nicht aber für
kleine Zirkel wie eben ein Seminar. Das Seminar dient gerade
dem Aufbau eines engeren Kontakts, aus dem sich häufig eine
Themenstellung für die Abschlussarbeit ergibt. Ihr Vortrag ist
eingeplant, und wenn Sie ihn nicht halten, entsteht eine Lücke.

Wenn Sie Probleme mit Ihrem Thema haben, wenden Sie sich
an den Betreuer oder die Betreuerin – diese Leute werden dafür
bezahlt, Ihnen zu helfen. Das ist allemal besser, als die Sache
dranzugeben, denn entweder man hilft Ihnen weiter und Sie bewältigen Ihre Aufgabe dann doch – oder aber Sie haben eine Erfahrung mit dem Lehrgebiet gemacht, die Sie nicht ermutigt, dort
in Sachen Abschlussarbeit anzutreten. Das ist immerhin auch eine wertvolle Information.

Zur Vorbereitung des Vortrags finden Sie Tipps in den Kap. 9,
11 und 13. Die übrigen Vorträge des Seminars müssen Sie
sich „nur" anhören, denn darüber wird normalerweise nicht geprüft. Schon die Fairness gebietet, dass Sie die anderen Vorträge
besuchen und verfolgen. Wenn allerdings das behandelte Thema in Ihr engeres Interessengebiet fällt, heißt es natürlich gut

aufpassen. Wenn Sie das als etwas ermüdend empfinden, ist das
ganz normal, denn leider ist nicht jeder Seminarvortrag witzig
und spannend.

Ein Seminar dient immer auch der Rückmeldung über Ihren
Fortschritt. Versuchen Sie also, ein Urteil über Ihren Arbeits-
und Vortragsstil zu bekommen, auch wenn der Seminarschein
selbst vielleicht unbenotet vergeben wird. In manchen Seminaren bekommt man zum Abschluss auch eine allgemeine
Rückmeldung vom Plenum. Begreifen Sie dies nicht als Prüfungssituation, sondern als Hilfestellung für spätere, ähnliche
Situationen.

3.4 Sprechen Sie uni?

Es gibt eine ganz eigene Universitätssprache, die mit dem
eigentlichen Fachjargon nichts zu tun hat. Hierbei gibt es auch
regionale „Dialekte", die eigentliche Universitätssprache besteht
hauptsächlich aus lateinischen Begriffen wie Campus, Ordinari-
us, Mensa oder Audimax. Keine Sorge, an diese Begriffe gewöhnt man sich schnell. Sie müssen auch nicht gleich zu Anfang wissen, was eine „Venia Legendi" ist und welcher Titel mit
„Magnifizenz" gemeint ist. Viele Begriffe wurden – auch im Zuge der Demokratisierung – inzwischen ins Deutsche oder Englische übersetzt, andere haben ihren Weg in die Umgangssprache
schon gefunden, wie der erwähnte HiWi.

Zu den fremden Begriffen kommen eine Reihe gebräuchli-
cher Abkürzungen (siehe Kap. 20), den ersten begegnen Sie
wahrscheinlich in Ihrer ersten Woche, sie beginnen mit O: In
O-Phase, O-Woche und O-Einheit steht das O für „Orientierung". Lassen Sie diese Veranstaltungen keinesfalls aus!

Kapitel 4
Lebensabschnitt Studium

Wenn Sie, vielleicht sogar von der Zulassungsstelle „zwangsver-schickt", nach dem Abitur in einer fremden Stadt beginnen zu studieren, ohne Freund oder Freundin, dann kommt eine Menge auf Sie zu. Vielleicht hat Sie das Leben im Eltern schon man-ches Mal ein bisschen genervt und Sie freuen sich auf die fortan „sturmfreie Bude". Es ist aber etwas ganz anderes, ob die El-tern mal am Wochenende weggefahren sind oder ob man in der eigenen Wohnung ganz von vorn anfängt, sich einen Hausstand einzurichten. Darauf ist nicht jeder vorbereitet. Nicht alle Eltern denken rechtzeitig daran, ihren Kinder das Kochen und die Ba-sics der Wäschepflege beizubringen, und dann ist es auch ein sonderbares Gefühl, wenn auf einmal niemand nach einem sieht, niemand darauf achtet, wann man nach Hause kommt und wann man aufsteht.

4.1 Was ist anders als in der Schule?

Zunächst einmal: Es gibt kein Klassenbuch. Auch kein Kurs-buch. Sie müssen keine Entschuldigung schreiben, wenn Sie der Vorlesung fernbleiben, nur wenn Sie eine Prüfungsleistung aus

B. Messing, *Das Studium: Vom Start zum Ziel*, 2. Aufl.,
DOI 10.1007/978-3-642-20651-1_4,
© Springer-Verlag Berlin Heidelberg 2012

gesundheitlichen Gründen nicht erbringen können, brauchen Sie
ein Attest. Der Prüfer, dem Sie gegenübersitzen, weiß nichts von
der Scheidung Ihrer Eltern, den Problemen Ihrer Schwester und
Ihrem kaputten PC. Oft kennt er nicht einmal Ihren Namen.

Selbst wenn Sie wochenlang nicht das Geringste für Ihr Studium tun, kommt niemand auf die Idee, Sie anzurufen und zu
fragen, was los ist. Die Verantwortung dafür, was, wann und wie
Sie studieren, liegt ganz allein bei Ihnen.

Vielleicht wird Ihnen erst jetzt bewusst, wie sehr Ihr Leben
vorher von anderen bestimmt wurde: von der Schule, von den
Eltern, vom Arbeitgeber – und in welchem Maße andere Verantwortung für Sie getragen haben. Die Freiheit, in die Sie zum
Studieren entlassen wurden, nachdem Ihnen „Studierfähigkeit"
bescheinigt wurde, ist eine Herausforderung und oft eine Hürde.
Im letzten Abschnitt vor dem Schulabschluss sollten Sie gelernt
haben, sich freiwillig an die Arbeit zu machen – ohne Hausauf-
gabe und ohne Aufforderung durch Eltern.

Anders auch als in einer Ausbildung, bei der Sie vorher mehr
oder weniger genau wissen, was hinterher herauskommt, ist das
Berufsbild zu Beginn eines Studiums nicht so klar. Selbst wenn
Sie definitiv Lehrerin werden wollen, kann Ihnen zu Beginn des
Studiums niemand versprechen, dass das auch klappt. Die Studienzeit ist häufig auch eine Zeit, in der man Neues ausprobiert:
eine Sportart, die man bisher nicht kannte, eine andere Art der
Ernährung, politisches Engagement oder unkonventionelle Be-
ziehungsformen.

4.2 Wohnen

Beim Finden einer Unterkunft helfen Studentenwerk und AStA.
Günstige Wohnungen sind auf dem freien Markt sehr schnell
vergeben. Wenn Sie über die Zeitung suchen, heißt es früh auf-

stehen. Aber auch um einen Wohnheimplatz müssen Sie sich zeitig kümmern. Zuvor aber müssen Sie überlegen, welche Wohnform Sie überhaupt anstreben.

4.2.1 Studentenwohnheim

Um einen Platz im Wohnheim müssen Sie sich rechtzeitig vor Semesterbeginn beim Studentenwerk bewerben, auch hier hilft das World Wide Web weiter. Es gibt schöne und weniger schöne solcher Unterkünfte. Jedenfalls sind Sie nicht allein, in einigen Heimen gibt es auch eine ganz nette Infrastruktur mit gemeinsamen Freizeitaktivitäten und Ähnlichem. Und eine neugierige Zimmerwirtin gibt es auch nicht, dafür Kochgelegenheit und Waschmaschinen.

Aber das Wohnen in einer solchen Anlage ist nicht jedermanns Geschmack und nicht jeder kann sich, auch wenn es nur für ein paar Semester ist, damit anfreunden, auf zwölf Quadratmetern schlafen, arbeiten, kochen und duschen zu müssen. Und laut könnte es auch werden.

4.2.2 Eigene Wohnung

Eine eigene Wohnung ist finanziell nicht immer drin. Billige Wohnungen haben oftmals ihren ganz eigenen Charme: tiefgezogene Decken, winzige Zimmerchen, bröckelige Wände oder die fehlende Dusche – Studenten stellen ja keine Ansprüche. Es gibt auch einzeln vermietete Zimmer in mehr oder weniger vertrauenserweckenden Häusern. Für eine leere Wohnung brauchen Sie die ganze Einrichtung, insbesondere Herd und Kühlschrank. Ganz allein zu wohnen kann allerdings ein wenig traurig sein.

Wählen Sie Ihre Wohnung trotz Zeitnot mit Bedacht. Sich mit nickeligen Vermietern herumstreiten zu müssen ist äußerst

unerfreulich und zeitraubend. Sie wollen sich nicht dauernd anhören, dass Sie noch das Treppenhaus reinigen müssen, und mögen es sicher auch nicht, wenn man hinter Ihnen herspioniert
und jeden Gast unter die Lupe nimmt. Bevor Sie den Mietvertrag unterschreiben, lassen Sie sich überzeugen, dass umgehend
etwas geschieht, wenn ein Wasserrohr bricht oder die Heizung
bei minus 12 Grad Außentemperatur ausfällt. Und überzeugen
Sie sich selbst, dass es in der Wohnung nicht schimmelt.

Ein Vermieter, der im selben Haus wohnt, kann leicht etwas
lästig werden. Aber ein Vermieter, der im Fall der Fälle nicht
greifbar ist, beeinträchtigt die Wohnqualität unter Umständen
deutlich mehr. Wenn Sie unsicher sind, unterschreiben Sie lieber nicht. Es findet sich immer irgendeine Übergangslösung (Ju-
gendherberge, Unterkunft im nächsten Ort oder bei Verwandten), bis die passende Behausung gefunden ist. Vermeiden Sie
„Panikkäufe". Oft muss man spontan zugreifen, weil der Andrang groß ist, aber wenn man sich bereits einige Wohnungen
angesehen hat, kann man besser beurteilen, ob die rasche Unter-
schrift angebracht ist.[1]

4.2.3 Wohngemeinschaft

Ein Kompromiss aus eigener Wohnung und Heim ist die Wohngemeinschaft, eine sehr beliebte Wohnform: Hier sind Sie auch
nicht allein, und müssen dennoch nicht auf einen individuellen
Wohnstil verzichten, der in einem großen Wohnheim doch häufig

---

[1] Die mathematische Behandlung des Problems, unter vielen Angeboten
und unter dem Druck der direkten Zusage auszuwählen, wird „Sekretä-
rinnenproblem" genannt; die gängigen Suchmaschinen liefern zu diesem
Stichwort zahlreiche Treffer. Die berechnete optimale Strategie besteht darin, zunächst etwa 37% der eingehenden Angebote zu Informationszwecken
zu nutzen und danach zuzugreifen, wenn ein Angebot eintrifft, das besser
ist als alle anfangs abgelehnten.

zu kurz kommt. Billiger als das Alleinwohnen ist eine WG
allemal, wenn auch nicht ganz so günstig wie ein Wohnheim-
zimmer. Wenn Sie sich mit Ihren Mitbewohnern gut verstehen,
kann die Zeit in der Wohngemeinschaft eine sehr schöne und un-
vergessliche Zeit sein. Allerdings besteht die Unvergesslichkeit
auch oft in den verqueren Situationen, die sich aus einer solchen
Konstellation ergeben. Jedenfalls weiß jeder, der einmal in einer
Wohngemeinschaft gelebt hat, dass die Menschen unterschiedliche Vorstellungen von Sauberkeit haben. Vom Hyperhygieniker, der die Ölflasche nur mit einem Küchenpapier umwickelt
benutzt, bis zum Schmutztoleranten, der seine Kaffeetasse aus
ökologischen Gründen höchstens einmal die Woche spült, sind
so ziemlich alle Schattierungen schon aufgetreten und jeder hält
seine eigenen Standards für verbindlich, bis er merkt, dass es
auch ganz anders geht. Das Undankbare ist, dass die Verhältnisse
nicht symmetrisch sind: Den Schmutztoleranten stört ein blank-
geputzter WC-Sitz kein bisschen, während der Hyperhygieniker
sich schon vom Anblick einiger Brotkrümel auf der Wachstuch-
decke gestört fühlt. Die psychologische Analyse und der Putz-
plan schaffen bei solchen Interessenkonflikten nur bedingt Abhilfe.

Andere typische WG-Probleme ergeben sich aus unterschiedlichen Tagesabläufen und Lebenssituationen. Wer gerade für seine Diplomprüfung lernt, kann frisch verliebte, turtelnde Paare
vielleicht nicht so gut ertragen (und umgekehrt stört der fleißige
Student das Liebesglück), und wer bis nachts um 2 Beziehungs-
gespräche führt, könnte mit dem in Konflikt kommen, der früh
morgens um 7 anfängt zu lernen und entsprechend früh schlafen
geht. Häufige Besetzungsänderungen bringen organisatorische,
finanzielle und rechtliche Probleme (siehe nächster Abschnitt).

Ein wenig Mut muss man also schon mitbringen, wenn man
sich auf das Projekt „Wohngemeinschaft" einlässt, und auch die
Bereitschaft, Zeit für das Drumherum dieser Wohnform aufzu-
bringen.

4.2.4 Weitere Möglichkeiten

Studentenverbindungen werben oft auch mit günstigen Zimmern, aber dass sie dafür nichts haben wollen und einen bestimmt nicht bequatschen, bei ihnen mitzutun, darf bezweifelt werden – hier also Vorsicht.

Liegt der Studienort in einem mittleren Abstand vom Wohnort, kann man überlegen, ob man eine längere Anfahrt in Kauf nimmt. Die Universität Bochum beispielsweise gilt als typische „Fahruni"; ein großer Anteil der Studenten kommt von weiter her mit dem Auto oder mit öffentlichen Verkehrsmitteln. Das Hin- und Herfahren ist aber nicht nur lästig, es kann auch den Studienerfolg behindern, wenn man stets überlegt, ob man für eine oder zwei Veranstaltungen überhaupt die Fahrzeit in Kauf nimmt oder seinen Stundenplan gar auf die Verkehrslage abstimmt. Diese Konstellation bedeutet auch den Verzicht auf das bunte Leben in einer Universitätsstadt. Man nimmt sich viele Chancen auf neue Kontakte, die sich nun einmal klassischerweise abends in der Studentenkneipe schließen oder vertiefen lassen, und auf die Freizeit, die fast überall amüsanter zu verbringen ist als hinter dem Lenkrad oder in einem Zug. Trotzdem wählen viele Studenten diese Variante, teils aus Kostengründen, teils aus Bequemlichkeit. Viele sind auch nicht bereit, den gewohnten Lebensstandard aufzugeben; der Umzug vom komfortablen Jugendzimmer im Einfamilienhaus mit Garten und Flatrate in das Dachstübchen „mit fl. Wasser" ist nun einmal ein Abstieg. Allerdings ist gerade diese Umstellung eine wertvolle Lebenserfahrung.

4.2.5 Mietrecht und Umzug

Bei der Suche auf dem freien Wohnungsmarkt heißt es aufpassen, beispielsweise bei Maklerangeboten. Makler können bis zu zwei Monatskaltmieten Provision verlangen, allerdings nur bei einer erfolgreichen Vermittlung, wenn ein Mietvertrag tatsächlich auch zustande kommt und wenn der Makler nicht selbst Verwalter oder Eigentümer der Wohnung ist. „Kaltmiete" ist das, was übrigbleibt, wenn man verbrauchsabhängige Nebenkosten wie Heizung und Wasser abzieht. Versuchen Sie nach Möglichkeit zuerst, ohne Makler auszukommen, indem Sie nur private Anbieter kontaktieren. Makler haben nicht unbedingt die besseren Angebote; einige Firmen haben auch dubiose Methoden. Vor dem berüchtigten Kleingedruckten kann nicht oft genug gewarnt werden. Für einen Makler ist eine Studentenbude auch kein großes Geschäft – er wird sich kein Bein ausreißen, um Ihnen etwas zu vermitteln.

Eine andere Ausgabe, die zu Beginn etwas schmerzen kann, ist die Kaution, eine Sicherheit, die beim Vermieter zu hinterlegen ist. Sie darf bis zu drei Monatskaltmieten betragen. Der Vermieter muss die Kaution auf einem gesonderten Konto verwalten, unabhängig von seinem eigenen Vermögen; der Mieter kann auch ein Sparbuch verpfänden oder einen Bürgen stellen. Die Kaution muss nach dem Auszug verzinst zurückgezahlt werden, es sei denn, es gibt noch Ansprüche des Vermieters an den Mieter. Meist muss nach dem Auszug renoviert werden; wie weit diese Leistungen gehen, ist unterschiedlich. Am besten ist es immer, wenn man miteinander reden kann, statt sich formaljuristisch auseinandersetzen zu müssen. Deshalb sollte man vor Abschluss des Mietvertrags auch den Vermieter gründlich unter die Lupe nehmen. Er macht das auch mit Ihnen!

Übrigens muss der Vermieter eine Nebenkostenabrechnung machen, Ihnen also nachweisen, wie viel Heizungs- und Wasserkosten entstanden sind. Die Nebenkostenvorauszahlungen dürfen die voraussichtlichen Kosten nicht in dem Maß übersteigen, dass der Vermieter mit dem zu viel gezahlten Geld noch herumwirtschaften kann. Nebenkostenabrechnungen sind lästig und man muss manche Vermieter mehrfach auffordern, ihrer Pflicht nachzukommen. Wer den Eindruck hat, dass er zu wenig gezahlt hat, schweigt aber lieber. Denn nach mehr als einem Jahr darf der Vermieter keine Nachforderungen mehr stellen. Ihre

Ansprüche jedoch verjähren nicht. Wenn Sie zu viel gezahlt haben, bekommen Sie eine Rückzahlung. Falls Ihr Vermieter nicht von selbst darauf kommt: Die künftigen Abschläge kann man dann auch senken.

Zum Glück ist das Umziehen während des Studiums noch vergleichsweise unkompliziert, einfach weil der Hausstand noch nicht so groß ist. Achten Sie beim Abschluss eines Mietvertrags auf die Kündigungsfristen und die entsprechenden Modalitäten. Insbesondere in einer Wohngemeinschaft kann es Ärger geben, wenn die Mieter einen gemeinsamen Vertrag geschlossen haben, aber getrennt voneinander ausziehen wollen, oder wenn die Wohngemeinschaft aufgelöst werden soll, die einzelnen Personen aber nicht zeitgleich neue Unterkünfte finden. Es kann passieren, dass der eine Mieter auf der ganzen Miete sitzen bleibt. Diese Schwierigkeiten verschärfen sich dadurch, dass man oft nicht im Einvernehmen auseinander geht, sondern weil das Zusammenleben nicht so geklappt hat. Klare Absprachen gleich zu Beginn können da sehr helfen.

Bei Problemen mit dem Vermieter können Sie sich beim AStA beraten lassen, Sie können Mitglied im Mieterverein werden oder auch im Internet nach hilfreicher Information suchen oder nachfragen, etwa bei www.juraforum.de oder www.ratgeberrecht.de; dort gibt es auch eine FAQ[2]-Liste zum Mietrecht.

4.2.6 Erst- oder Zweitwohnsitz am Studienort?

Die meisten Studenten möchten ihre „Studentenbude" erst einmal als zweiten Wohnsitz anmelden und den Wohnsitz bei ihren Eltern behalten. Nach dem Gesetz muss aber derjenige Wohnsitz als Erstwohnsitz gemeldet werden, der den „Lebensmittelpunkt" darstellt. Wenn man studiert, ist das in der Regel der Studienort. Die Städte haben finanzielle Vorteile, wenn mehr Personen ihren

---

[2] *Frequently asked questions – häufig gestellte Fragen.*

ersten Wohnsitz dort angemeldet haben, Stichwort „Schlüssel-
zuweisungen aus dem Finanzausgleich". Die Behörden können
nicht überprüfen, wo sich die Einwohner hauptsächlich aufhalten und greifen deshalb zu anderen Methoden. Vielerorts wird
eine Zweitwohnungssteuer erhoben, die Universität Hamburg er-
hob eine Zeitlang sogar ab dem ersten Semester Studiengebühren, wenn man den Hauptwohnsitz nicht am Studienort hatte,
während die „richtigen" Einwohner während des Erststudiums
gebührenfrei blieben. In einigen Städten versucht man, die Studenten mit Prämien und Willkommenspaketen, Anwohnerpark-
ausweisen und Ähnlichem zu locken, ihren Erstwohnsitz an den
Studienort zu verlegen. Hier wird von phantasievollen, aber zum
Teil auch von zweifelhaften Praktiken berichtet.

In den meisten Fällen macht es keinen Unterschied, wo man
seinen ersten und wo man einen zweiten Wohnsitz hat. Informieren Sie sich bei der Stadtverwaltung über Details. Wenn Sie
Ihren Zweitwohnsitz bei den Eltern haben, müssen Sie beispielsweise Ihr Auto nicht ummelden. Für den BAFöG-Antrag ist
ohnehin das Studentenwerk am Studienort zuständig.

Manch einer mag sich dagegen sträuben, die provisorische
Studentenbude als seinen Lebensmittelpunkt zu bezeichnen, und
möchte den Schritt aus dem Elternhaus auch noch hinauszögern.
Aber Ihre Eltern werden Sie nicht weniger willkommen heißen,
wenn Sie bei ihnen nicht mehr gemeldet sind. Und schließlich
nutzen Sie am Studienort ja auch die öffentlichen Einrichtungen
wie Bücherei und Schwimmbad.

Das Abmelden am alten Erstwohnsitz kann man sich übrigens
meistens sparen. Womit das Argument „Aber es ist so umständlich, den Erstwohnsitz umzumelden!" auch entfällt.

4.3 Haushalten muss sein

Wenn Sie allein oder in einer Wohngemeinschaft leben, führen
Sie – wahrscheinlich erstmals in Ihrem Leben – einen eigenen
Haushalt. Auch wenn man sich darunter meist eine mehrköpfige

Familie vorstellt, so sind doch die Aufgaben für eine Einzelperson nicht viel anders. Sie müssen dafür sorgen, dass Sie zu essen und zu trinken haben, morgens frische Wäsche zur Verfügung steht und das Minimum an Hygiene herrscht, mit dem Sie sich wohlfühlen. Auch wenn Sie bei Ihren Eltern schon viele Dinge allein gemacht haben, so ist es doch etwas anderes, wenn die Verantwortung ganz bei Ihnen liegt.

Billig essen muss nicht ungesund sein und muss auch nicht dick machen. Man muss nur ein kleines bisschen mehr Grips aufwenden als beim Griff zur Tiefkühlpizza. Lassen Sie sich ein Kochbuch schenken, das vor allem einfache Rezepte und Grundkenntnisse vermittelt und scheuen Sie sich nicht, die Rezepte nach Bedarf abzuändern. Sie brauchen vielleicht später Ihre Kenntnisse über mehrdimensionale Analysis nicht mehr – essen werden Sie aber Ihr Leben lang, und Sie bringen sich um eine Menge Genuss, wenn Sie nicht lernen, ein schmackhaftes Mahl zuzubereiten. Die Experimente in Ihrer Studentenbude haben also garantiert eine praktische Bedeutung für später, auch wenn nicht jedes Mal ein Hochgenuss dabei herauskommt. Nichts gegen das Studentenwerk, aber jahrelange Mensakost ist grausam. Viele Leute behaupten, es mache überhaupt keinen Spaß, für sich allein zu kochen. Warum nur?! Sind Sie sich so unwichtig, dass Sie es überflüssig finden, sich selbst einen nett gedeckten Tisch und ein leckeres Menü zu gönnen? Das kann man auch mit bescheidenen Mitteln haben. Eine Starthilfe wird Ihnen in Abschn. 4.7 gegeben.

Auch in puncto Kleidung ist Selbstständigkeit gefragt. Junge Männer können sich heute nicht mehr darauf verlassen, dass ihnen die zukünftige Ehefrau die Hemden bügelt. Man muss kein Experte sein, um zu wissen, dass man seine Wäsche nach Farben trennt und auf die Etiketten achtet, um die richtige Temperatur zu ermitteln, die ein Wäschestück verträgt. Wenn Sie keinen Zugang zu einer Waschmaschine haben, sollte diese möglichst bald auf Ihrer Anschaffungsliste stehen. Fahrten zum Waschsalon sind üble Zeiträuber und ob Sie wirklich nur der Wäsche wegen zu Ihren Eltern fahren wollen?

Für Ihr Studium ist es wichtig, dass Sie in Ihrer Wohnung einen ruhigen Platz zum Lernen haben. Dafür reichen in der Regel ein freier Tisch in einer einigermaßen aufgeräumten Umgebung und eine Tür, die man hinter sich zumachen kann. Im Studium hat man nur selten die Möglichkeit, Arbeitsplatz und Wohnung wirklich voneinander zu trennen. Selbst wenn Sie viel Zeit in der Bibliothek verbringen, gibt es immer Phasen, in denen Sie besser zu Hause arbeiten. Darauf muss man sich einstellen und die Grenzen nicht räumlich, sondern zeitlich ziehen. Das geht, erfordert aber ein wenig Übung und Disziplin (siehe Kap. 6).

4.4 Persönlichkeitsentwicklung im Studium

Die Pubertät wird stets als entscheidender Lebensabschnitt gehandelt und ohne Zweifel ist diese Zeit von großen Veränderungen geprägt. Aber mit der Pubertät ist keinesfalls die Persönlichkeitsentwicklung abgeschlossen. Nach dem Abitur macht sich die große Aufbruchstimmung breit, und zwischen zwanzig und dreißig tut sich eine ganze Menge. In dieser Zeit werden neue Bindungen geschlossen, aber es lösen sich auch viele. Vielleicht stellen Sie fest, dass Sie nicht mehr wissen, was Sie mit Ihrer Schulfreundin reden sollen. Vielleicht hat Ihr Freund plötzlich keine Lust mehr, mit Ihnen zusammenzuleben, und Sie stehen nach vielen gemeinsamen Jahren plötzlich allein da. Vielleicht erkennen Sie selbst, dass Ihnen in Ihrem bisherigen Leben zu viel von anderen aufgedrängt wurde und Sie holen zum großen Befreiungsschlag aus. Oder Sie entdecken bei sich Talente, die Ihnen bis dahin verborgen geblieben sind, möchten sich sozial engagieren oder bekommen plötzlich großes Fernweh. Sie treffen vielleicht den Mann/die Frau Ihrer Träume und finden Ihr Studium auf einmal sinnlos.

Auch das Studium selbst wirkt sich auf die Persönlichkeitsentwicklung aus. Verschiedene Fächer prägen verschiedene Sicht- und Denkweisen aus. Manchmal sind das auch eine Art

„Standesdünkel", die sich in Sätzen äußern wie „ich als … " (die Pünktchen sind durch das jeweilige Fach zu ersetzen). Und der Blick auf die Welt ist stark beeinflusst. Ein Förster geht ja auch mit einem völlig anderen Blick durch den Wald als der Nordic Walker. „Die Welt ist verrückt", sagt der Psychiater, „schauen Sie sich nur die Leute in meiner Praxis an!"

J. P. Snow beschrieb in den Sechzigerjahren des letzten Jahrhunderts mit den „zwei Kulturen" das Auseinanderdriften von Geistes- und Naturwissenschaften, deren Vertreter sich immer schlechter zu verständigen wissen. Das liegt nicht so sehr an den Inhalten, sondern an den Methoden und Herangehensweisen der unterschiedlichen Disziplinen. Mit Beginn eines Studiums werden Sie auch auf eine „Schiene" gesetzt, die Sie in eine bestimmte Richtung leitet. Vielleicht bemerken Sie es und finden sich damit gut zurecht – vielleicht aber gefällt Ihnen diese Art zu denken auch nicht oder Sie haben den Eindruck, nur noch mit einer ganz bestimmten Art von Menschen zusammen zu sein. Auf jeden Fall empfiehlt es sich, ab und zu über den Tellerrand der eigenen Disziplin hinauszuschauen.

Es kann durchaus sein, dass Sie Phasen haben, in denen es Ihnen sehr schwer fällt, sich mit Ihrem Fach zu identifizieren, und dies ist auch einer der häufigsten Gründe, warum ein Studium abgebrochen wird. Aber auch wenn Sie es „durchziehen", werden Sie Ihre Entscheidung möglicherweise öfter in Frage stellen. Das ist ein normaler und wohl auch notwendiger Prozess – schließlich stellen Sie gerade die Weichen für Ihre berufliche Zukunft. Mit anderen darüber sprechen ist sicher hilfreich. Gesprächsbereitschaft finden Sie während Ihres Studiums überall: in der Fachschaft, in Lehrveranstaltungen, abends in der Kneipe, unter Freunden.

Zur Persönlichkeitsentwicklung gehört auch die Ausbildung der Schlüsselqualifikationen, der so genannten „soft skills". Auch wenn kein Rhetorikkurs in Ihrem Studienplan steht, so ist es doch wichtig zu lernen, vor einer Gruppe zu sprechen, zu sagen, was man will und auch einmal allein eine Meinung gegenüber einer Gruppe Andersdenkender zu vertreten. Rhetorik-

und Verhandlungskurse gibt es ohnehin fast überall. Es wäre
günstig, den Rhetorikkurs noch vor dem ersten Seminarvortrag
zu besuchen, und später kann man seine Fähigkeiten auch noch
einmal mit einem weiteren Kurs auffrischen. Wer undeutlich und
zu schnell spricht und dadurch nicht verstanden wird, nimmt sich
selbst viele Chancen. Fast jeder muss im Berufsleben Projekte
präsentieren oder Vorträge halten und es ist nie zu früh, dafür zu
üben.

Sie sollten im Laufe Ihres Studiums auch an Ihren Schreib-
fähigkeiten arbeiten, denn Berichte müssen Sie im Laufe Ihres Berufslebens ganz bestimmt schreiben. Die Einsicht, dass
„Learning by Doing" beim wissenschaftlichen Arbeiten durchaus nicht genügt, scheint sich allmählich durchzusetzen. Vielerorts werden Kurse im wissenschaftlichen Schreiben angeboten.

4.5 Freizeit

Für den außeruniversitären Rest der Welt haben Studentinnen
und Studenten die Hälfte des Jahres frei – Semesterferien. Nicht
verplant zu sein bedeutet aber nicht, nichts zu tun zu haben. Wer
sich selbst die Zeit in „Arbeit" und „frei" einteilen muss, hat
es ganz schön schwer. Ohne Stechuhr und vordefinierte Ziele
stellt sich kein zufriedenes „Geschafft!"-Gefühl ein; Hobby und
Faulenzen machen keinen rechten Spaß, wenn diese Zeit nicht
als „verdiente Pause" empfunden werden kann. Man fragt sich,
ob man statt in der Kneipe vielleicht doch lieber am Schreibtisch
sitzen sollte, ob die Fahrt ins Schwimmbad nicht Zeitverschwendung sei und ob man den Schulfreund am Telefon nicht doch
schnell verabschieden muss, um sich wieder an seine Seminararbeit zu machen.

Es ist schade um die Zeit, die man mit schlechtem Gewissen mit etwas zugebracht hat, das einen eigentlich erfreut.
Während des Studiums können Sie so frei über Ihre Zeit ver-
fügen wie später vermutlich nie wieder – nicht ohne Grund
wird die Studienzeit von vielen Menschen in der Erinnerung

geradezu verherrlicht, oft als die schönste Zeit des Lebens bezeichnet. Nutzen Sie die kulturellen und sportlichen Angebote der Hochschulen und nehmen Sie aus dieser Zeit so viel
wie möglich mit. Nicht von ungefähr kommt es, dass die vielen Zeitmanagement-Ratgeber inzwischen Büchern über „Work-
Life-Balancing" Platz gemacht haben. Wer möchte schon sein
Leben immerzu „managen", Sport nur treiben, damit man die
Leistungsfähigkeit erhält, ins Theater nur gehen, um Themen
für den Smalltalk im Aufzug zu haben, die Zeitung mit einer
Schnelllesetechnik abscannen und mit einstudierten Entspan-
nungstechniken jederzeit schnell seine Leistungsfähigkeit wiederherstellen? Im Kap. 6 werden Sie die „Igelstunden" kennen
lernen. Wenn Sie sich diese festen Studierzeiten angewöhnen,
haben Sie auch einen freien Kopf für die vielen Freizeitangebote
Ihrer Hochschule.

4.6 Extra 1: Die „Aussteuerliste"

Bei der Planung Ihres Umzugs kann diese Liste eine Gedankenstütze sein. Vielleicht können auch Tanten und Onkel mit dem
einen oder anderen aushelfen.

Checkliste: Erste eigene Wohnung

Küche und Kochen

- Kochgeschirr: 1–2 Töpfe, Pfanne, Kochlöffel, Pfannen-
  wender
- Kaffeemaschine und/oder Wasserkocher
- Geschirrtücher, Lappen, Schwämmchen, Spülmittel,
  Reinigungsmittel
- Essgeschirr, 2–3 Gedecke
- Messer für Obst, Brot und zum Schälen

Haushalt

- Staubsauger, Besen, Handfeger, Wischlappen
- Werkzeugkiste (je nach handwerklichem Talent und Ehrgeiz bestückt)
- Hausapotheke (Schmerzmittel, Pflaster, Verbandsmaterial, Fieberthermometer, Coolpack)
- Allzweckreiniger

Wäsche

- Handtücher
- Bettwäsche
- Tischdecke oder Platzset
- Nähetui
- Waschmittel

Arbeiten

- Bücherregal
- Büromaterial: Ordner, Utensilienbox, Papier, Stifte, Speichermedien (Angebote der Uni nutzen, z. B. ASta-Shop)

Literatur

- Ratgeber für Einsteiger, z. B. „Home Sweet Home: Überlebenstipps für die ersten eigenen vier Wände" von Ingrid Kretz (Gerth Medien, 2008)
- Basis-Kochbuch, z. B. „Kochen. Das Gelbe vom Ei", Gräfe und Unzer
- Ratgeber für Heimwerker, z. B. „Das große Buch vom Heimwerken", Moewig

Koch- und Waschgelegenheit finden Sie vielleicht in Ihrer Wohnung oder Ihrem Zimmer im Wohnheim vor. Gerade am Anfang ist es praktisch, wenn man sich darum nicht extra kümmern muss, und es ist sinnvoll, wenn die Aussicht auf weitere Umzüge besteht (die sich nach ein bis zwei Semestern häufig ergeben). Ansonsten ist die Anschaffung von Herd, Kühlschrank und Waschmaschine nötig. Eine Spülmaschine dürfte heute wirtschaftlicher als Handspülen sein und lohnt sich nach meinem Empfinden schon ab 2 Personen, setzt aber einen genügend großen Bestand an Geschirr voraus.

4.7 Extra 2: Schnell und preiswert kochen

Wenn Sie zu Hause kochen gelernt haben und sich schon Ihr eigenes Repertoire an Leibgerichten angeeignet haben, können Sie gleich weiterblättern. Wer sich aber zu Hause immer nur an den gedeckten Tisch gesetzt hat oder sich bestenfalls etwas in der Mikrowelle aufgewärmt hat, steht am Anfang des Studiums möglicherweise etwas hungrig da. An einem gewöhnlichen Semestertag zwischen verschiedenen Veranstaltungen ist die Mensa zwar unvermeidlich, und die Mensen sind sicher besser als ihr Ruf, aber es gibt schließlich auch noch Wochenenden und vorlesungsfreie Tage, an denen man besser zu Hause isst.

Die folgenden Rezepte haben sich in der Studentenküche (und nicht nur dort) bewährt, weil sie unkompliziert sind und keine schwer erhältlichen oder kostspieligen Zutaten enthalten. Man muss meist noch nicht einmal etwas abwiegen.

- **Thunfischtoast.** Thunfisch (Dose), Mais (Dose oder TK) und eine kleingeschnittene Paprikaschote (frisch) in etwas Fett in einer Pfanne anbraten. Eine Scheibe Gouda darauf schmelzen lassen und das Ganze auf eine Scheibe Toast legen.
- **Überbackener Toast.** Tomatenscheiben, Zwiebelringe und Käse auf eine Scheibe Toast (am besten geröstet) legen, mit Majoran bestreuen und im Ofen überbacken.
- **Strammer Max.** Toast plus gekochter Schinken plus ein Spiegelei – der Klassiker für Fernfahrer und alle, die auf der

Stelle etwas Warmes brauchen. Es sollte nur nicht das einzige
Rezept sein, das man kennt.

- **Sauce für Spaghetti Carbonara.** Eine klein geschnittene
  Zwiebel mit einer zerdrückten Knoblauchzehe[3] in etwas Butter anbraten, dazu klein geschnittenen gekochten Schinken
  geben. Mit Sahne angießen, würzen mit weißem Pfeffer, Salz
  und etwas Muskat.
- **Rosmarinkartoffeln.** Festkochende Kartoffeln ca. 15 Minuten kochen, pellen und in dünne Scheiben schneiden. Wenig Butter in einer Pfanne zerlassen, eine Knoblauchzehe
  zerdrücken und mitbraten, Kartoffeln hineinlegen und mit
  Salz, Pfeffer und Rosmarin bestreuen. Auf sehr kleiner Flam-
  me und evtl. abgedeckt für ca. 20 Minuten backen. Dazu
  schmeckt Kräuterquark: Quark mit Petersilie, Schnittlauch,
  Knoblauch (nach Geschmack), Milch und/oder Joghurt glatt-
  rühren und mit Salz, Pfeffer und Paprika würzen. Sollte ein
  bisschen durchziehen.
- **Maispfanne.** Eine Tasse Reis etwas kürzer als auf der Packung angegeben kochen. In einer Pfanne etwas Fett zerlassen, eine kleingeschnittene Zwiebel und etwas Rinderge-
  hacktes (ca. 80 Gramm pro Person, je nach Geschmack)
  anbraten, salzen und pfeffern. Auch hier: Knoblauch nach
  Wunsch. Mit einer Tasse Gemüsebrühe ablöschen, Reis
  hinzufügen, eine Dose Mais hinzugeben. Am Schluss etwas
  Sahne zugeben.
- **Lasagne-easy (für 2–3 Personen).** Eine große geraspelte
  Möhre, eine kleingeschnittene Zwiebel, eine zerdrückte
  Knoblauchzehe und 400 g Gehacktes in etwas Öl anbraten.
  Mit einer halben Tasse Gemüsebrühe und einer halben Tube
  Tomatenmark (alternativ: eine halbe Packung passierte To-
  maten, entsprechend weniger Gemüsebrühe zugeben) und et-
  wa 0,1 l Rotwein ablöschen. Mit Pfeffer, Salz und reichlich

---

[3] Knoblauchpresse benutzen oder eine Knoblauchzehe mit etwas Salz über-
streuen und mit der Gabel zerquetschen.

Oregano würzen und einköcheln lassen – darf nicht zu flüssig werden. Zum Schluss ca. 0,1 l Sahne zugeben, nochmals kurz erhitzen und dann in einer vorgefetteten Auflaufform mit Lasagneplatten abwechselnd schichten. Ganz oben Parmesankäse aufstreuen und ca. 25 Minuten überbacken.

Generell gilt: Wer in der Lage ist, Reis, Kartoffeln oder Nudeln zuzubereiten, hat immer eine Alternative zum Pizzamann. In der Pfanne mit frischem Gemüse gebraten geht alles. Sehr preiswert sind zum Beispiel Möhren, ansonsten achten Sie auf Saisonware; Puritaner nehmen einfach nur eine Zwiebel. Auch Tiefkühlgemüse ist empfehlenswert.

Eine sehr einfache, energie- und vitaminschonende Zubereitungsart für Kartoffeln und Gemüse ist die Verwendung eines Dämpfeinsatzes (Haushaltswarengeschäft). Ich gare auf diese Weise Kartoffeln, Möhren, Broccoli und was sonst noch so da ist, dazu gibt es z. B. Kräuterquark, Hüttenkäse, Matjes oder einfach Butter, Salz und Pfeffer. Das macht fast keine Arbeit.

Hirse, Weizenkörner, Mais- oder Weizengries sind eine gute und gesunde Grundlage, mit Milch, Zucker und Zimt stillen sie auch den Süßhunger. Ein sehr gutes Preis-Sättigungsverhältnis bei minimalem Zubereitungsaufwand und hohem Vitamingehalt haben Eier. Sahne streichelt den Gaumen und passt zu fast allem. Eine preiswerte und universelle Unterlage für Käse, Wurst, Quark und Süßes sind Pfannekuchen. Sie erfordern nur ein wenig Übung und eine gute Pfanne, am besten eine beschichtete. Übrigens gelingen Pfannekuchen auch ohne Ei, nehmen Sie eine Mehlmischung, die zur Hälfte aus Vollkornmehl besteht, eine Prise Salz und soviel Milch, dass sich der Teig gut in der Pfanne verteilen lässt. Gut verquirlen! Ein Schuss Mineralwasser macht den Teig besonders locker.

Rohkost (Kohlrabi, Möhre, Gurke) und Obst sollten stets im Hause sein und an einer exponierten Stelle verführerisch aufgestellt werden. Kleingeschnittene Rohkost hält beim Lernen fit.

Eine günstige Alternative zum zwar preiswerten, aber geschmacklich wenig ansprechendem abgepacktem Brot sind

Backmischungen, vorausgesetzt, man hat einen Ofen und nimmt sich ein bisschen Zeit. Auch Müsli ist billiger als die Bäckerbrötchen und darüber hinaus auch gesünder (wenn man „echtes" Müsli und nicht nur Cornflakes wählt). Es hält lange satt und gibt Power zum Lernen. Eine ordentliche Portion Haferflocken hilft in (fast) allen Krisensituationen.

Und wenn es Fleisch sein soll? Wenig falsch machen kann man bei einem Schweine- oder Putenschnitzel, das man nur mit Pfeffer und Salz würzen und in die Pfanne werfen muss (Öl nicht vergessen). Hackfleischgerichte siehe oben.

Fisch gehört ja auch auf den Speisezettel. Ein Heringsfilet oder -stipp zu Kartoffeln ist eine feine, schnelle und preisgünstige Sache. Aber auch ein tiefgekühltes Seelachsfilet ist schnell zubereitet (Packungsbeilage beachten). Sie können natürlich auch zur Stäbchenform greifen.

Ansonsten helfen chefkoch.de und frag-mutti.de, entsprechende Apps für das iPhone oder auch Kochbücher für den Nintendo DS weiter.

Kapitel 5
Motivation erhalten – Unlust besiegen

> *Ein Philosoph, ein Mathematiker, ein Volkswirt und ein Mediziner sollen das Telefonbuch auswendig lernen. Der Philosoph fragt nach dem Sinn, der Mathematiker sucht nach einer Formel, der Volkswirt will wissen, was er dafür kriegt, der Mediziner fragt nur: „Bis wann?"*

Man kann, so sagte mir ein Professor, Mathematik nicht betreiben wie Geschirrspülen. Man brauche nicht unbedingt die ganz große Begabung, aber wenigstens einen gewissen sportlichen Ehrgeiz.

Ohne Zweifel: Studieren kann nur gelingen, wenn man mit dem Herzen bei der Sache ist. Wer immer wieder mit seinem Fach hadert, immer wieder bei der Frage verweilt, was das alles soll, wer sich nur unter großen Unlustgefühlen und unter Zwang an seine Bücher setzt, wird kaum Erfolge sehen und dabei auch noch unglücklich sein. Aber selbst wenn man mit viel Energie ins Studium gestartet ist, sind Krisen ziemlich normal. Das eigene Verhältnis zum Studienfach wird durch die hohen Ansprüche, denen man sich stellen muss, durch freudlose Massenveranstaltungen und schlechte Rahmenbedingungen im Studium immer wieder auf die Probe gestellt. Es ist nicht leicht, sich gegen alle diese Widrigkeiten die Liebe zum Fach zu erhalten.

B. Messing, *Das Studium: Vom Start zum Ziel*, 2. Aufl.,
DOI 10.1007/978-3-642-20651-1_5,
© Springer-Verlag Berlin Heidelberg 2012

5.1 Motiviert der Stoff sich selbst?

Einige wissenschaftliche Fragen üben eine große Faszination aus. Immer wieder versuchen sich Laien an der schon sprichwörtlichen „Quadratur des Kreises" oder deuten allerlei Mystisches in die Gödelschen Sätze hinein, die etwas über Beweis- und Berechenbarkeit aussagen. Ältere Menschen können sich im Rahmen des Seniorenstudiums mit wissenschaftlichen Themen beschäftigen, ganz unabhängig von der wirtschaftlichen Verwertbarkeit. Aber ist das Studieren „der Sache wegen" verträglich mit der rauen Wirklichkeit eines Erststudiums unter zeitlichen und ökonomischen Zwängen, das in erster Linie der Vorbereitung auf das Berufsleben dient?

„Intrinsisch" nennt sich die Motivation, die sich auf die Sache selbst richtet und keine weiteren Zwecke verfolgt. Im Grunde machen uns genau die Dinge glücklich, die wir „zweckfrei" betreiben und für die wir keine Rechtfertigung suchen müssen. Eine Vorlesung nachzubereiten hat aber mit dem liebevoll betriebenen Hobby nicht mehr viel zu tun. Zeit- und Leistungsdruck sitzen immer mit am Tisch. Und auch die Frage: „Was bringt das?" drängt sich immer wieder auf.

Auch innerhalb der Wissenschaften stellt sich diese Frage. Ob man aus reiner Neugier heraus die Unterschiede zwischen Insekten untersucht und Arten klassifiziert, ist etwas anderes als ob man versucht, eine Brücke zu bauen oder eine Krankheit zu heilen. Das zweite ist ein problem- oder zielorientiertes, das erste ein gegenstandsorientiertes Vorgehen. Es gibt vielleicht keinen sichtbaren Grund, warum Insekten klassifiziert werden müssen, aber es gibt das Problem, dass man einen Fluss überqueren will. Die Ingenieurwissenschaften sind problemorientiert angelegt, die Naturwissenschaft gegenstandsorientiert. Für die Geistes- und Humanwissenschaften passen diese Unterscheidungen nicht so recht, und Mathematik hat gewissermaßen keinen Gegenstand. Dennoch ist bei jeder Beschäftigung mit Wissenschaft die Frage anwesend: Warum und wozu machen wir dieses? Wird eine wissenschaftliche Arbeit bewertet, dann

geschieht das immer auch unter dem Aspekt: Sind diese Ergebnisse überhaupt relevant? Ist es wirklich wichtig, wie viel ein
Ohrläppchen wiegt?

Man kann aber nicht sagen, dass einer problemorientierten
Vorgehensweise immer der Vorzug gegeben werden kann. Wer
eine Brücke baut, muss dabei eine Reihe von Naturgesetzen beachten, die vielleicht zunächst „zweckfrei" erforscht wurden. Eine ganze Reihe bedeutender Erfindungen geschah eher nebenbei.
Wer hätte gedacht, dass das Konzept der Primzahl für die Sicherheit im Internet so wichtig werden könnte? Ausschließlich
an Zielen ausgerichtetes Forschen kann bedeuten, dass wichtige
Aspekte übersehen werden, weil nur das aktuelle Ziel betrachtet
wird; ein ausschließlich gegenstandsorientiertes Arbeiten kann
sich von der Realität stark entfernen und das werden, was man
die esoterische Forschung im Elfenbeinturm nennt.

Was man im Studium als mühselig und langweilig empfindet,
gerät leicht in den Verdacht, auch überflüssig zu sein. Studenten
sind enttäuscht, wenn ihnen in der Vorlesung nur der Stoff vor-
gesetzt wird, nicht aber die Motivation, warum dies alles gelernt
werden soll. Oft ist diese Motivation nämlich nicht so offensichtlich. Wenn dann noch Verständnisschwierigkeiten auftreten,
entstehen starke Unlustgefühle, die sich in Anfängervorlesun-
gen oft durch Unruhe im Hörsaal (und teilweise durch ziemlich
kindisches Benehmen) äußern. Als ich im ersten Semester war,
hat man aus Langeweile noch Papierflieger gebastelt. Heute gibt
es ja genug elektronisches Spielzeug, mit dem man sich die Zeit
vertreiben und dabei noch geschäftig aussehen kann. Aber macht
einen das glücklich?

Es bleibt einem phasenweise nichts anderes übrig, als sich
mehr oder weniger lustlos und mäßig motiviert dem Tempo an
der Uni anzupassen und als Horizont die nächste Klausur im Auge zu behalten. Aber irgendwann sollte das Fachinteresse auch
mehr als nur die Prüfungsfragen umfassen und sich der Blick
ein wenig weiten. Alles andere ist traurig und verspricht wenig
Erfolg.

5.2 Die Rolle der Dozentinnen und Dozenten

Die Situation für die Lehrkräfte ist an der Hochschule eine andere als an der Schule. Lehrer unterrichten zumeist Schüler, die nicht freiwillig anwesend sind, sondern weil es eine allgemeine Schulpflicht gibt. Die Hörer an der Hochschule dagegen kommen aus freien Stücken, und an ihnen ist kein Erziehungsauftrag zu erfüllen – die meisten Professoren wüssten auch gar nicht, wie sie das anstellen sollten. Der Dozent an der Uni kümmert sich nicht um Streitigkeiten unter den Studenten und nicht darum, was sie in den Pausen machen. Er schaut ihre Hausaufgaben nicht nach und hat durchaus nicht das persönliche Ziel, alle durch die Prüfung zu bringen. Ein Dozent muss sich um eine gelangweilt wirkende Studentin, einen offensichtlich unaufmerksamen Studenten nicht kümmern, denn Aufmerksamkeit ist eine freiwillig erbrachte Leistung. Ein Professor hat ja auch gar nicht die Druckmittel, die ein Lehrer hat. Die Lehre nimmt zwar einen großen Anteil an der Arbeit eines Professors ein, eigentlich findet er aber die anderen Dinge interessanter: Forschen, Publizieren, Drittmittel einwerben, Projekte durchführen. Wenn ein Dozent nicht alle seine Hörer verlieren will, muss er sich natürlich bemühen, sie am Ball zu halten, aber bei den Pflichtveranstaltungen zu Beginn des Studiums ist die Gefahr, plötzlich in einem leeren Hörsaal zu stehen, sehr gering.

In der Schulzeit hat man schlechte Noten gern mit einem Verweis auf den unfähigen, langweiligen, vielleicht auch ungerechten Lehrer erklärt. Tatsächlich hat man in der Schule wenig Möglichkeiten, einem Fach auszuweichen, das einen nicht die Bohne interessiert, und wenn die Lehrerin einen ebenso wenig leiden mag wie man sie, hat man eben schlechte Karten.

Aber an der Hochschule zieht eine solche Erklärung nicht mehr. Man studiert kein Fach, das einen nicht interessiert, und die Auswahl an Dozenten ist so groß, dass man niemandem hilflos ausgeliefert ist. Der Professor kann nicht gut erklären – na und? Wofür gibt es Bücher?

Ohne Zweifel gibt es Unterschiede im didaktischen Geschick der Dozenten, aber oft ist es tatsächlich schwer zu erklären, warum man gewisse Dinge braucht, denn der Nutzen kommt oft erst viel später. Manchmal ist es noch nicht einmal ein wirklicher Nutzen, sondern es handelt sich um Denkstrukturen, die später auf andere Bereiche angewendet werden.

5.2.1 Das dürfen Sie erwarten ...

Sie dürfen erwarten, dass Ihr Professor pünktlich und vorbereitet in der Vorlesung erscheint und Ihnen deutlich sagt, was in der Klausur oder Prüfung von Ihnen verlangt wird. Sie dürfen erwarten, dass Ihnen bei Schwierigkeiten Hilfe durch den Fachbereich angeboten wird, und zwar nicht nur durch die ehrenamtliche Arbeit der Fachschaft sondern etwa durch Sprechzeiten bei Assistentinnen/Assistenten oder dem Studiendekan/der Studiendekanin. Eine chaotische Vorlesung müssen Sie nicht hinnehmen. Sie können sich an die Fachschaft wenden und ein Gespräch mit dem Professor vereinbaren. Der stellt sich im kleinen Kreis ganz anders dar als vor dem großen Hörsaal. In kleineren Veranstaltungen sollte man ruhig einmal direkt intervenieren statt stumm zu leiden. In Tutorien und Arbeitsgruppen ist ebenfalls Raum für Diskussion.

5.2.2 ... das nicht ... !

Erwarten Sie nicht von Ihren Dozenten, dass sie ihnen zu jedem Zeitpunkt genau sagen, wozu man das Erlernte braucht – obwohl diese Frage natürlich auch diskutiert werden sollte. Mäßigen Sie Ihren Zorn auf die Lehrenden, wenn Sie etwas nicht verstehen. Ihr Professor hat sich diese Dinge nur in den seltensten Fällen selbst ausgedacht. Dinge, die man nicht versteht, sind nicht deshalb nutzlos, so sehr einen das auch ärgern mag.

Lösen Sie sich von der Vorstellung, dass es die Universität ist, die Ihnen Ihr Fach schmackhaft macht. Die meisten Dozenten geben sich zwar große Mühe, eine interessante Veranstaltung anzubieten, aber es gibt dennoch immer wieder mühsame Teilstrecken zu überwinden, die Sie mehr oder weniger allein bewältigen müssen. Daran werden Sie wachsen.

Auch für die Organisation Ihres Studiums sind Sie selbst zuständig. Wenn sich ein Praktikum mit Veranstaltungsterminen überschneidet, müssen Sie selbst sehen, wie Sie klarkommen.

5.3 Wenn das Lernen schwer fällt

Die emotionale Befindlichkeit entscheidet über den Studienerfolg mit. Aber oft ist gerade diese Befindlichkeit gestört: durch Wut, Ängste, Depressionen. Auch die als negativ empfundenen Gefühle zeugen aber oft von einer inneren Beteiligung, die ja durchaus gewünscht ist. Wer etwas verstehen will, es aber nicht schafft, wird frustriert sein oder zornig werden – diese Reaktionen bewegen sich im Rahmen des Normalen. Das wird nur oft nicht deutlich genug gesagt.

5.3.1 Zorn

Wir werden zornig, wenn die Realität, der wir begegnen, so gar nicht unseren Erwartungen entspricht. Wir reagieren zornig auf den erneuten Absturz des Computers und sind wütend, weil die Fernbedienung mal wieder unters Sofa gerutscht ist, ohne uns vorher Bescheid zu sagen. Zorn vernebelt die Sinne und sucht sich stets ein Objekt, auf das er sich richten kann. Das kann der Mitbewohner sein, der *schon wieder* nicht abgespült hat. Manchmal sind es aber auch unbelebte Gegenstände. Natürlich wissen wir, dass der Computer und die Fernbedienung nicht beseelt sind und daher keine bösen Absichten haben *können*, aber der Zorn fragt nach solchen Spitzfindigkeiten nicht. Der Zorn richtet sich in vielen Fällen gegen uns selbst, aber wir verstehen es geschickt, uns gegen diese Selbstzerstörung zu wehren – auch wenn dann eine Fernbedienung als Bösewicht herhalten muss (die sich wohlweislich versteckt hat).

Wenn man sich an einem schwierigen Gebiet abarbeitet und nur millimeterweise vorwärts kommt, stellt sich außer dem Gefühl der Minderwertigkeit oft auch Zorn ein – vielleicht auch eine Abwehrreaktion gegen das Gefühl zu versagen. Der Zorn richtet sich wahlweise gegen die didaktisch völlig unzulänglichen Dozenten, gegen die Autoren unlesbarer Fachbücher, gegen die Schule, die einen nicht richtig vorbereitet hat, oder gegen die Universität als Institution an sich. Manchmal wütet der Zorn auch einfach vor sich hin, ohne sich zu rechtfertigen, und wer immer sich in unsere Nähe wagt, bekommt ihn ab.

Einen großen Anteil am Zorn hat – wie bei der Suche nach der Fernbedienung – die Ungeduld. Sie geht mit dem Zeitdruck, unter dem wir oft stehen, eine unheilige Allianz ein, die eine produktive Arbeitshaltung gänzlich zunichte macht. Denn klares Denken und Zorn vertragen sich nicht.

Wir können viel lernen von Menschen, die in ihrem Beruf häufig Grund haben, zornig zu werden, aber die Professionalität besitzen, über den Dingen zu stehen (einfach auch, weil sie es sich nicht leisten können): Eine Ärztin mag zornig werden, wenn sie merkt, dass sich ein Patient selbst schadet, indem er sich nicht an die ärztlichen Anweisungen hält. Der Systembetreuer muss selbst dem DAU (=„dümmster anzunehmender User") gegenüber geduldig sein, auch wenn er sich ärgert. Eine gute Lehrerin zeichnet sich unter anderem dadurch aus, dass sie sich nicht provozieren lässt.

Lassen auch Sie sich nicht provozieren und üben Sie eine Haltung der Gelassenheit. Kritik an der Didaktik einer Vorlesung sollte immer konstruktiv sein und niemals unterstellen, der Dozent wollte Sie ärgern. Warten Sie also mit Ihren Einwänden, bis sich Ihr Gemüt wieder beruhigt hat. Zorn kann andererseits auch zu Mut und Entschlossenheit verhelfen, wenn er in

der Form trotzigen Widerstandes auftritt. Vielleicht gibt er Ihnen
sogar einen Energiekick, um der Sache den Kampf anzusagen –
was Ihr großsprecherischer Kommilitone oder Ihr angeberischer
Bruder können, das können Sie doch schon lange – oder?

5.3.2 Angst

Angst blockiert alle kreativen Prozesse. Niemand kann ungestört
lernen oder Ideen entwickeln, wenn er von ängstlichen Gefühlen
besetzt ist. Wolf Wagner spricht in „Uni-Angst und Uni-Bluff"
vom „klugen Gesicht" [Wag04]. Er beschreibt das Gefühl, alle
anderen seien weise und abgeklärt, talentiert und furchtlos. Aber
das „kluge Gesicht" ist nichts anderes als eine Maske, hinter der
sich Unsicherheit und Versagensängste verbergen. Die Kehrseite
dieser Ängste ist – wie der Buchtitel sagt – der Bluff. Der kann
in der Form von arrogantem Auftreten, geschliffener Rhetorik,
manchmal nur durch Schweigen auftreten (wer sein Schweigen
geschickt inszeniert, wirkt dabei überlegen und klug – und umgeht das Risiko, etwas Dummes zu sagen). Aber die Unehrlich-
keit macht allen das Leben schwer. Die einen lassen sich blenden
und die anderen verwenden einen Großteil ihrer Energie darauf,
die Fassade aufrecht zu erhalten, die sie um sich herum aufgebaut haben.

Häufiges Aufschieben der unangenehmen Aufgaben ist oft
eine Folge von Angst: Die Konfrontation mit schwierigen Aufgaben birgt eben immer auch die Möglichkeit des eigenen Versagens. Dem setzt man sich nicht gern aus. Diese Ausweichhaltung
drückt sich oft auch in Müdigkeit aus. Die kann so übermächtig
werden, dass man wirklich denkt, es fehle einem der Schlaf.

Ein Großteil der inneren Anspannung löst sich auf, wenn man
sich klar macht, dass die Ängste in einem gewissen Umfang ganz
normal, ja, unvermeidlich sind. Ängste gehören nur eben zu den
unerwünschten, nicht akzeptablen Gefühlen. Eine Mutter, die ihrem Kind, das Angst vor dem ersten Tag im Kindergarten oder

in der Schule äußert, sagt „Quatsch – du brauchst keine Angst haben!", vermittelt (ohne sich dessen bewusst zu sein) die Botschaft, das Angst das „falsche Gefühl" sei. Zu der ohnehin vorhandenen Nervosität gesellt sich beim Kind also der Eindruck, es sei „nicht normal", sich vor einer neuen Situation zu fürchten. Später setzt sich die Demontage des Selbstwertgefühls fort, wenn immer wieder gesagt wird: „Du bist nicht gut in . . . ", „Das tut man nicht!", „Du kannst nicht . . . ", „Immer musst du. . . " Auch das Warnen vor allen möglichen tatsächlichen oder eingebildeten Gefahren und unberechenbares Elternverhalten (z. B. plötzliche Wutanfälle) produzieren Ängstlichkeit.

Andererseits ist bei anderen durchaus nicht immer der Wunsch übermächtig, Sie von Ängsten zu befreien. Damit ist nicht nur der übereifrige Versicherungsvertreter gemeint, der Sie „absichern" will. Ihre Ängstlichkeit gibt anderen die Möglichkeit, Sie zu manipulieren und auszunutzen. Angst gleicht einem Gefängnis, das die eigenen Handlungsmöglichkeiten erheblich einschränkt. Räumen Sie weder den Hochschullehrern noch Ihren Kommilitonen so viel Macht über Sie ein. Die Manipulation durch andere, auch durch gesellschaftliche Normen und Strukturen, ist in den Büchern von Josef Kirschner (z. B. „Die Kunst, ohne Angst zu leben") sehr eindringlich beschrieben, und er sagt auch, was man tun kann, um Angst zu überwinden:

> Eigentlich gibt es nur einen einzigen treffenden Rat, den man jemandem geben kann, der seine Angst besser bewältigen möchte. Er lautet: „Tun Sie an jedem Tag Ihres Lebens wenigstens einmal genau das, wovor Sie sich am meisten fürchten."
> Wohlgemerkt: *Tun* Sie es."[1]

Je nachdem, wie Sie veranlagt sind und welche Prägung Sie durch Eltern, Schule und Freunde erfahren haben, können Ängste im Studium mehr oder weniger stark sein. Mit dem Zweifel, dass man es vielleicht nicht bis zur Abschlussprüfung schafft, muss man leben. Aber wenn Ängste Ihren Studienerfolg

---

[1] Josef Kirschner. Die Kunst, ohne Angst zu leben. Knaur Ratgeber.

merklich beeinträchtigen, sollten Sie etwas unternehmen. Manchmal stimmt das Umfeld nicht: Wenn es in der Arbeitsgruppe nicht klappt, dann muss das nicht immer an Ihnen liegen. Es ist vielleicht einfach die falsche Konstellation. Und wenn man mit dem einen Professor nicht zurecht kommt, heißt das nicht, dass es mit einem anderen nicht besser gehen kann. Manchmal stimmt auch das Fachliche nicht: Abgesehen davon, dass es schlechte Veranstaltungen gibt, kann es auch sein, dass man mit einigen Gebieten seines Fachs nicht so viel anfangen kann, dass es einem einfach nicht so liegt. Daraus sollte man nicht gleich auf mangelnde Begabung schließen – vielleicht klappt es im nächsten Seminar besser. Lösen Sie die Verkrampfungen, die von Angst erzeugt werden, durch Bewegung. Ein Waldspaziergang beispielsweise kostet nichts und wirkt sofort.

Im Übrigen ist die Redensart von der Angst als „schlechtem Ratgeber" auch nicht so wahr, wie sie immer scheint. Angstbeschwerden können, wie Jeffery Wijnberg in seinem sehr amüsanten Büchlein „Couch ade!²" ausführt, auch mit Inkompetenz oder Unreife verwechselt werden. Wer sich im Stoff nicht sicher fühlt, hat auch vor dem Referat Angst. Und wer sich eigentlich noch gar nicht in der Lage fühlt, einen verantwortungsvollen Job zu übernehmen, fürchtet sich vielleicht schon vor dem Studienabschluss.

In einem gewissen Umfang sind Unsicherheiten im Studium unvermeidlich. Wenn Sie sich aber in Ihren Ängsten gefangen fühlen und allein nicht weiterkommen und auch Gespräche mit Kommilitonen, Freunden und Eltern nichts nutzen, nehmen Sie die Beratungsangebote der Hochschule in Anspruch. Dafür sind sie schließlich da.

---

² Jeffrey Wijnberg: Couch ade! Wie Sie sich den Gang zum Seelenklempner sparen können. Mosaik bei Goldmann, München 2005.

5.3.3 Depressive Verstimmungen

Vielleicht gehören Sie auch zu den Menschen, die gar nicht so
schnell wütend werden, sondern angesichts der Schwierigkeiten
eher in ein dumpfes Grübeln oder eine düstere Niedergeschlagenheit verfallen. Das Gefühl ist mit der Ängstlichkeit eng verwandt. *Du bist halt doch zu dumm*, ist die Botschaft, die dann aus
Ihren Büchern spricht. Dieses Gefühl bremst das Fortkommen
vielleicht noch mehr als der Zorn, denn Zorn ist mit Energie verknüpft, Frustration ist eher lähmend. Wenn man vom „inneren
Schweinehund" spricht, dann denkt man meist an Trägheit und
fehlende Selbstdisziplin. Ursprünglich ist mit dem „Schweinehund" der Hund des Schweinehirten gemeint, der in der Rang-
ordnung der Hütehunde ganz unten steht, und mit dem „inneren
Schweinehund" ist eine ängstliche Gesinnung gemeint, die zu
überwinden eine Leistung ist.

Der Leiter der psychotherapeutischen Beratungsstelle für
Studenten an der Universität Heidelberg, Holm-Hadulla, erklärt
Depressionen im Studium als normal: „Es gibt eine gewisse
kreative Verstimmung, das kennt jeder, wenn er über einer Arbeit brütet, das kennt jeder Wissenschaftler, das kennt jeder, der
schreibt, wie man unzufrieden ist, das leere Blatt, wie man in
so eine Qual kommt. Das gehört natürlich zur produktiven geistigen Arbeit. Insofern wird sowieso von Studenten häufiger als
von der Normalbevölkerung von depressiven Stimmungen berichtet."[3] Wenn die grüblerische Niedergeschlagenheit als normal empfunden wird, ist schon ein großer Druck genommen,
denn es bedeutet nicht jedes Steckenbleiben, dass man dumm
und unfähig zu diesem Studium ist. Holm-Hadulla sagt weiter:
„Es kann sich allerdings eine produktive Verstimmung in eine unproduktive Selbstentwertung umkehren. Da ist die Grenze
schnell überschritten. Große Sorgen machen uns die, die sagen,
dass sie überhaupt keine Probleme haben, und dann sang- und

---

[3] Interview in „Forschung und Lehre", 9/99.

klanglos zusammenbrechen." Diesen Menschen ist schwer zu helfen, weil sie nicht rechtzeitig merken, was schief läuft.

Sind Intellektuelle aber allgemein unglücklicher als handwerklich oder körperlich Arbeitende? Sie sind nach einem langen Lerntag vielleicht erst richtig zufrieden, wenn Sie eine komplizierte Fahrradreparatur erledigt haben oder 1500 Meter geschwommen sind. Aber auch geistige Arbeit ist eine Glücksquelle. Gero von Randow drückt das in seinem Buch über das „Ziegenproblem" so aus [vR04]:

> Zugegeben, Formeln sind die Geheimwaffe einer internationalen Verschwörung gegen Ihr Selbstbewusstsein. Aber am besten tun Sie so, als würde Ihnen das nichts ausmachen, das verwirrt den Gegner. Wenn Sie die Formeln überspringen, entgehen Ihnen die wesentlichen Aussagen dieses Buchen *nicht*. Worauf Sie dann allerdings verzichten, ist das befriedigende Gefühl, ein Problem formal gelöst zu haben. Dieses Glücksgefühl wird erzeugt, indem chemische Substanzen im Hirn ausgeschüttet werden; insofern ist dieses Erlebnis mit einem Orgasmus vergleichbar. Überlegen Sie sich das mit den Formeln also noch einmal.

Das gute Gefühl, dass von Randow beschreibt, wird auch *Flow* genannt. Wenn einen ein Thema so richtig „gepackt" hat, spürt man kaum, wie die Zeit vergeht. Man merkt es auch als Außenstehender, ob da jemand Spaß am Thema hatte oder pflichtgemäß sein Programm abspult. Aber dem Spaß geht oft eine Phase harter Arbeit voraus.

In ihrem Buch „Lernen zu lernen" empfehlen Werner Metzig und Martin Schuster eine Übung, die eine positive Stimmung beim Lernen erzeugen soll [MS03]: Klemmen Sie sich einen Bleistift zwischen die Zähne. Wenn Sie einen Bleistift nur mit den Lippen festhalten, ist Ihre Mimik eher negativ. Hält man dagegen den Stift mit den Zähnen fest, geht das nur mit einem positiven Gesichtsausdruck. Eine positive Mimik wirkt sich, wie auch Untersuchungen zeigen, auch positiv auf die Stimmung aus. Es ist einen Versuch wert, oder?

5.3.4 Langeweile

Ich saß einmal in einer ganz kleinen Vorlesung mit weniger als zehn Hörern in einem winzigen Raum. Die Zeit schien für die vier Vorlesungsstunden, zu der diese Veranstaltung geblockt wurde, stillzustehen, so langweilig war mir. An ein unbemerktes Verschwinden war nicht zu denken, im Gegenteil, man musste der Höflichkeit halber auch noch ein interessiertes Gesicht machen, weil es ja ein so privater Kreis war. Das Thema war eigentlich gar nicht so uninteressant. Aber selbst ein spannendes Gebiet kann im monotonen Singsang einer endlos sich hinziehenden Veranstaltung zur seelischen Grausamkeit werden. Nachdem ich diese Vormittage hinter mich gebracht hatte, war ich jeweils für den Rest des Tages erledigt. Der Schlaf, mit dem ich so gekämpft hatte, ließ sich nicht nachholen, es blieb nur Genervtsein. Zum Glück ist diese Inkarnation der Langeweile danach nicht mehr getoppt worden. Hoffentlich bleibt Ihnen Ähnliches erspart.

Langeweile entsteht nicht nur in der Vorlesung, sie entsteht beim Lernen, wenn der Stoff den geistigen Gehalt des Telefonbuchs zu haben scheint, sie entsteht, wenn man keinen Sinn in einer Sache sieht und auch nicht sehen will. Langeweile drängt sich auf, wenn man nicht tun und denken kann, was man will, sondern gezwungen ist, sich einem fremden und uninteressanten Thema oder einem schlechten Redner zu überlassen. Langeweile erzeugt bleierne Müdigkeit und umgekehrt: Wer müde ist, langweilt sich auch schneller.

Wenn Sie sich langweilen, weil Sie den ganzen Stoff schon beherrschen oder viel zu leicht finden, geht es Ihnen gut. Sie können Ihr Studium erheblich abkürzen, indem Sie die Dinge in Ihrem eigenen Tempo aus Büchern lernen. Aber damit sind Sie eher eine Ausnahme. Die meisten quälen sich durch die langweiligen Teile ihres Studiums, ohne die Überholspur benutzen zu können.

Mit ein oder zwei langweiligen Vorlesungen im Semester muss man wohl leben. Man kann daraus lernen, wie man einen Vortrag nicht gestalten sollte. Um sich die Zeit zu vertreiben, kann man sich in Schönschrift üben, Cartoons zeichnen oder Aphorismen schreiben. Manche Leute raten ernsthaft, sich stets etwas zu Lesen zu einem Vortrag mitzunehmen, um die Zeit im Fall der Fälle nicht ungenutzt verstreichen zu lassen. Man kann jedes zweite Mal fern bleiben und sich den Stoff für die Klausur irgendwie zusammenklauben. Ein bisschen Langeweile kann auch ganz lehrreich sein – es muss nicht immer spektakulär zugehen. Schwierig wird es, wenn einen das ganze Studium nur noch zum Gähnen bringt, und wenn die Langeweile sich in die selbstständigen Lernphasen ausdehnt. Wenn man liest, kann man das Tempo und die Pausen selbst bestimmen. Das reduziert die durch langweilige Redner hervorgerufenen Lähmungserscheinungen, allerdings haben manche Bücher eine ähnliche Wirkung.

Manchmal kommt der Appetit beim Essen – längere Beschäftigung mit dem zuerst spröde erscheinenden Stoff zeigt, dass dort doch etwas zu holen ist. Dahin kommt man mit etwas Sitzfleisch, auch ein Blick in die Literatur kann helfen (vgl. Kap. 7 und 9).

Ansonsten bleibt nur, die Sache von der sportlichen Seite zu sehen, so wie sich Leute an Marathonläufen beteiligen, nur um sich selbst zu beweisen, dass sie das schaffen. Machen Sie genügend Pausen während der Lernphasen, belohnen Sie sich für jedes geschaffte Kapitel, lassen Sie sich nicht ablenken und bedenken Sie: Jedes Gähnen, jeder Klagelaut, jeder Fluchtgedanke verlängert die Pein.

5.3.5 Übertriebener Ehrgeiz

Angst und Zorn sind nicht nur unvermeidliche Gefühle, sie haben auch ihren Sinn. Und sie können ins Unproduktive umschlagen, wenn sie zu dominant werden. Genauso ist es mit dem Ehrgeiz. Das Streben nach Erfolg und Anerkennung ist ein Motor der persönlichen Weiterentwicklung; nur durch Menschen mit hohen Zielen und großen Ansprüchen an sich selbst können technischer und sozialer Fortschritt gedeihen. Aber es gibt Grenzen.

Was übertriebener Ehrgeiz anrichten kann, haben Sie vielleicht schon einmal bei einem Mitschüler beobachtet. Wer bei einer 2+ vor Enttäuschung in Tränen ausbricht, steht offenbar unter großem Erfolgszwang. Abgesehen davon, dass man sich damit das Leben schwer macht, sind Druck und innere Anspannung keine günstigen Voraussetzungen für gute Leistungen. Man baut einen sehr großen Druck auf, wenn man beansprucht, immer besser als die anderen zu sein. Ehrgeiz ist nützlich, wenn er hilft, auf der Zielgeraden zu bleiben. Wo er zwanghaft wird, ist er schädlich. Wer eine Prüfung wiederholt, weil er mit der 2 nicht zufrieden ist, muss sich fragen, ob er die Prioritäten richtig setzt. Wer nicht genügend Diplome und Auszeichnungen sammeln kann, muss sich fragen, wem er eigentlich etwas beweisen will. Ein wenig Ehrgeiz über Bord zu werfen kann ungeheuer befreiend sein.

Mitch Albom schildert in seinem Buch „Dienstags bei Morrie"[4] in sehr ergreifender Weise die Gespräche mit seinem ehemaligen Professor, der an einer tödlichen Muskelerkrankung leidet. Der ehemalige Student lernt durch dieses besondere „Coaching", zu erkennen, was im Leben wichtiger ist als Job und Karriere. Die Lektüre dieses Buchs hilft sehr, Prioritäten zurechtzurücken. Auch das Buch „Die Perfektionierer" von Klaus Werle [Wer10] regt sehr zum Nachdenken über allzu schmalspurige Karrierebestrebungen an.

Im Übrigen gibt es auch Erfolgsvermeidungsstrategien. Metzig und Schuster [MS03] berichten, dass beispielsweise ein geringfügig behindertes Geschwister den Leistungswunsch hemmt, weil der Erfolg dem Bruder oder der Schwester die eigene Minderleistung demonstriert. Auch das Verhalten der Eltern (überzogener Ehrgeiz, heimlicher Neid, Gleichgültigkeit) haben ohne Zweifel einen großen Einfluss auf den Willen zum Erfolg, sei es, weil man den Wünschen der Eltern entsprechen will oder weil man das gerade nicht will.

---

[4] Goldmann, 9. Aufl. 2002.

5.3.6 Trägheit

„Guten Tag, meine Damen und Herren, guten Morgen, liebe Studenten!" – diese Begrüßung im Mittagsmagazin des WDR wurde legendär. So gut wie die Studenten möchte man es haben – so viele Freiheit, so oft ausschlafen dürfen. Stimmt denn das?

Innerhalb des Projekts „Zeitlast" des ZHW[5] wurden Befunde erhoben, denen zufolge Bachelor-Studentinnen und -Studenten durchaus nicht vierzig Wochenstunden mit Studieren verbringen, so wie der Workload das vorsieht, sondern durchschnittlich nur 23. Selbst der Projektleiter Professor Rolf Schulmeister zeigte sich überrascht. Sind die neuen Studiengänge doch nicht so stressig wie immer beklagt? Artikel wie „Erschöpft vom Bummeln" und „Ach dieser Stress!" erscheinen. Das schlechte Zeitmanagement der Studierenden wird beklagt. Den Presseberichten folgen viele Proteste, die Wellen schlagen hoch.

Überfordert, abgelenkt, zu viel unterwegs oder einfach faul? Es ist wohl unmöglich, hier ein allgemeines Urteil auszusprechen. Aber dass nun alle Studierenden immer nur fleißig sind, das glaubt ohnehin kein Mensch. Trägheit kann sich einstellen, wenn man gelangweilt oder auch überfordert ist, wenn man abends zu oft zu lang weggeht oder online ist, wenn man das Falsche studiert – oder man einfach ein eher bequemer Mensch ist. Einige Tätigkeiten halten wach, andere sind einschläfernd. Die Fähigkeit, sich zu disziplinieren, ist bei manchen Menschen mehr, bei manchen weniger ausgeprägt; sie muss auf jeden Fall immer wieder neu trainiert werden.

Sicher ist das „Versumpfen" eine interessante Lebenserfahrung. Vielleicht gibt es einfach Phasen, in denen man das braucht. Es ist nur die Frage, ob es einem wirklich Spaß macht auch über die durchgefeierte Nacht und den durchgehangenen Tag hinaus oder ob das Nichtstun eher eine Duldungsstarre ist, aus der man ohne Hilfe nicht heraus kann.

---

[5] www.zhw.uni-hamburg.de.

Zähe Phasen überwinden

Unterbrechen Sie sich, statt nur noch zu gähnen
Wenn Sie merken, dass Sie zornig oder müde werden, weil Sie nicht vorankommen, machen Sie eine Pause. Kleben Sie sich eine Haftnotiz an die Stelle, an der Sie hängen geblieben sind und schreiben Sie darauf: „Hier geht's weiter". Und machen Sie erst weiter, wenn Sie sich wieder etwas gefangen haben.

Essen, Trinken, Schlafen
Vergessen Sie auch in Stresszeiten nicht, genügend – und das Richtige – zu essen, ausreichend zu schlafen und sich regelmäßig zu bewegen, denn Hunger und Müdigkeit verstärken alle negativen Gefühle, und Bewegungsarmut macht schlapp.

Haben Sie Geduld mit sich
Schrauben Sie die Ansprüche an sich selbst zurück. Wir alle neigen dazu, uns viel zu viel vorzunehmen. Lesen Sie statt der angepeilten drei Kapitel im Buch nur eines, das aber gründlich und aufmerksam.

Schreiben hilft
Schreiben Sie einen Brief, eine E-Mail oder Tagebuch. Nehmen Sie sich Zeit, darzustellen, warum Sie sich schlecht fühlen. Oftmals stellt sich beim Schreiben heraus, dass alles gar nicht so furchtbar ist, wie es zuerst aussah. So wirkt alles bedrohlicher, wenn man müde oder gesundheitlich angeschlagen ist.

Meckerei vermeiden
Vermeiden Sie Gesellschaft, die Sie noch weiter „runterzieht". Wer gerade in einer Sinnkrise steckt, wird Sie in Ihrem Motivationstief eher noch verstärken. Lassen Sie sich lieber von ambitionierten Kommilitonen mitziehen.

Das Lamentieren über all die Probleme erleichtert vielleicht kurzfristig, bringt Sie auf lange Sicht aber nicht voran. Am Ende verlassen die, mit denen Sie gejammert haben, ohne Abschluss die Uni und Sie fühlen sich erst recht allein.

Machen Sie es sich schön
Ordnen Sie Ihre Bücher und Ihr Büromaterial, spitzen Sie die Bleistifte und kleben Sie fröhliche Etiketten auf die Aktenordner. Räumen Sie die Schreibtischplatte leer. Manchmal braucht man nur etwas mehr Platz, damit das Denken wieder funktioniert.

Setzen Sie eine Deadline
Mit Blick auf ein definiertes Ende (und die nette Verabredung im Anschluss) arbeitet es sich flotter. Endloses Grübeln hilft nicht weiter.

Machen Sie einfach weiter
Man muss nicht jede Missempfindung in der Hoffnung analysieren, man könne sie dadurch beseitigen. Manchmal muss man einfach weitermachen und die Zeit löst das Problem.

5.4 Erfolg durch Interesse und Zielstrebigkeit

> *Es ist möglich, zugleich spielerisch und ernsthaft zu sein. Dies ist sogar die ideale Geisteshaltung.*
> *– JOHN DEWEY*[6]

---

[6] *To be playful and serious at the same time is possible, in fact it defines the ideal mental condition.*

Wer zürnt, sich deprimiert hängen lässt oder ständig Unerledigtes vor sich herschiebt, sollte sich nicht so sehr darauf konzentrieren, Disziplin zu üben, sondern versuchen, seine Aufgaben in ein positives Licht zu rücken und eine professionelle Routine zu entwickeln. Sie haben sich dieses Studium selbst ausgesucht, irgendeinen Reiz muss es ja für Sie haben. Rufen Sie sich Ihr Interesse am Fach in Erinnerung und machen Sie sich klar, dass auch mühsame Phasen begrenzt sind. Dann haben Sie nicht mehr so sehr Ihren momentanen Stillstand im Blick, sondern die Zeit nach Ihrer Zwischenprüfung oder nach Ihrem Abschluss.

Stillstand kann auch in Phasen der Überforderung eintreten. Denken ist Schwerstarbeit und erfordert Erholungsphasen. Auch für Nichtchristen hat der Sonntag als Tag der Ruhe seinen Sinn. Im Studium sind Sie noch so flexibel, eine Pause einzulegen, wenn Sie sie brauchen. Nutzen Sie diese Möglichkeit.

Das Erfolgsrezept für ein Studium ist das immer wieder neu genährte Interesse am Fach kombiniert mit dem sportlichen Ehrgeiz, die Hürden auch dann zu nehmen, wenn der Stoff gerade nicht so spannend erscheint. Ohne echtes Fachinteresse bleibt Ihr Studium oberflächlich und das wird man Ihren Arbeiten ansehen. Das Fachinteresse hat immer etwas Spielerisches, wie Dewey sagt. Bewahren Sie sich die Neugier, die Bereitschaft, Dinge auszuprobieren und vor allem die Fähigkeit zu staunen.

Ohne Ehrgeiz – vor allem auch die klare Vorgabe, innerhalb einer bestimmten Frist fertig zu werden – vertrödeln Sie sich, gehen vielleicht vielen sich verzweigenden Interessenspfaden nach, ohne den Studienabschluss im Sinn zu haben. Die Kombination eines gesunden Ehrgeizes mit einem forschenden Blick auf Ihr Fach erhält Ihnen die Motivation, die Sie brauchen. Genießen sie die Zeit, in der Sie lernen dürfen. Beherzigen Sie diese Liebeserklärung an das Studium:

> Das beste Mittel gegen Traurigkeit ist, etwas zu lernen. Das ist das einzige, was einen nie im Stich lässt. Du kannst alt werden und zittrig und klapprig, du kannst nächtens wach liegen und dem Durcheinander deiner Adern, dem wirren Gewühl deiner Gedanken lauschen,

du kannst dich nach deiner großen Liebe verzehren [...] Da gibt's
nur eins: Lernen. Lernen, weshalb die Welt wackelt und was sie wa-
ckeln macht. Das ist das einzig Unerschöpfliche, Unveräußerliche.
Nie kann's dich quälen, niemals dir Angst einjagen oder Misstrauen
einflößen, und niemals wirst du's bereuen. [...] Überleg doch mal,
was es alles zu lernen gibt – reine Wissenschaft, die einzig vorhandene Reinheit. Astronomie kannst du in einer Lebensspanne lernen,
Naturgeschichte in dreien, Literatur in sechsen. Und dann, wenn du
Milliarden Leben mit Biologie und Medizin zugebracht hast, mit
Theo-Kritik und Geographie und Geschichte und Wirtschaftswissen-
schaft – nun, dann kannst du anfangen zu lernen, wie man aus dem
richtigen Holz ein Wagenrad macht, oder fünfzig Jahre lang lernen,
wie man lernt, seinen Gegner im Fechten zu besiegen. Danach kannst
du mit der Mathematik anfangen, bis es Zeit ist, pflügen zu lernen.
Aus: Terence H. White. Der König auf Camelot.

5.5 Extra: Bücher, die Lust auf Wissenschaft machen

Es gibt viele spannende *Biographien* über Wissenschaftler. Biographien sind ein guter Weg, sich der Arbeitsweise und der
Lebensart von Wissenschaftlern und der Entwicklung der Wissenschaften selbst zu nähern. Auf dem Hintergrund der historischen Entwicklung versteht man viele Dinge viel besser.

Auch *Sachbücher* helfen der Motivation auf die Sprünge. Beispielsweise *Bild der Wissenschaft* bietet online Buchtipps, die
nach Sachgebieten geordnet sind.

Hier eine kleine und höchst subjektive Auswahl an Büchern,
die gut unterhalten und dabei neugierig machen auf die unerschöpfliche Welt der Wissenschaft:

- Ulrich Janßen, Ulla Steuernagel. Die Kinder-Uni. Forscher erklären die Rätsel der Welt. Deutsche Verlagsanstalt, Stuttgart
  2002.

  *Der überwältigende Erfolg der Tübinger Vorlesungsreihe für
  Kinder hat inzwischen viele Nachahmer gefunden. In diesem Band werden Fragen wie „Warum müssen Menschen*

sterben?" und „Warum ist Schule doof?" behandelt und es gibt einen Abschnitt über den Beruf des Wissenschaftlers und die Sprache an der Universität. Bücher wie diese sind Happy-Pills, wenn man aus Versehen zu viel Privatfernsehen genossen hat und daraufhin in tiefe Depressionen versunken ist. Vielleicht geht das Abendland doch noch nicht so schnell unter.

- Candace Savage. Die Suche nach dem Stein der Weisen. Von der Zauberei zur Wissenschaft. Deutscher Taschenbuchverlag, München 2003.

Auch dieses Werk tarnt sich als Kinderbuch. Isaac Newton wollte eigentlich Zauberer werden. Im 17. Jahrhundert war das auch nichts Besonderes: Die Menschen versuchten auf allen möglichen Wegen, mit magischen Kräften Krankheiten zu heilen und die Zukunft vorherzusagen. Das Buch verführt mit seinen wunderschönen Illustrationen zur Reise in die Welt der Sternendeuter und Alchemisten. Newton fand den Stein der Weisen nicht – dafür wurde er zu einem der bedeutendsten Wissenschaftler.

- Alain de Botton. Trost der Philosophie. Eine Gebrauchsanweisung. S. Fischer, Frankfurt/Main.

Nein, man sollte Philosophie nicht studieren, weil man mit seinem Leben nicht zurechtkommt. Aber dieses geistreiche Buch zeigt, dass eine etwas andere, eben eine „philosophische" Sicht auf die Dinge bei mancher Unbill helfen kann. Zum Beispiel bei Frustration und Geldmangel. Und so ist dies eine hilfreiche Lektion in Sachen „Angewandte Wissenschaft".

- Dietrich Dörner. Die Logik des Misslingens. Strategisches Denken in komplexen Situationen. Rowohlt Verlag, Hamburg, erweiterte Neuauflage 2003.

Warum funktionieren die Dinge nicht so, wie wir uns das vorgestellt haben? Welche Mechanismen führen zu falschen Entscheidungen? Welche Funktionen haben Denkmodelle?

Welche Rolle spielt der „gesunde Menschenverstand?" Dieses Buch hat sich als „Standardwerk des Querdenkens" etabliert und liest sich dabei äußerst unterhaltsam.

- Uwe Wesel. Fast alles, was Recht ist. Jura für Nicht-Juristen. Piper, München, Taschenbuchausgabe 2004.

Wesel erklärt, was Rechtswissenschaft ist, wie Juristen arbeiten und welche Rechtsgebiete es gibt. Und er erklärt es fesselnd und unterhaltsam. Wer hätte gedacht, dass Jura so spannend ist.

- Denis Guedj. Das Theorem des Papageis. Hoffmann und Campe, Hamburg 1999.

Nur für ausgesprochene Leseratten zu empfehlen ist dieses fast 600 Seiten umfassende Opus über die Geschichte der Mathematik, die in einen Kriminalroman gekleidet wurde. Es ist auch ein Roman über Bücher und Bibliotheken, der in lang vergangene Zeiten entführt. Ein echter Leseschmaus.

- Christoph Bördlein. Das sockenfressende Monster in der Waschmaschine. Eine Einführung ins skeptische Denken. Alibri, Aschaffenburg 2002.

In diesem Buch wird unterhaltsam und verständlich erklärt, worin sich eine wissenschaftliche Arbeitsweise von anderen Erkenntniswegen unterscheidet, wie man unhaltbaren und ideologisch geprägten Behauptungen entgegentritt und auf welchen systematischen Irrtümern viele weitverbreiteter Ansichten beruhen. Es ist erlaubt und geboten, auch Bücher wie dieses mit einer gesunden Portion Skepsis zu lesen. Denn die Skeptiker-Bewegung hat zum Teil schon selbst dogmatische Züge angenommen (vgl. www.skeptizismus.de).

- Hubert Schleichert. Wie man mit Fundamentalisten diskutiert, ohne den Verstand zu verlieren *oder* Anleitung zu subversivem Denken.

Auf Grundlage der Logik kann man nur diskutieren, wenn der Gegenüber eine ähnliche Vorstellung besitzt. Mit einem Fundamentalisten, der einer Ideo-Logie anhängt, hat man keine

Basis für eine Diskussion. Was tun? Dies ist eine ungewöhnliche und sehr lehrreiche Auseinandersetzung mit der Kunst der Argumentation, wobei der Schwerpunkt auf religiösem Fundamentalismus liegt.

- Rolf Degen. Lexikon der Psycho-Irrtümer. Warum der Mensch sich nicht therapieren, erziehen und beeinflussen lässt. Piper, München, 2004.

Streitbares Buch über die (vermeintlichen) Weisheiten und Wohltaten der Psychologie und Psychotherapie. Es lädt zu einer kritischen Auseinandersetzung ein und hat in gewisser Weise selbst eine therapeutische Wirkung: Es heilt einen vom gutgläubigen Nachplappern irgendwelcher Zeitschriftenweisheiten, die nicht wahrer werden dadurch, dass sie immer wieder abgeschrieben werden.

- David Harel. Das Affenpuzzle und weitere bad news aus der Computerwelt. Springer, Berlin, Heidelberg, 2002.

Was können Computer – und was können sie prinzipiell nicht? Dies ist keine Attacke auf die Künstliche Intelligenz, sondern eine fundierte Erklärung, warum manche Probleme schwer oder gar nicht lösbar sind – und dass sich das nachweisen lässt. Das Buch gibt einen Eindruck davon, was die Informatik als Wissenschaft vom bloßen Programmieren unterscheidet und worin ihr besonderer Reiz besteht.

Kapitel 6
Zeitmanagement im Studium

Zeitmanagement? Quatsch! Einfach ein bisschen beeilen!

Zwischen Regelstudienzeit und tatsächlicher Verweildauer an
der Hochschule bestehen oft etliche Semester Differenz. In
der Öffentlichkeit wird dies meist kritisch bewertet: Einerseits

unterstellt man Studierenden zu „bummeln" – auf Kosten der Allgemeinheit, versteht sich, andererseits wird den Universitäten vorgeworfen, die Ausbildung zu überfrachten, die Studenten nicht richtig zu betreuen und didaktisch mangelhaft vorzugehen. In den neuen Bundesländern studiert es sich, den Zahlen nach, schneller. Sind die Studenten dort fleißiger, werden sie besser betreut oder weniger abgelenkt? Sicher spielt für die Studiendauer die Relation zwischen Lehrpersonal und Studenten eine Rolle. Wer semesterlang auf einen Seminar- oder Praktikumsplatz warten muss, wird ausgebremst, und eine Professorin, die fünf Diplomarbeiten betreut, kann dies sicher intensiver tun als eine, der fünfzig Arbeiten begleiten muss. Aber die Studiendauer hängt nicht nur von der Hochschule (und natürlich auch dem Fach) ab, sondern auch von der persönlichen Situation des Studenten. Wer sein Studium mit Jobs finanzieren muss, hat natürlich weniger Zeit zum Studieren. Manche nehmen das auch gern in Kauf, besonders, wenn sie einen Job haben, der ihnen Spaß macht; aber wenn Studiengebühren erhoben werden, sind die Dinge nicht mehr so einfach. Andere „Bremsfaktoren" sind persönliche Krisen während des Studiums. Das können die Trennung vom Partner oder eine Krankheit sein – oder aber auch eine Sinnkrise, das Fach und die berufliche Zukunft betreffend. Wer nicht weiß, wozu er studiert, und für die Zeit nach dem Studium auch keine Perspektive sieht, hat natürlich keinen Grund, sich mit dem Studieren zu beeilen, und braucht vielleicht einige Zeit, um sich darüber klar zu werden, ob er überhaupt zu Ende studieren will.

6.1 Wie genau kann man ein Studium planen?

Ja mach nur einen Plan
Sei nur ein großes Licht!
Und mach dann noch ´nen zweiten Plan
Gehn tun sie beide nicht.
– BERTOLT BRECHT, Dreigroschenoper

Die Planbarkeit hängt unter anderem von der Struktur des Studiums ab. In den Geisteswissenschaften gibt es meist große Freiheiten, sich seine Fächer und Vorlesungen auszusuchen. In vielen Fächern gibt es zumindest für die Bachelorausbildung einen festen Stundenplan. Das Studium an der Fachhochschule ist stärker verschult als das an Universitäten; die Bachelor- und Masterstudiengänge sind stärker strukturiert als die Diplom- und Magisterstudiengänge. Natürlich ist es leichter, Ziele abzustecken und die fortschreitenden Semester zu planen, wenn das Studium ein festes Programm hat. Es hat aber nicht viel Sinn, einen Plan aufzustellen, nur um einen Plan zu haben. Gerade wenn die Auswahl groß ist, muss man sich Zeit zur Orientierung nehmen. Die meisten Studenten nehmen sich gerade am Anfang viel zu viel vor und überschätzen ihr Kontingent an Zeit und geistiger Energie beträchtlich. Nach den ersten Wochen nimmt die Begeisterung für die Veranstaltungen dann spürbar ab. Man braucht Zeit, um Vorlesungen vor- und nachzubereiten, in die Bibliothek zu gehen, in der Arbeitsgruppe zu diskutieren und sich selbst zu organisieren. Es ist auch ähnlich wie zu Beginn eines sportlichen Trainings, bei dem man auf einmal Muskeln spürt, von deren Existenz man vorher nichts geahnt hat: Die gegenüber der Schule deutlich gestiegenen Anforderungen an Ihren Denkapparat fordern Energie und führen rasch zu Erschöpfungszuständen. Diese Erfahrung bleibt kaum jemandem erspart.

Es kann darüber hinaus eine ganze Reihe von Gründen geben, warum die Planung – wenn sie überhaupt existiert – nicht so durchzuführen ist, wie man sich das vorgestellt hat. Wenn ein Schein etwa nur im Wintersemester zu erwerben ist oder man keinen Platz im Seminar bekommen hat, muss man umdisponieren. Dasselbe gilt, wenn man sich mit einer Vorlesung nicht wohl fühlt und sich ein anderes Spezialgebiet suchen muss, wenn man mit dem betreuenden Professor nicht klarkommt oder sein Nebenfach wechseln will. Eine gewisse Flexibilität ist sinnvoll; man muss deshalb nicht gleich ins ziellose Herumstudieren abgleiten.

Informieren Sie sich rechtzeitig, welche Voraussetzungen Sie für das Ablegen Ihrer Prüfungen erfüllen müssen und welche Scheine unbedingt zu erwerben sind. Legen Sie zumindest grob fest, in welcher Reihenfolge und in welchem Semester Sie Ihre Studienleistungen erbringen wollen. Prüfungsordnungen werden nicht zum Spaß geschrieben; schauen Sie sie sich rechtzeitig an, um keine bösen Überraschungen zu erleben.

Haben Sie keine Angst, Ihr Ziel wirklich ins Auge zu fassen (auch wenn das manchmal unerreichbar scheint). Ihr Ziel ist der Abschluss, auch wenn Sie sich im Moment einfach noch nicht vorstellen können, einem Professor in einer mündlichen Prüfung gegenüberzusitzen und sich als erfolgreicher Absolvent zu präsentieren. Es ist wichtig, sich vor allem auch die Abschlussprüfungen rechtzeitig vor Augen zu führen, um der Gefahr, den Studienabschluss aus einer Prüfungsangst heraus zu verzögern, rechtzeitig zu begegnen. Wenn Sie eine ausgeprägte Prüfungsangst haben, setzen Sie sich frühzeitig mit den Beratungsstellen an Ihrer Universität in Verbindung. Sie sind nicht allein mit diesen Problemen – scheuen Sie sich nicht, professionelle Hilfe in Anspruch zu nehmen.

6.2 Disziplin und Zeitdruck

Jede Arbeit braucht, wie das Aufwärmen beim Sport, eine gewisse Anlaufzeit, das gilt auch für Kopfarbeit. Eine kniffelige Aufgabenstellung, ein schwer verdaulicher Text oder einer Vortragsvorbereitung – das sind zuerst Hürden, die sich bedrohend aufbauen. Solchen Anforderungen weicht man gern aus, indem man die Dinge vor sich herschiebt, in der Hoffnung, dass ein passenderer Augenblick kommen wird. Nun kommt dieser Augenblick meist überhaupt nicht, allerdings rückt der Abgabetermin immer näher und schließlich hilft gar nichts mehr, man muss sich an die Arbeit machen. Und dann wird's stressig. Unter großer Eile, unter Einsatz von viel Kaffee und unter Verzicht auf

Schlaf wird in letzter Minute etwas zusammengezimmert, und wenn es schief geht, dann hat man wenigstens noch die Ausrede, dass es ja so schnell gehen musste. Auf diese Weise bleibt man immer hinter seiner eigenen Leistungsfähigkeit und lernt seine Potentiale womöglich gar nicht kennen. Vielleicht war das sogar der Sinn der Fehlplanung – die Furcht vor der Konfrontation mit den eigenen Grenzen.

Dieses Problem ist an den Hochschulen natürlich bekannt. Um der „Saisonarbeiterei" vorzubeugen, gibt es Tutorien und Übungsaufgaben, die oft nicht einmal obligatorisch sind, sondern einzig den Zweck erfüllen, Sie zu einem kontinuierlichen Arbeiten anzuleiten, Ihnen die Gelegenheit zu geben, über Unklarheiten zu sprechen, und Ihnen Rückmeldungen über Ihren Lernerfolg zu geben. Sehen Sie diese Angebote nicht als lästige Verpflichtungen an. Viele Übungsscheine kann man mit sehr wenig Aufwand erwirtschaften, indem man die Aufgaben von anderen abschreibt oder nur so viele bearbeitet, wie unbedingt erforderlich sind. Aber ein halbherziges Mittun ist Zeitverschwendung. Sie stehen letztlich vor der Prüfung und müssen doch alles bearbeiten. Es ist in Ihrem eigenen Interesse, die Betreuungsangebote wahrzunehmen. Ich habe jahrelang Einsendeaufgaben für das Fernstudium korrigiert. Einige Studierende legen es nur darauf an, auf bequemem Weg Punkte zu erwirtschaften. Ich habe natürlich viel weniger Arbeit, wenn weniger abgegeben wird, denke aber oft, dass das Angebot missverstanden wird, weil man noch viel zu sehr in dem aus der Schule gewohnten Hausaufgabenmodus steckt. Viel besser gefällt mir, wenn Studierende ihre Fragen formulieren, so dass ich auf Verständnisprobleme wirklich eingehen kann. Wer nicht fragt, bekommt auch keine Antwort.

In fortgeschrittenen Veranstaltungen und schließlich auch während Ihrer Abschlussarbeit fehlen begleitende Hilfen. Es wird erwartet, dass Sie gelernt haben, selbstständig zu arbeiten und man Ihnen nicht mehr ständig sagen muss, was Sie tun sollen. Das Problem mit dem Aufschieben haben Sie vielleicht immer noch. Es ist auch eine Typfrage: Manche Leute können nicht konzentriert arbeiten, wenn sie nicht das Gefühl haben, es sei dringend. Bei anderen ist es gerade umgekehrt: Zeitdruck macht sie nervös und sie sind meist etwas vor dem Termin fertig.

Bei den Berichten von den vielen Nachtschichten ist viel Schaumschlägerei dabei, die verhüllt, dass sich da jemand seine Zeit nicht richtig einteilen kann. Mir hat einmal ein sehr wohlorganisierter und durchweg erfolgreicher Mensch gesagt, er habe immer wieder absolutes Unverständnis geerntet, wenn er erwähnte, dass er sich die Wochenenden schon während des Studiums und später in der Promotionszeit immer frei gehalten hat. Ein solches Unverständnis entsteht wohl aus einer Mischung von Neid und der ungern eingestandenen Unfähigkeit, diszipliniert zu arbeiten. Allerdings gibt es auch hochmotivierte Studenten und Wissenschaftler, bei denen Freizeit und Forschung nahtlos ineinander übergehen und die sich mit so einer straffen Organisation gar anfreunden können – und auch nicht müssen.

Wer große Probleme mit dem Aufschieben hat, ist mit dem Buch „Schluss mit dem ständigen Aufschieben" von Hans-Werner Rückert gut beraten [Rüc11]. Sehr interessant und nicht so bequem, wie der Titel ahnen lässt, ist das „Ausredenbuch" *Mein schwacher Wille geschehe* von Harry Nutt [Nut09], in dem den Gründen für Aufschieben und Vermeiden philosophisch fundiert nachgegangen wird.

6.3 „Igelstunden"

Ein Studium erfordert Denktätigkeit, und Nachdenken braucht Zeit. Sich beim Denken zu beeilen ist sinnlos, ja, schädlich. Man kann ja auch nicht „schneller schlafen". Zügig studieren heißt nicht, sich in hohem Tempo Oberflächenwissen anzueignen, sondern sich zu konzentrieren. Und dafür braucht man einen Kopf, der frei ist: frei von negativen Selbstsuggestionen, von Versagensängsten, von Fluchtgedanken und äußerem Druck. Dafür sind freie Zeit-Räume nötig.

„Arbeiten wie die Maurer", sagen manche, sei die richtige Devise auch und gerade für Studenten. Denn wer sich einen straffen Zeitplan von 8 bis 17 Uhr macht und sich diszipliniert daran hält, kommt auch in Zeiten zurecht, in denen es schwierig wird, die Diplomarbeit vielleicht stockt oder sich Frust breit macht. So wie ein Baby einen regelmäßigen Tagesablauf und regelmäßige (nicht allzu abwechslungsreiche) Mahlzeiten braucht, profitiert auch Ihre Arbeit von gleichmäßiger Gewöhnung. Noch wichtiger erscheint mir aber eine zweite Regel: „Nutze deine guten Stunden!" Suchen Sie sich feste Zeiten für die anspruchsvollen Aufgaben, Zeiten, in denen Sie in geistiger Höchstform sind. Ich nenne diese Zeiten „Igelstunden", weil der Rest der Welt in dieser Zeit von Ihnen nur abwehrende Stacheln sieht: Sie schirmen sich von der Welt ab und konzentrieren sich voll auf Ihr Studium. Wie viele Stunden das genau sind, hängt von der Phase des Studiums ab. Wenn Sie viele Veranstaltungen haben und oft Arbeitsgruppen und andere Treffen besuchen, bleiben vielleicht nur zwei Igelstunden am Tag übrig, vielleicht sogar nur dreimal in der Woche. In der Phase der Abschlussarbeit oder während einer Prüfungsvorbereitung können es sechs Stunden am Tag sein.

Wenn Sie neuen Stoff bearbeiten, eine eigene Arbeit anfertigen oder für eine schwierige Prüfung lernen, müssen Sie nicht mehr als sechs Stunden veranschlagen, in denen Sie sich diesen Aufgaben widmen, denn für mehr reicht die geistige Aufnahmefähigkeit sowieso nicht. Das heißt aber: Wirklich nur dieses tun. Also: keine E-Mail abfragen, nicht telefonieren, nicht einkaufen, auch nicht Unterlagen sortieren oder Bücher aus der Bücherei abholen, nicht einmal die Formatierungen für Ihre Seminararbeit aussuchen oder das Literaturverzeichnis aufstellen. Schieben Sie alle Aufgaben, die nicht 100% Ihrer geistigen Leistung erfordern, auf andere Zeiten. Zu welcher Tageszeit Sie sich am besten konzentrieren können, wissen Sie wahrscheinlich schon selbst. Allgemein geht man davon aus, dass es täglich zwei gute Phasen gibt, eine am Vormittag und eine am Nachmittag, wobei am Vormittag die Leistungskurve den stärkeren Anstieg hat. „Eine

Viertelstunde am Vormittag ist eine Stunde am Nachmittag": Sie haben sicher auch schon die Erfahrung gemacht, dass alles viel leichter von der Hand geht, wenn man ausgeruht ist, während spät am Abend eine einfache Dreisatzaufgabe oder ein unaufgeräumter Schreibtisch zu schier unüberwindbaren Hindernissen anwachsen. Nur wenige Menschen sind so ausgeprägte Nachteulen, dass sie erst am späten Nachmittag „funktionieren", dafür aber bis weit nach Mitternacht fit sind.

Es ist immer wieder tröstlich zu wissen, dass die Leistungsfähigkeit sich nach einer Ruhephase wieder einstellt. Selbst wenn man nicht gerade so müde ist, dass man schlafen muss, so ist es doch ein Irrglaube zu meinen, mit „genügend Zeit" ließe sich alles bewältigen. Es ist das, was man in der Kindererziehung „quality time" nennt: Es kommt weniger darauf an, wie viel Zeit man mit seinen Kindern verbringt, als darauf, wie viel Zuwendung die Kinder in dieser Zeit erhalten. Das Gelingen einer Seminararbeit hängt gleichfalls nicht so sehr von der aufgewandten Zeitspanne ab, sondern von der Qualität dieser Zeit: Haben Sie an drei Abenden je drei Stunden bei Bier und Chips an Ihrem Notebook gesessen oder haben Sie an vier Vormittagen je zwei Stunden auf Lektüre, Konzeption, Ausarbeitung und den letzten Schliff verwandt – in dieser Reihenfolge und unter Einsatz Ihrer ganzen Konzentration?

So können Ihre Igelstunden von 10–13 und von 15–18 Uhr stattfinden. Sie sollten diese Zeiten so wichtig nehmen, dass es Ihnen körperlich weh tut, in diesen Stunden gestört zu werden. Wenn Sie vorhaben, eine wichtige Arbeit zu lesen, machen Sie Ihren Computer aus und schalten Sie ihn auch sonst nur dann ein, wenn Sie ihn unbedingt benötigen. Teilen Sie Ihren Mitbewohnern mit, dass Sie nicht gestört werden wollen, und wenn Sie häufig angerufen werden, unterbinden Sie auch dies – schließlich gibt es genügend Möglichkeiten, Nachrichten zu hinterlassen, Sie verpassen schon nichts.

Wenn Sie sich in dieser Weise voll und ganz auf Ihre Aufgaben konzentrieren, statt zwischen verschiedenen wichtigen und weniger wichtigen Tätigkeiten hin- und herspringen, haben

Sie am Abend ganz bestimmt nicht das Gefühl, zu wenig getan zu haben. Und dann bleibt auch noch Zeit, um organisatorische Dinge zu erledigen, einzukaufen, Sport zu treiben, sozialen oder politischen Aktivitäten nachzugehen und sich zu amüsieren. Achten Sie darauf, Ihre geistige Leistungsfähigkeit zu erhalten, indem Sie Ihrem Gehirn genügend Gelegenheit geben „auszulüften". Wenn Sie sich überarbeiten, machen Sie schlapp und bekommen Kopfweh. Dasselbe gilt, wenn Sie zu wenig geschlafen haben.

6.4 Vorsicht Denkfallen

Gerade bei längeren Arbeiten geht die Zeitplanung oft mächtig schief. Im Kern beruht diese Fehlplanung meist auf der dramatischen Unterschätzung einiger Arbeitsschritte, am fortgesetzten Aufschub wichtiger Aufgaben und daran, dass man Unvorhergesehenes nicht einplanen kann und will.

- **Die lineare Extrapolation**

  - *Denkmuster*: „Diesen Abschnitt habe ich in einer Woche fertig gestellt. Das waren zehn Seiten. Wenn ich jede Woche zehn Seiten schreibe, bin ich in 10 Wochen fertig."
  - *Problem*: Im nächsten Abschnitt tritt ein Problem auf und das erfordert eine Umstrukturierung, neue Literaturrecherche oder Revision des Vorhergehenden.
  - *Abhilfe*: Ganzheitlich denken. Erst eine Gliederung aufstellen und alle Vorarbeiten abschließen, dann an die Feinarbeiten gehen. Puffer für Unvorhergesehenes einplanen.

- **Die Wenn-ich-das-geschafft-habe-Falle**

  - *Denkmuster*: „Das Problem ist, eine klare Aussage über X zu machen. Das muss ich lösen, das ist die Hauptsache."
  - *Problem*: Nachdem das Problem X gelöst ist, taucht das Problem Y auf, das vorher ganz einfach und nebensächlich

aussah. Nachdem die inhaltlichen Probleme geklärt sind, tauchen banale Schwierigkeiten auf: Die Textverarbeitung klappt nicht so wie vorgesehen, Sie brauchen einen neuen Drucker, eine andere Arbeit kommt Ihnen dazwischen.

– *Abhilfe*: „Randprobleme" nicht bagatellisieren, weder technische Probleme noch bekannte persönliche Schwächen wie Formulierungsschwierigkeiten oder Prüfungsangst.

- **Die Was-kann-ich-dafür-Falle**

  – *Denkmuster*: „Alle anderen sind schuld, dass ich nicht fertig werde – nur ich nicht." Die Professorin hat ein Forschungsfreisemester und ist in Brasilien. Der Assistent hat keine Ahnung. Das Rechenzentrum reagiert nicht auf meine Anfragen. Meine Oma hat ihren Achtzigsten gefeiert.

  – *Problem*: Leute, die so reden, gehen nicht nur ihren Mitmenschen auf die Nerven – sie stehen sich vor allem selbst im Weg. Wie soll man eine Lösung finden, wenn man selbst ja „gar nichts ändern" kann?

  – *Abhilfe*: Hat die Professorin vielleicht E-Mail? Gibt es einen fachkundigen Menschen an einer anderen Universität? Gibt es vielleicht eine Möglichkeit, die Jubilarin zu feiern, ohne dafür drei Wochen lang nonstop Vorbereitungen zu treffen? Es gibt immer wieder Ereignisse, die Sie bremsen. Drehen Sie es immer positiv: Was können Sie tun, um dennoch zum Abschluss zu kommen? So kommen Sie auf jeden Fall weiter, als wenn Sie immer nur andere verantwortlich machen.

- **Die Nur-noch-Falle**

  – *Denkmuster*: „Eigentlich habe ich meine Arbeit schon fertig, ich muss nur noch aufschreiben. Achso, ja, da sind noch ein paar Daten auszuwerten und dann muss ich noch ein bisschen Literaturrecherche machen."

  – *Problem*: Das „Bisschen" dauerte dann noch ein Jahr. Die Formulierung „eigentlich nur noch" verkennt die Mühsal, die es kostet, eine Erkenntnis in eine Form zu übertragen, die anderen zugänglich ist. Vielleicht hatten Sie schon einmal das Gefühl, dass Sie ein Buch, das Sie gelesen haben, eigentlich auch selbst hätten schreiben können. Der entscheidende Unterschied: Sie haben nicht. Es zählt nicht, dass Sie all die Gedanken schon vorher hatten. Es ist ein langer Weg von der Idee bis zum Produkt. Wer im „nur-noch"-Schema denkt, programmiert den Frust, das lehrt die Erfahrung immer wieder.

– *Abhilfe*: Die Formulierung aus dem Repertoire der Äußerungen streichen und ersetzen durch positive Sätze, die Ihre Arbeit nicht kleinreden: „Ich bin gerade dabei, die Daten auszuwerten, dann muss ich noch einmal in die Literatur schauen. Danach werde ich mich ans Aufschreiben machen." Das hilft, realistischer zu planen.

In ähnlicher Weise könnte man für die Wendungen „eigentlich nur . . ." und „im Prinzip ganz einfach" verfahren. Das Prinzip verstanden zu haben ist gut und schön – aber nur ein Teil der Arbeit.

„Aus Fehlern lernen? Das muss nicht sein!" überschreibt Dietrich Dörner ein Kapitel seines Buches *Die Logik des Misslingens* [Dör03]. Wer nicht glaubt, dass so viel schiefgeht, wie Murphys Gesetz das konstatiert (nämlich alles, was schiefgehen *kann*), dem sei dieses Buch als Lektüre empfohlen. Fehlplanungen sind nichts, was nur Einzelnen passiert; Denkfallen bestimmen auch politische und wirtschaftliche Entscheidungen mit und können katastrophale Folgen haben. Das soll Sie nicht erschrecken und auch nicht davon abhalten, Pläne zu machen. Aber diese sollten immer einen Sicherheitspuffer haben. Wenn Sie den nachher nicht brauchen, um so besser.

6.5 Zeitmanagement: Hilft es wirklich?

Wenn Sie es schaffen, sich Ihre Studierstunden fest einzuplanen, ergibt sich die übrige Zeitplanung fast von selbst. Sie müssen nicht als Extrafach „Zeitmanagement" belegen, denn Sie haben während des Studiums nicht so viele verschiedene Aufgaben wie ein Geschäftsführer. Unangemeldete Besucher, unmotivierte Mitarbeiter oder drängelige Kunden sind im Studium nicht das Problem. Viele Zeitmanagement-Ratgeber legen nahe, dass nahezu alle Schwierigkeiten sich mit einer geschickten Zielorientierung und Planung lösen lassen. Ängste, Süchte oder neurotische Verhaltensweisen kann man aber nicht „ausplanen". Gerade die bei Studierenden oftmals chronische Aufschieberitis kann man nicht mit dem Terminkalender heilen, weil sich dahinter meist ganz andere Probleme verbergen. Zeitmanagement-Literatur finden Sie in jedem Buchladen reichlich, doch lohnt es sich, sich auch mit der Kritik am Zeitmanagement zu befassen, z. B. der von Karlheinz Geißler, Experte in Sachen „Zeit" und „Bildung". Er betont, dass sich Denken und Verstehen nicht „beschleunigen" lassen und warnt vor einem Umgang mit der Zeit als etwas, das man „besitzt" und „verwaltet" [Gei01]. Ausführliches zum Thema „Zeit und Wohlbefinden" und Kritisches zum Zeitmanagement findet sich in der Arbeit von Arnold Hinz [Hin00]. Aber ein paar praktische Tipps gibt es natürlich trotzdem.

Tipps zum Zeitmanagement

Masterliste
Führen Sie eine To-do-Liste, auch Masterliste genannt. Sie enthält *alle* aktuell anstehenden Aufgaben aus allen Lebensbereichen, also die Literaturrecherche zur Hausarbeit ebenso wie der Anruf bei der Oma. Dadurch wird das Gedächtnis entlastet und das Gefühl besänftigt, unendlich viel zu tun zu haben.

Terminkalender
Ein übersichtlicher Terminkalender, ob in elektronischer oder in Papierform. Täglich hineinschauen nicht verges-

sen! Der Terminkalender lässt sich mit der Masterliste verbinden.

Serienproduktion von Routineaufgaben
E-Mails in einem Schwung beantworten, Telefonate in einem Block statt über den Tag verteilt erledigen.

Prioritäten setzen
Prioritäten setzen, wenigstens in Gedanken: Was ist wichtig, was kann verschoben werden, was kann weg?

Luft einplanen
Den Terminkalender atmen lassen: Stopfen Sie sich den Tag nicht zu voll, denn nur eins ist vorhersehbar: Es wird etwas Unvorhersehbares geschehen. Gerade wenn es mal so richtig gut läuft, wünscht man sich, etwas mehr Freiräume zu haben.

Die richtigen Kanäle wählen
Wenn Sie eine rasche Auskunft brauchen oder kurzfristig Verabredungen treffen wollen, ist es am besten, zu telefonieren. Ist der Gesprächspartner schwer zu erreichen, ist eine E-Mail günstiger. Manchmal ist der Gang zum Briefkasten zeitsparender als alle technischen Mittel auszureizen, um ein Papier in elektronische Form zu verwandeln. Wollen Sie einen Termin bei E-Mail oder SMS vereinbaren, machen Sie am besten von sich aus einen Vorschlag, das kann das Hin und Her deutlich abkürzen.

Die Geräte arbeiten lassen
Schauen Sie Ihren Geräten nicht beim Arbeiten zu. Während der Drucker läuft, können Sie auch etwas anderes tun.

Nicht lamentieren
Es ist erstaunlich, wie viel Zeit Leute, die behaupten, keine Zeit zu haben, dafür aufwenden, darüber zu lamentieren, dass sie ja so im Stress sind. Reine Zeitverschwendung!

Die erwähnte Masterliste ist ein Hilfsmittel, um zu entscheiden, was wann getan werden sollte, aber genau dies erfordert genaue Überlegung.

Fragen an die Masterliste

Alle Aufgaben, die auf Ihrer Masterliste sollen, sollten zuerst dem folgenden Check unterzogen werden:

- *Muss das* wirklich *getan werden?*
  Vielleicht entpuppt die Aufgabe sich bei näherem Hinsehen als überflüssig. Im Grunde müssen Sie noch nicht einmal in die Vorlesung gehen, wenn es ein Skriptum gibt und Sie den Stoff bereits ein wenig kennen und nicht allzu schwer finden. Es macht auch nicht viel Sinn, in einer Veranstaltung zu sitzen, deren Inhalte man nicht braucht, die einen fachlich nicht interessiert und in der man sowieso nichts versteht. Studenten sollten in diesem Punkt ruhig etwas mutiger und konsequenter sein. Sie sollten diesen Wagemut nur nicht gleich in den ersten Semesterwochen entfalten, schon gar nicht in Ihrem ersten Semester.
- *Was passiert, wenn ich das nicht tue?*
  Was passiert, wenn ich eine Verabredung absage, auf die ich keine Lust habe? Wenn ich das Telefon heute mal ungehört schellen lasse? Die Konsequenzen des Nichttuns sind oft gar nicht so schrecklich, dass man nicht einmal sagen könnte: Lasse ich das! Aber man muss auch langfristig denken. Oftmals passiert unmittelbar nämlich gar nichts, und das ist der Grund, warum so viele Dinge verschleppt werden. Die Routinekontrolle beim Zahnarzt kann man vergessen, ohne dass ein Strafgericht droht, aber die Konsequenzen können schmerzhaft sein. Wenn ich das Seminar schwänze, kommt auch nicht gleich die Polizei ins Haus, aber ich riskiere vielleicht meinen Schein.

- *Muss ich das jetzt (heute/diese Woche noch) tun?*
Zum Friseur kann ich auch noch nächste Woche. Aber auch dies ist eine gefährliche Frage, denn: Nein, ich muss die Seminararbeit nicht heute fertig stellen, ich muss noch nicht anfangen, für die Prüfung zu lernen. Aber besser wäre es. Am besten ist es, die Vorbereitung der Seminararbeit in kleinere Abschnitte einzuteilen und diese Abschnitte auf verschiedene Tage aufzuteilen. Dann stellt sich die Frage nicht mehr in dieser Form. Für andere Aufgaben jedoch schon: Ich muss die eingehende E-Mail nicht sofort beantworten, ich kann das Geschirr spülen, wenn es sich richtig lohnt, ich kann die leere Tonerpatrone auch eine Weile liegen lassen, bevor ich sie bei einer passenden Gelegenheit dem Recycling übergebe. Andererseits können einem unerledigte Aufgaben bleischwer auf der Seele liegen und die Leistungsfähigkeit schwächen. Dann lautet die Antwort: Ja, das muss ich heute tun. Am besten jetzt gleich.
- *Muss* ich *das tun?* Da Sie keine Untergebenen haben, stehen Ihnen keine Heinzelmännchen zur Verfügung, die Ihnen Abwasch und Einkauf abnehmen. Sobald Sie delegieren, strapazieren Sie das Zeitkontingent anderer, und es ist nur logisch, dass auch Sie dann einmal Aufgaben für andere übernehmen müssen – auch wenn das vielleicht gerade nicht so passt. Dieser Aspekt wird bei dem großzügig ausgeteilten Rat, möglichst viel zu delegieren, gern übersehen. Im Übrigen bringen Sie ruhig den Müll herunter, statt sich immerzu zu ärgern und zu warten, bis sich jemand anders erbarmt. Erstens kann das lange dauern, zweitens schadet ein bisschen Bewegung niemals. Es gibt natürlich auch Dinge, die Sie nicht tun müssen oder bei denen Sie anderen klar machen müssen, dass Sie als Studentin oder Student nicht beliebig viel Zeit haben, etwa um die Kinder Ihrer Schwester zu beaufsichtigen, das Netzwerk bei Ihrem Onkel zu konfigurieren oder die schadhaften Dachziegeln am Haus Ihrer Großtante auszuwechseln. Vielleicht können Ihre Verwandten ja auch jemand anders

engagieren. Auf Dauer müssen Sie sich jedenfalls gegen derlei Vereinnahmungen wehren, zumal wenn damit einseitig Ihr Zeitkonto belastet wird.

- *Wozu ist das gut?* Der Termin beim Zahnarzt ist gut, weil ich damit verhindere, dass meine Zähne unbemerkt schadhaft werden und möglicherweise genau dann ein Notfall eintritt, wenn ich einen wichtigen Termin habe. Die Seminararbeit brauche ich für den Schein. Wenn ich dagegen überhaupt nicht weiß, was mir die Sache nutzt, dann muss ich überlegen, warum ich mich anstrengen soll. Oder *will* ich mich anstrengen? Das ständige Denken in Kosten-Nutzen-Faktoren kann bis zum Verfolgungswahn betrieben werden. Hier gilt es abzuwägen zwischen dem, was einem wichtig ist und dem, was, bei näherem Hinsehen, tatsächlich nur belastend ist.

Aufgaben, die unwiderruflich auf Ihrer Liste stehen, sollten Sie auf die folgenden Punkte hin abklopfen:

- *Wie viel Energie brauche ich dafür?*
  Für den Grundlagenartikel brauchen Sie viel Energie – legen Sie die Lektüre in eine definierte Igelstunde, auf die Sie sich seelisch vorher einstellen können. Wenn Sie extrem unausgeschlafen, vergrippt oder voller Kummer sind, ist der Frust bei einer schwierigen Aufgabe unausweichlich. Haben Sie Vertrauen: Die Energie kommt schneller zurück, wenn Sie sich erholen, als wenn Sie sich zwingen, mehr schlecht als recht zu arbeiten. Für weniger anspruchsvolle Aufgaben wie die Formatierung Ihrer Arbeit brauchen Sie keine geistigen Hochleistungsphasen, und meist hat man in kreativen Phasen zu diesen Dingen auch keine Lust. Das gilt auch für Sortierarbeiten und Ähnliches. Rechnen Sie damit, dass Ihre Energie nach einiger Zeit nachlässt und nehmen Sie sich für einen Tag nicht zu viel vor. Dies ist noch ein entscheidender Grund dafür, nicht auf den letzten Drücker zu arbeiten: Sie haben dann keine Möglichkeit, Erholungsphasen einzulegen.

- *Wann kann ich das am besten machen?*
Schonen Sie Ihre geistigen Kapazitäten und vergeuden Sie nicht zu viel wertvollen Grips auf Dinge, die Sie auch nach drei Gläsern Bier noch voll im Griff haben. Legen Sie das Telefongespräch mit Ihrer Großmutter in eine Erholungsphase am Mittag statt sie morgens anzurufen (und dann natürlich unter dem Hinweis auf den großen Stress, unter dem Sie stehen – es macht besonders Spaß, von Leuten angerufen zu werden, die gar keine Zeit zum Telefonieren haben). Einen komplizierten Artikel zu lesen, über den Sie in Kürze referieren wollen, ist keine Tätigkeit, die man am Sonntag beim Elternbesuch zwischen Schweinebraten und Pflaumenkuchen erledigt. Sie fangen am Montag dann sowieso bei Null an – und der Sonntag ist auch im Eimer.
- *Bis wann muss das erledigt sein?*
Schreiben Sie einen Termin zu Ihren Aufgaben. Aufgaben ohne *Deadline* werden verschleppt oder vergessen. Die größeren Aufgaben müssen in Phasen eingeteilt werden, die man sinnvollerweise vom Abgabetermin aus plant, also rückwärts. Dabei müssen Sie Puffer einplanen, denn nicht immer kann man seinen Zeitplan einhalten, aus vielerlei Gründen. Insbesondere: Planen Sie nicht bis zum Abgabetermin oder Prüfungstag – Ihre Planung hört mehrere Tage vorher auf.
- *Was hält mich davon ab?*
Damit die Aufgabenliste erfolgreich abgearbeitet werden kann, muss man sich stets auch klar machen, wo die Schwierigkeiten liegen könnten. Was ist lästig oder furchteinflößend, so dass es mich daran hindert, diesen Job zu erledigen? Wie kann ich diesem Widerwillen begegnen? Die Aufgaben, die am längsten auf der Masterliste stehen, sind häufig mit solchen Hemmschwellen behaftet. Sei es, weil sie so eine lange Anlaufzeit benötigen, irgendwie überflüssig erscheinen oder mit Unannehmlichkeiten verbunden sind. Es gibt nur zwei Möglichkeit, diese Aufgaben loszuwerden: streichen oder endlich erledigen.

6.6 Prioritäten und offene Wünsche

Eine häufige Empfehlung lautet, die anstehenden Aufgaben mit
Prioritäten zu versehen Besonders beliebt ist die ABC-Analyse
und das Unterscheiden von Wichtigem und Dringendem. Die
ABC-Analyse klassifiziert die anstehenden Aufgaben als sehr,
mittelmäßig oder weniger wichtig. Wichtige und dringende Aufgaben müssen sofort erledigt werden (die Vorbereitung für den
Seminarvortrag am nächsten Tag), wichtige, aber nicht tages-
dringende Aufgaben sollten auf einen festen Termin geschoben
werden (die Englischkenntnisse reichen nicht für die Fachliteratur – ich muss einen Kurs belegen), weniger wichtige Dinge
werden nicht oder später erledigt (das Telefon klingelt und ich
weiß, es ist nichts Weltbewegendes). Und dann sind da natürlich
auch noch die Aufgaben, die weder wichtig noch dringend sind
und in den Papierkorb gehören.
  Wenn von Wichtigkeit die Rede ist, muss man sich immer
fragen: Wofür wichtig – und wichtig im Vergleich zu was? Wichtig ist vieles! Erst wenn Ziele sich gegenseitig Konkurrenz machen, weil man nun einmal nicht alles zugleich tun kann, wird
klar, was wirklich Vorrang hat. Ist es mir wichtiger, meine beste
Freundin in ihrem Liebeskummer zu trösten oder die Folien für
meinen nahenden Seminarvortrag schön zu gestalten? Gehe ich
zur Vorlesung oder bringe ich den röchelnden Hund meiner Eltern zum Tierarzt? Bereite ich mich auf das Praktikum vor oder
ist es wichtiger, mir ein Diplomarbeitsthema zu suchen? Dieses
Abwägen ist ein höchst dynamischer Prozess. Die Kunst besteht
darin, das Fernziel Studienabschluss im Auge zu behalten und
dennoch mit den Unwägbarkeiten des Alltags, den vielen kleinen Schritten auf dem langen Weg zurechtzukommen und das zu
tun, was einem sonst noch wichtig ist. Nicht alles lässt sich als
„Ziel" definieren. Lebensfreude, die Pflege von Freundschaften
und Hobbys, Sport: Man muss sich schon ziemlich verbiegen,
um diese Tätigkeiten als Schritte zu einem Ziel aufzufassen.
  Wie detailliert man mit der Buchhaltung seiner Aufgaben umgehen möchte, ist Geschmacksache und hängt auch davon ab,

wie viele verschiedene Aufgaben man zu bewältigen hat (und
was Unverhergesehenes passiert ist). Wenn nur acht Aufgaben
aktuell sind, ist es ein überflüssiger Aufwand, diese nun alle
genauestens zu analysieren. Dann ist es nur wichtig, Erledigtes
zu streichen, Neues auch wirklich aufzunehmen und hin und
wieder (nicht täglich) eine neue Liste zu machen.

Gern wird das Argument, man müsse Prioritäten setzen, ein-
gesetzt, um andere zu überzeugen, dass die Zeit doch irgendwie
immer reicht, wenn man nur will. Damit begegnet man auch dem
Argument „Ich habe keine Zeit", was nämlich allzu oft nur ei-
ne höfliche Umschreibung von „Ich habe dazu keine Lust" ist.
Aber niemand hat Kraft für beliebig viele Projekte. Sie müssen
nicht jedem genau auseinanderlegen, warum Sie an bestimmten
Aktivitäten nicht teilnehmen. Akzeptieren Sie die Begründung
„Ich habe keine Zeit" bei anderen, auch wenn Sie dahinter kein
Zeitproblem vermuten.

Vielleicht haben Sie im Verlauf Ihres Studiums manchmal das
Gefühl „zu nichts" Zeit zu haben. Wenn man von all den Pflichten erschlagen zu werden droht, sollte man sich kleine Erho-
lungsinseln schaffen. Schreiben Sie außer Ihrer Masterliste auch
eine Wunschliste mit Dingen, die Ihnen fortzulaufen scheinen.
In allzu emsigen Arbeitsphasen beschleicht mich manchmal das
Gefühl, den Wechsel der Jahreszeiten zu verpassen. Dann ist ein
ausgedehnter Waldspaziergang dringend fällig. Wenn es Ihnen
ähnlich geht, schreiben Sie Ihr Vorhaben auf eine Wunschliste.
In dem Moment, in dem Sie es niederschreiben, wird aus der oftmals nur sehr vage empfundenen Unzufriedenheit ein konkretes
Vorhaben. Sie werden sehen, dass es gar nicht so schwierig ist,
sich hin und wieder ein paar schöne Stunden zu machen, auch
wenn man fleißig studiert. Man muss ja nicht alles auf einmal
machen. Und ein Blick auf die Wunschliste bietet Ihnen auch die
Belohnung an für den Fall, dass Sie eine Woche lang sehr intensiv gearbeitet haben und sich am Wochenende etwas gönnen
wollen.

6.7 Aufschieben und Aufschieberitis

Manchmal ist es völlig in Ordnung und sogar ratsam, etwas aufzuschieben. Wer sich immer nur auf die aktuellen Aufgaben konzentriert, verliert die langfristigen Projekte aus dem Blick. Manche Leute brauchen die Zeitnot, um sich zu aktivieren. Wenn sie verreisen wollen, packen sie ihren Koffer erst kurz vor der Abfahrt – dann geht es nämlich am schnellsten. Andere stellen sich den Koffer schon eine Woche vorher hin und überlegen lange und gründlich, was sie am besten mitnehmen. Jeden Tag wird ein Teil gepackt (und immer wieder stolpert man über den Koffer), bis schließlich kurz vor der Abfahrt doch noch die Hektik ausbricht. Zeitbedarf verhält sich „gasförmig": Er dehnt sich soweit aus, wie man es ihm erlaubt.

Die Frage ist nur: Wessen Koffer ist besser gepackt? Ist es überhaupt wichtig, wie gut der Koffer gepackt war? Das lässt sich nicht allgemein beantworten, denn wenn man ein paar Tage zu seinen Eltern fährt, kann man sich Zahnpasta und Föhn ausleihen. In der einsamen Berghütte ist das nicht so einfach; wenn man vergisst, Streichhölzer und Heftpflaster mitzunehmen, kann es kritisch werden. Es ist die omnipräsente Frage „Was ist mir wichtig?", an der sich die Frist misst, innerhalb derer Aufschieben erlaubt ist. Ohne *Deadline*, den „Redaktionsschluss", sollte man erst gar keine Aufgabe formulieren, aber anders als bei der Zeitung müssen Sie im Studium etwas weiter als bis zum nächsten Tag denken.

Disziplin lässt sich nicht delegieren, auch nicht an den Terminkalender. Wer immer nur nach einer Extra-Aufforderung beginnt zu arbeiten, hat im Studium generell schlechte Karten, es sei denn, es gelingt ihm, jemand anders als „Kindermädchen" zu engagieren (undankbarer Job). Wenn man sich nur oft genug vorsagt, man könne nur „unter Druck" arbeiten, glaubt man es irgendwann selbst. Man macht sich mit dieser Denkschablone aber abhängig und unfrei.

Starker Zeitdruck macht panisch. Als Experiment empfehle ich einen Wettbewerb im Schleifenschnellbinden. Arbeiten unter Zeitdruck will gelernt sein. Er gehört zum Beruf der Journalisten, Notärzte und Feuerwehrleute. Andererseits: Die komplizierte Operation will gut geplant, der Rettungseinsatz muss zweckmäßig konzipiert werden, sorgfältige Recherche braucht ihre Zeit. Eine wissenschaftliche Arbeit kann man auch mit viel Routine nicht so schnell zusammenschustern wie den Bericht über den Abschlussball der Abiturienten, der im Lokalteil erscheint.

Aufschieben und sich dann beeilen ist die denkbar schlechteste Lösung, wenn man eine Seminararbeit vorbereitet oder für eine Prüfung lernt, und die meisten Studierenden wissen das auch. Wenn dennoch immer wieder aufgeschoben wird, haben wahrscheinlich Angst und Unlust gesiegt – siehe Kap. 5.

Die beste Waffe gegen das Aufschieben ist die Routine. Wenn ich bestimmte Dinge zu festen Zeiten mache – und das betrifft auch das Wäschewaschen und Staubsaugen – wird der Aufwand, den das Sich-Aufraffen mit sich bringt, minimiert. Solche Routinen schleifen sich ein. Ein bisschen Geduld müssen Sie aber schon haben.

Volkshochschulen und Studienberatungen bieten oftmals Kurse für Personen an, die mit dem Aufschieben Probleme haben. Wenn sie merken, dass Sie es nicht allein in den Griff bekommen, sollten Sie ein solches Angebot nutzen.

6.8 „Kleine Minuten"

Unter „kleinen Minuten" versteht man die kurzen Zeiten, in denen man einen Leerlauf hat. Man kann zwischendurch, zum Beispiel im Bus, in einer schöpferischen Pause oder während man auf die nächste Vorlesung wartet, eine Menge erledigen, zum Beispiel das Notizbuch durchforsten, den Terminkalender aktualisieren, die Literaturliste überarbeiten oder jemanden anrufen. Auch einen Knopf kann man unterwegs annähen, ein kleines Nähetui lässt sich überall verstauen. Lehrreich ist es, einmal

zu stoppen, wie lange man für Tätigkeiten braucht, die man als
lästig empfindet und gerne aufschiebt, beispielsweise Spülen,
den Müll heruntertragen oder den Schreibtisch aufräumen. Vieles geht so schnell, dass es im Grunde Zeitverschwendung ist,
überhaupt darüber nachzudenken, ob man es jetzt oder später tut.
Andererseits summieren sich gerade kleine Tätigkeiten schnell
zu einem verbummelten Vormittag.

Wie bei vielen anderen Empfehlungen zum Zeitmanagement
gilt auch der gegenteilige Rat: Stopfen Sie sich nicht jede Minute
voll. Man kann auch einmal nichts tun und das Leben genießen.
Viele Menschen haben das leider schon verlernt.

6.9 Ordnung ist das halbe Leben – oder?

> *So sehr wir es auch in Ordnung zu bringen*
> *versuchen: Wir können plötzlich sterben, ein*
> *Bein verlieren oder ein Glas Apfelmus fallen*
> *lassen.*
> *– NATALIE GOLDBERG*

Bücher mit dem Tenor „Werfen Sie den überflüssigen Krempel
aus dem Haus" haben derzeit Hochkonjunktur. Mir sagte einmal ein Student, er habe die Unterlagen von seinem geplanten
Seminarvortrag bereits entsorgt, man müsse ja den Überblick
behalten. Hoppla, so war das nicht gemeint. Der Vortrag hätte
durchaus noch was werden können.

Es käme mir unehrlich vor, an dieser Stelle zu empfehlen, seinen Schreibtisch stets leer zu halten, allen Plunder aus der Wohnung zu entfernen und in Zeiten großer Belastung erst mal innezuhalten und aufzuräumen. Es ist auch nicht notwendig, denn
unter dem Stichwort *Leertischler* finden Sie im WWW genügend
Anbieter, die Ihnen mit geradezu missionarischem Eifer helfen
wollen, vom Voll- zum Leertischler zu werden. Aber nicht nur
in meinem Arbeitszimmer sieht es oft ziemlich chaotisch aus,
ich kenne die hohen Stapel und vollen Ablageflächen auch von
anderen – und durchaus erfolgreichen – Leuten. Ich kannte einen

Single, der nicht weniger als fünf Thermoskannen besaß und der geschirrtechnisch nicht in Not geriet, wenn mehr als 12 Personen bei ihm essen wollten.

Gerade in der Studienzeit muss man viel improvisieren: Wer nur einen Tisch hat, muss den eben sowohl zum Essen als auch zum Arbeiten benutzen und für ein raffiniertes Ablagesystem reichen die Ressourcen auch nicht immer. Man hat nicht immer den Platz zur Verfügung, den man gern hätte. Wenn man sich diese Mängel stets vor Augen führt, stellt man sich selbst ein Bein. Übertriebene Ordnungsliebe ist ein Zeiträuber, ein gewisses Maß an Chaos-Toleranz dagegen durchaus nützlich. Das Ausmaß dieser Toleranz ist individuell unterschiedlich.

Handlungsbedarf besteht, wenn

- amtliche Unterlagen verloren gehen, weil sie aus Versehen zwischen die Tageszeitung geraten und dann im Altpapier gelandet sind – das macht demütigende Behördengänge erforderlich;
- Termine nicht eingehalten werden, weil man sie auf irgendwelchen Zettelchen notiert und diese Zettelchen dann „verkramt" hat – das hinterlässt keinen guten Eindruck beim Hochschulpersonal;
- man nicht in der Lage ist, seinen Arbeitsplatz (am Schreibtisch oder am Computer) einzunehmen, weil alles „zugemüllt" ist – das hält massiv vom Studium ab;
- man seine Studienunterlagen nicht beisammen hat und so beim Lernen und beim Anfertigen seiner Diplomarbeit ernsthaft behindert ist – mit der Sucharbeit vergeht Zeit und die Lust am Studium auch;
- sich die Mahnungen aus der Bibliothek stapeln, man die Bücher aber nicht wiederfindet – das geht ins Geld;
- die Unordnung so an den Nerven zerrt, dass man nicht mehr arbeiten kann – das führt zu Wutanfällen und Arbeitsverweigerung.

Sollte Ihre persönliche Schmerzgrenze überschritten sein, hilft nur Aufräumen und ein System, mit dem künftiges Chaos im Rahmen bleibt. Auch dazu ein paar Tipps:

- Nicht zu viel heften. Die Hemmschwelle, etwas abzuheften, ist höher, als ein Blatt rasch in einen Hängeordner fallen zu lassen oder ein Ablagefach zu schieben. Auch in einer Unterschriftenmappe kann man Rechnungen und dergleichen gut handhaben.
- Projektbezogene Kisten packen, in unterschiedlichen Farben. Blaue Kiste – Prüfung Physik. Rote Kiste: Examensarbeit.
- Auffallende und hübsche Beschriftungen verwenden, insbesondere verschiedene Farben, das beschleunigt Suchvorgänge.
- Die erwähnte Masterliste verwenden, nicht zu viele Zettelchen.
- Feste Plätze definieren. Ein bestimmter Haken für den Hausschlüssel, die Schere gehört auf den Schreibtisch und wird nach jedem auswärtigen Gebrauch zurückgebracht. Reservieren Sie einen Korb oder ein Regalbrett für ausgeliehene Bücher, ein Eckchen in der Nähe der Tür für die Post, die Sie mitnehmen müssen.
- Wenn es allzu schlimm aussieht, einen großen Korb oder Karton nehmen und alles, was herumliegt, a) hineinpacken, b) sofort an seinen Bestimmungsort bringen oder c) wegwerfen. Vorteil: Es kann zeitnah gestaubsaugt werden. Die Kiste dann später einem genaueren Check unterziehen. Steht sie wochenlang unberührt, enthält sie wahrscheinlich vorwiegend Sachen, die Sie nicht vermissen. Achtung: Ihr Studienbuch müssen Sie aufheben!
- Wem das Aufräumen gar zu langweilig ist, der kann dabei Musik oder ein Hörbuch hören oder auch fernsehen. Auch beim Telefonieren kann man aufräumen, wenn nicht gerade komplizierte Dinge verhandelt werden, die erhöhte Konzentration erfordern.

Ordnung kann man nicht auf einmal schaffen und dann für alle Zeit genießen, man kann sie nur halten, das heißt, das Chaos bezähmen, ständig. Der Weg dahin sind gute Gewohnheiten, die man im Grunde alle schon im Kindergarten gelernt hat (oder gelernt haben sollte): die Jacke auf den Haken und jedes Spiel nach Gebrauch sofort wegräumen. Diese Vorgänge müssen aber so eingeschliffen sein, dass der Schlüssel auch dann auf seinem Platz landet, wenn man beim Reinkommen an eine kniffelige Problemstellung aus der Masterarbeit denkt oder sich über ein Foto ärgert, das man bei Facebook gesehen hat.

Eine nützliche Regel lautet: Wenn man etwas nach längerem Suchen gefunden hat, sollte man es hinterher dorthin verstauen, wo man zuerst danach gesucht hat. Denn dort gehört es (meistens) hin. Einige Plätze sind weniger geeignet als andere; manche ergeben sich einfach aus Gewohnheit. Ist der Haken für die Jacke zu schlecht zu erreichen? Kein Wunder, dass sie dann immer auf dem Stuhl landet!

Mappen mit der Aufschrift „Aktuell", „Dringend" oder „Korrespondenz" verstauben meist nach einiger Zeit. „Unerledigtes" stand auch auf einer Mappe, die ich bei einer verstorbenen Tante fand. Sie enthielt natürlich keinerlei aktuellen Papiere, sondern eben das, was so vor sich hin gammelt, wenn niemand Lust hat, sich darum zu kümmern.

In dem Buch von Krusche [Kru01] findet man viele gute und grundlegende Gedanken und praktische Tipps zum Thema Ordnung, ohne dass man sich (wie oft in Büchern dieser Art) gemaßregelt fühlt. Letztendlich muss jeder für sich entscheiden, welches Maß an Ordnung er braucht.

Kapitel 7
Internet und Bücherei:
Recherchieren und Lesen

Nichts ist schwerer als Bücher!

„Lesen" ist eigentlich nicht der richtige Ausdruck für den
Umgang mit einem Fachbuch. Umberto Eco grübelt in „Wie
man eine Privatbibliothek rechtfertigt" darüber, warum Besucher

B. Messing, *Das Studium: Vom Start zum Ziel*, 2. Aufl.,   147
DOI 10.1007/978-3-642-20651-1_7,
© Springer-Verlag Berlin Heidelberg 2012

ihm immer wieder dieselben Fragen zu seinen vielen Büchern stellen.

> „So viele Bücher! Haben Sie die alle gelesen?" Zu Beginn meinte ich, der Satz entlarve nur Leute, die nicht sehr vertraut mit Büchern sind, gewöhnt, nur Wandbretter mit fünf Krimis und einem Kinderlexikon in Fortsetzungslieferungen zu sehen. Aber die Erfahrung hat mich gelehrt, dass der Satz auch von unverdächtigen Leuten geäußert wird. Man könnte sagen, dass es sich immer noch um Leute handelt, für die Regale nur Möbel zur Unterbringung gelesener Bücher sind und die keine Vorstellung von einer Bibliothek als Arbeitsmittel haben, aber das genügt nicht. Ich behaupte, dass angesichts vieler Bücher jeder von der Angst des Erkennens erfasst wird und zwangsläufig auf die Frage rekurriert, die seine Qual und seine Gewissensbisse ausdrückt.[1]

Ein Buch als Arbeitsmittel benutzen, heißt, es nicht einfach zu lesen und danach ins Regal zu stellen, sondern sich je nach Wissensstand mit den Inhalten beschäftigen und bei Bedarf darauf zurückzugreifen. Nicht umsonst spricht man vom „Handapparat" zu einem Seminar, womit man kein schnurloses Telefon meint, sondern eine Anzahl von Büchern, mit denen man arbeitet.

Die Angst und die Gewissensbisse angesichts vieler Bücher hat Umberto Eco hier beinahe noch verniedlichend beschrieben. Regalbretter voll geballten Wissens, das man selbst nicht hat, aber in den nächsten Jahren erwerben muss, um zur Abschlussprüfung antreten zu können, sind ohne Zweifel furchteinflößend. Und dass Lesen heute auch sehr oft am PC stattfindet, macht die Übersicht eher noch schwerer. Aber wie das Sprichwort sagt: Auch eine lange Reise beginnt mit dem ersten Schritt. Und das sind bei Ihnen eine Handvoll Bücher, an die Sie in den Einführungsvorlesungen herangeführt werden.

Die Standardwerke für den Studienanfang, auf die man auch später immer wieder zurückgreift, finden Sie schnell heraus.

---

[1] Umberto Eco. Wie man mit einem Lachs verreist und andere nützliche Ratschläge. Carl Hanser Verlag, München, Wien, 1993.

Außer dass sie in den Vorlesungen genannt werden, erkennen Sie sie daran, dass sie zu Beginn Ihres Studiums in einer mindestens zweistelligen Auflage erschienen sind und mit dem Namen des Autoren bezeichnet werden. Sie heißen etwa „der Forster" oder „der Pschyrembel" und führen ein Eigenleben fernab von ihrem Autor, was man auch daran merkt, dass sie mitunter in Teil 1 und Teil 2 zerfallen. Es kann sinnvoll sein, sich diese Bücher, vielleicht auch gebraucht, zu kaufen. Dann hat man sie immer parat, kann darin herumkritzeln, so viel man möchte, und hat vor allem eine Gedankenstütze auch dann, wenn man schon lange nicht mehr mit dem Buch arbeitet. Es passiert, dass bei irgendeiner unerwarteten Gelegenheit aus dem tiefsten Dunkel des Vergessens eine Erinnerung auftaucht: „Das stand irgendwo rechts unten im X". Und dann kann es plötzlich unheimlich wichtig sein, das zerlesene Taschenbuch aus dem ersten Semester aus dem Regal ziehen und aufschlagen zu können.

7.1 Wissenschaftliche Literatur

Wenn bei Haus- Seminar- und Abschlussarbeiten die Themen spezieller werden, wird die Standardliteratur rar. Sie halten sich hier in erster Linie an das, was Ihnen Ihre Betreuer sagen. Dennoch kann es sinnvoll sein, darüber hinaus zu recherchieren.

Der überwiegende Teil wissenschaftlicher Ergebnisse wird in Aufsätzen (englisch *paper* oder *article*) dokumentiert. Diese sind in der Regel in Sammelbänden oder Zeitschriften zusammengefasst, daher bezeichnet man die einzelnen Artikel auch als „unselbstständige Literatur". Sammelbände entstehen beispielsweise im Zusammenhang mit Konferenzen, Zeitschriften dagegen erscheinen regelmäßig. Veröffentlichungen in Konferenzbänden (englisch *proceedings*) dienen der Information über aktuelle Entwicklungen; zwischen Schreiben und Publikation vergeht nicht sehr viel Zeit, oft nur ein paar Monate. Wissenschaflicher Zeitschriften haben, anders als man es aus dem

Zeitschriftenhandel am Kiosk kennt, eine lange Vorlaufzeit. Zwischen dem Zeitpunkt, an dem der Autor eine Arbeit einreicht, und der Veröffentlichung können Jahre vergehen. Zeitschriften sehen meist auch anders aus als die aus dem Kiosk (die man im Gegensatz zu ihren wissenschaftlichen Verwandten als „Publikumszeitschriften" bezeichnet), denn die Bibliotheken geben ihnen einen festen Einband. Sie sind dann als „gebundene Zeitschriften" ausgewiesen.

Oft werden einzelne Arbeiten auch institutsintern herausgegeben, als *Report* in einer Reihe, beispielsweise als „rote Reihe" bezeichnet. Diese Arbeiten erhalten Sie am Fachbereich direkt (und umsonst; oft auch online). Daneben gibt es Sonderdrucke, die Auszüge aus Zeitschriften enthalten. Ein *Preprint* ist ein Vorabdruck einer zur Veröffentlichung vorgesehenen Arbeit. Eine *Draft Version* (Entwurf) ist noch in Arbeit (wird aber gern schon ein wenig herumgezeigt).

Diese Unterscheidungen der Einzelpublikationen sind wichtig, um auszuloten, welches Gewicht einem Artikel beizumessen ist. Ein Forschungsbericht des Fachbereichs beispielsweise kann zeitnah zu den aktuellen Aktivitäten herausgegeben werden. Diese Berichte dokumentieren, was am Institut gerade so läuft. Wenn Sie in ein Projekt eingebunden sind, wird man Ihnen die entsprechenden Dokumente vermutlich ohnehin in die Hand drücken. Sie müssen aber nicht quer durch die Republik nach Reports suchen, die irgendwie mit Ihrem Thema zu tun haben. Die wichtigen Ergebnisse werden für einen größeren Leserkreis aufbereitet.

Konferenzbeiträge werden teilweise (nicht immer) begutachtet und manchmal auch zurückgewiesen. Was in einer Zeitschrift veröffentlicht ist, kann als „geprüft und für gut befunden" gelten. Wenn in einem solchen Artikel etwas dokumentiert ist, was zum engeren Thema Ihrer Masterarbeit zu rechnen ist, kommen Sie nicht drumherum, sich die Arbeit zu besorgen. In aller Regel bekommen Sie solche Arbeiten nicht umsonst im Internet. Sie können Sie eventuell als elektronische Version über Ihre

Bibliothek bekommen. Oder Sie müssen sich dort an den Kopierer stellen.

Die Artikel in Sammelbänden und Zeitschriften sind in Bibliographien nachgewiesen, die in der Regel in Datenbanken organisiert sind.

Zu den selbstständigen Werken gehören die Monographien. Eine Monographie ist ein größeres wissenschaftliches Werk zu einem festen Thema. Und dann sind da natürlich auch noch die Lehrbücher (engl. *textbook*) zu nennen. Der Lehrbuchstoff hat eine lange Reise hinter sich. Irgendjemand hat sich irgendwann etwas ausgedacht oder etwas herausgefunden. Das wurde ziemlich lange in der Fachwelt diskutiert, und nur das, von dem eine hinreichend große Anzahl von Personen findet, dass es „alle" wissen sollten, wird dann auch ins Lehrbuch aufgenommen. Deshalb finden Sie dort in Bezug auf ganz aktuelle Entwicklungen wenig. Auch Lehrbücher veralten, das gilt sowohl in Hinblick auf den vermittelten Stoff als auch auf die Methoden und die Art der Darstellung.

Wenn Ihnen ein gutes Lehrbuch, das Ihnen weiterhelfen würde, von Ihrem Professor nicht empfohlen wird, kann das verschiedene Ursachen haben: Vielleicht kennt er den Autor (die akademische Welt ist klein) und mag ihn nicht. Vielleicht teilt er auch dessen Ansicht über das, was „jeder" wissen sollte, nicht. Möglicherweise hat er auch eine Neuerscheinung nicht zur Kenntnis genommen oder er findet, dass allzu viel Literaturangaben als Aufforderung, all dies zu lesen, missverstanden werden. Oder er kommt selbst mit dem etwas langatmigen Stil eines Buchs nicht zurecht, was Ihnen aber anders ergeht. Vielleicht ist das Buch vergleichsweise weit vom Stoff der Vorlesung entfernt – es könnte aber ein für Sie sehr interessantes motivierendes Kapitel enthalten. Man kann sich darüber streiten, wie groß die Verwirrung ist, wenn man allzu viele verschiedene Bücher auf seinem Schreibtisch versammelt, die man doch nicht alle lesen kann. Sie müssen hier selbst einen Weg für sich finden. Wenn ich etwas nicht verstehe, möchte ich nicht stundenlang auf denselben Abschnitt starren, sondern versuche, anderswo eine Formulierung zu finden, die sich mir erschließt (siehe auch Kap. 9).

Die Unterscheidung zwischen wissenschaftlichen und populären Darstellungen ist so ähnlich wie die Etikettierung mit **E** (ernst) und **U** (unterhaltend) in der Musik: typisch deutsch. Natürlich werden Sie keine Boulevard-Zeitungen und *xy-für Dummies-Anleitungen* als Quellen Ihrer wissenschaftlichen Ausbildung angeben. Aber eine Reihe von Publikationen, die sich an die Zielgruppe „interessierte Laien mit Abitur" richten, sind auch für Studienzwecke durchaus verwendbar. In meinen Regalen stehen jedenfalls eine ganze Reihe von Büchern, die sowohl als Sach- als auch als wissenschaftliches Buch durchgehen, weil sie von wissenschaftlich ausgewiesenen Autoren stammen, aktuelle Forschungsergebnisse beschreiben (wenn auch nicht so detailliert wie ein reinrassiges Fachbuch) und eine ausführliche Bibliographie enthalten. Auf diese Bücher kann man sich im Zweifelsfall jedenfalls eher verlassen als auf Internet-Dokumente ungeprüfter Herkunft.

Kategorien sind für Bücher auch eine Art Gefängnis, wie es Alberto Manguel in seinem wunderschönen Buch „Eine Geschichte des Lesens" beschreibt (Hervorhebungen durch den Autor):

> Ordnet man *Gullivers Reisen* von Swift der Schöngeistigen Literatur zu, wird daraus ein humoristischer Abenteuerroman; reiht man ihn in die Soziologie ein, ist er eine Satire auf das England des 18. Jahrhunderts; als Kinderbuch enthält er lustige Geschichten über Zwerge und Riesen und sprechende Pferde; unter der Rubrik Phantastik wird er zum Vorläufer des Science-fiction-Romans; unter Reisen zur Beschreibung einer imaginären Reise; unter Klassik zu einem Spitzenwerk der abendländischen Literatur. Kategorien schließen die jeweils andere Lesart aus, das Lesen selbst tut das nicht – oder sollte es nicht tun. Für welche Zuordnung man sich auch entscheidet: Jede Bibliothek tut dem Akt des Lesens Gewalt an und zwingt den Leser – den neugierigen, den aufmerksamen Leser –, das Buch aus den Kategorien, in die es eingesperrt wurde, zu *befreien*. [Man08], S. 232f

7.2 Recherchieren

Literaturrecherche gehört zu den Schlüsselqualifikationen Ihres Studiums. Es wird erwartet, dass Sie sich in einer Bibliothek zurechtfinden und dass Sie in der Lage sind, relevante Literatur zu finden, auszuwählen und – Ihrem Wissensstand angepasst – zu bewerten. Zuerst stehen Sie vielleicht inmitten einer Menge von Büchern und Zeitschriften und wissen nicht, wo Sie anfangen sollen. Später geraten Sie womöglich ins ziellose Herumstöbern und Schmökern. Die Devise „viel hilft viel" ist für den Anfang gar nicht so schlecht; machen Sie sich nur klar, dass niemand von Ihnen erwartet, dass Ihre Seminararbeit ein enzyklopädisches Werk wird, das auf sämtliche klassischen Arbeiten und neueren Entwicklungen eingeht. Vielleicht ist die Literaturliste, die Sie von Ihrer Betreuerin bekommen haben, nicht ausreichend – vielleicht ist sie aber auch furchterregend lang; das variiert auch von Fach zu Fach. Literatur ist auch Geschmackssache: Manche mögen keine weitschweifigen Erklärungen, andere schreckt eine altertümliche Optik, wieder andere mögen einfach bestimmte Autoren nicht, was durchaus auch einen fachlich wohlfundierten Grund haben kann.

Wie weit Sie mit Ihren eigenständigen Recherchen gehen, hängt auch davon ab, wie tief Sie überhaupt in ein Thema einsteigen wollen oder müssen. Sie sollten allerdings immer etwas mehr wissen, als das, was Sie schreiben oder vortragen, also brauchen Sie immer etwas mehr Material als Sie tatsächlich verwerten.

Seien Sie neugierig und gucken Sie sich um, manchmal hat man auch einfach Finderglück. Schauen Sie, was der Autor, auf den da verwiesen wird, sonst noch geschrieben hat, oder greifen Sie neue Schlüsselbegriffe auf. Benutzen Sie die Katalogisierung der Fachgebiete. Und: Schreiben Sie die wichtigsten Quellen sofort auf (siehe S. 158). Es ist ärgerlich und zeitraubend, wenn man genau weiß, dass man etwas schon einmal irgendwo gelesen hat, aber man nicht einmal mehr weiß, wo man angefangen hat zu suchen.

7.2.1 Bibliotheken und Datenbanken

Heutzutage reichen ein paar Klicks, um herauszufinden, auf welchem Weg man an ein Buch kommt, das man gerade braucht. Erste Adresse sollte Ihre „Unibib" (auch UB genannt – Universitätsbibliothek) sein. Zum OPAC (Online Public Access Catalogue) kommen Sie über die Internetseiten Ihrer Hochschule. Dort erfahren Sie, ob das Buch vor Ort vorhanden ist. Ist das der Fall, können Sie es aus dem Regal nehmen oder bestellen. Ist das Buch vor Ort nicht zu haben, können Sie es bei der Landesbibliothek versuchen (wenn Sie in der Nähe wohnen); dort sind alle im jeweiligen Bundesland erschienenen Bücher vorhanden. Vielleicht haben Sie sogar in der Stadtbücherei Glück. Wenn das alles nicht hilft und Sie auch die Deutsche Bibliothek in Frankfurt nicht in Ihrer Nähe haben, können Sie eine Fernleihe beantragen. Dafür müssen Sie sich eine TAN holen (kostenpflichtige Transaktionsnummer; 1-2 Euro) und können das Buch dann wiederum über den Online-Katalog bestellen. Sie können das Buch natürlich auch kaufen, vielleicht bekommen Sie es gebraucht und günstig bei den bekannten Anbietern im Internet oder über studentische Foren und Newsgroups.

Zeitschriftenarchive und Datenbanken im Internet sind oft kostenpflichtig; Ihre Bibliothek hat die Zugriffsrechte möglicherweise erworben. Fragen Sie nach, auf welche Dokumente das Institut zugreifen kann, an dem Sie Ihre Arbeit schreiben. Dann kann man Ihnen die Publikationen womöglich ohne großen Aufwand zur Verfügung stellen.

7.2.2 Internet

Längst spricht man davon, dass man sich etwas *ergoogelt* hat; und ergoogeln kann man sich so ziemlich alles. Deshalb ist Internetrecherche im Studium immer auch eine Frage der Disziplin (weil man nebenher so viele interessante Sachen findet) und der Konzentration auf das Wesentliche (weil so vieles in irgendeinem Zusammenhang mit dem fokussierten Thema steht).

Die Begriffe „Internet" und „World Wide Web" werden häufig synonym verwendet. Das ist aber nicht ganz korrekt. Das Internet ist genau genommen das physische Netzwerk, das Rechner miteinander verbindet. Das World Wide Web ist dagegen ein Dienst, der das Internet verwendet, so wie E-Mail, Newsgroups oder ftp (File Transfer Protocol) das Internet benutzen, aber nicht mit diesem gleichzusetzen sind.

Für die Recherche ist das World Wide Web jedoch die wichtigste Anwendung des Internets. Die Fragen was-wer-wo lassen sich oft recht zügig beantworten, wenn man bei einer Suchmaschine die richtigen Keywords eingibt. Versuchen Sie es auch mit dem auf Bildung und Wissenschaft spezialisierten „Google Scholar": scholar.google.com. Achten Sie auf die Suchtipps (Phrasen in Anführungszeichen setzen zum Beispiel). Die Seiten der Universitäten sind gleich ersichtlich; informativ sind auch die Seiten von vielen Institutionen (z. B. dem statistischen Bundesamt).

Fragen Sie auch ein bisschen herum, welche Webseiten für Ihr Fach interessant sind, hier sind insbesondere die großen Portale zu nennen (siehe Kap. 21). Auch die Wikis sind hier zu erwähnen. „Wiki wiki" ist hawaiianisch für „schnell". Wiki-Systeme haben einen Bearbeitungsmodus, d. h., die Nutzer können selbst Seiten editieren. Daneben gibt es beispielsweise auch den „Jurawiki". Mehr dazu unter wikiwikiweb.de.

Um Ihre Internetrecherche zu vereinfachen, gibt es diverse Hilfsmittel. Sie können online eine persönliche Bibliothek erstellen und verwalten, siehe z. B. www.connotea.org, www.citeulike.org oder www.studi-bib.de. Eine gute Organisation der benutzten Quellen ist eine große Hilfe.

7.2.3 Wikipedia

Das prominenteste Wiki-System ist die Internet-Enzyklopädie *Wikipedia*, ein wirklich faszinierendes Projekt, das 2001 an den Start ging und seitdem ständig größer und bekannter geworden ist. Längst ist der Griff nach dem Lexikon im Bücherregal ersetzt durch den Suchbefehl im Web-Browser. Und, allen anfänglichen Befürchtungen zum Trotz, kann sich die Qualität von Wikipedia mit den traditionellen Lexika durchaus messen. Bei einer Untersuchung des *Stern* aus dem Jahr 2007, bei der die Wikipedia mit der kostenpflichtigen Ausgabe der Brockhaus-Enyklopädie verglichen wurde, ging Wikipedia sogar als Sieger hervor. Dabei zeigte sich bei den ausgewählten Artikeln, dass die Wikipedia-Artikel nicht nur aktueller, sondern auch „richtiger" waren.

Warum stellen sich die Universitäten immer noch quer, wenn es um Zitate aus der Wikipedia geht? Dort lesen und schreiben schließlich auch Professoren mit. Das Problem liegt weniger in der Qualität der Online-Enzyklopädie als in der Nachprüfbarkeit der Quelle. Zitiert man ein Buch oder einen Artikel aus einem Sammelband, dann ist diese Quelle prinzipiell immer nachprüfbar. Denn von allen veröffentlichten Büchern gibt es Pflichtexemplare in den Landesbibliotheken. Man kann davon ausgehen, dass dieses Buch auch noch Jahre später im Zugriff ist, und zwar unverändert. Bei einer Online-Ressource weiß man nicht, ob sie nach einem halben Jahr überhaupt noch am Platz ist, und wenn, dann kann sie in der Zeit verändert worden sein, ohne dass ein Archivexemplar existiert. Es ist auch leicht möglich, einen Wikipedia-Artikel zu fälschen, von daher ist auch die Aufforderung, benutzte Onlineressourcen zusammen mit der Hausarbeit abzuliefern, nur ein Notbehelf.

Davon abgesehen zeugt ein Zitat aus der Wikipedia davon, dass da jemand die erstbeste Quelle hergenommen hat, statt eine echte Recherche zu betreiben. Genau wie im Brockhaus findet man in der Wikipedia Übersichtsartikel, an denen man sich orientieren kann. Aber wenn ich meiner Betreuerin zeigen möchte, dass ich etwas über den handlungsorientierten Unterricht nach Hilbert Meyer weiß, dann belege ich das nicht mit einem Wikipedia-Artikel, sondern verweise auf sein Buch „Didaktische Modelle". Die Definition 11.3 auf S. 315 (5. Auflage) kann man zwar auch im WWW an allerlei Stellen finden, aber zitiert wird sie aus dem Buch. Denn ein Quellenverweis ist, wie der Name schon sagt, ein Hinweis auf den Ursprung.

Vorsicht Internet!

Skepsis siegt

Achtung – fehlende Qualitätskontrolle! Auch die Angaben von Wikipedia müssen stets überprüft werden. Oftmals wird der Diskussionsbedarf in den Wikipedia-Artikeln ja schon vermerkt. Auch Rechtschreibfehler sind im Internet weltweit verbreitet, weshalb man schon einzelne Worte niemals unkritisch übernehmen sollte.

Halbwissen ist gefährlich.

Wenn man sich mit einer Sache überhaupt nicht auskennt, kann man durch die Internetrecherche schnell auf die falsche Fährte geraten. Zum einen weiß man nicht, wonach man überhaupt suchen muss und wählt die falschen Stichwörter. Zum anderen kann man die Qualität der Beiträge nicht beurteilen. Ein Lehrbuch ist für den Anfang unentbehrlich.

Achtung, Zeitdiebe unterwegs!

Sie sind nicht dafür da, die Probleme anderer Internetbenutzer zu lösen oder auch nur zu kommentieren. Erwarten Sie auch nicht von anderen, dass sie Ihre Übungsaufgaben lösen. Wägen Sie immer ab, wie viel Zeit es kostet, zu suchen oder Beiträge zu schreiben. Ein Gang in die Bibliothek ist in vielen Fällen erfreulicher und effektiver.

Bildschirm macht nervös.

Das Internet verführt zu einer gestückelten, nervösen Arbeitsweise. Das Überangebot macht ungeduldig und unentschlossen (warum denken, wenn man auch googeln kann?), die Konzentration ist erschwert. Zu viel Material ist belastend und verwirrend. Da hilft nur eins: Rechner aus.

7.3 Eingrenzen und Verwalten der Literatur

Wenn Sie eine Weile gewühlt haben, stapeln sich auf Ihrem Schreibtisch wahrscheinlich schon eine Menge Bücher, Ausdrucke und Kopien. Verschaffen Sie sich zunächst einen Überblick, bevor Sie sich entscheiden, was Sie sich gründlicher vornehmen wollen. Bücher und Artikel, die Sie verwenden, müssen in Ihrem Literaturverzeichnis erscheinen; es ist also keine schlechte Idee, mit der Literaturliste anzufangen. Es ist ratsam, diese gleich von Anfang an elektronisch zu erfassen (siehe Kap. 12). Dafür gibt es eine Reihe von Programmen, die zum Teil frei erhältlich sind (z. B. *WinLiMan*, *LiteRat*, *JabRef*), es gibt die Möglichkeit, Referenzen online zu verwalten (*studi-bib*, *Connotea*, *CiteUlike*), Sie können aber auch einfach eine Excel-Datei verwenden, oder, falls Sie entsprechende Kenntnisse besitzen, eine eigene Datenbank anlegen.

Notieren Sie sich auch die Werke, mit denen Sie nichts anfangen konnten. Dann wissen Sie, was Sie jedenfalls nicht noch einmal ausleihen müssen.

Später ist es wichtig, den Stoffumfang einzugrenzen. Was sind die zentralen Punkte in Ihrer Arbeit? Worauf können Sie aufbauen – beispielsweise in einem Seminar mit fortlaufenden Vorträgen – und welche Teile Ihrer Arbeit sind wiederum Voraussetzungen für andere Arbeiten? Was sind Ihre Platz- und Zeitbeschränkungen, wieviel sollen Sie überhaupt schreiben? Daraus folgt auch, was Sie gründlich lesen müssen und was eher als Nachschlagewerk griffbereit sein sollte.

7.4 Lesen

> *Ich glaube, man sollte überhaupt nur solche Bücher lesen, die einen beißen und stechen. Wenn das Buch, das wir lesen, uns nicht mit einem Faustschlag auf den Schädel weckt, warum lesen wir dann das Buch?*
> – FRANZ KAFKA, *Brief an Oskar Pollak, 1904*

Lesen ist ähnlich schwer wie Zuhören. Es verlangt Ihre ganze Aufmerksamkeit, zumal wenn es sich um neuen Stoff handelt. Flüchtiges Lesen gehört, ähnlich wie schlechtes Zuhören, zu den verhängnisvollsten Fehlern im Studium. Was wir nicht verstehen oder was uns nicht berührt, ist in kürzester Zeit vergessen. Deshalb ist es auch so schwer, etwas zu studieren, was einem nicht liegt: Ohne Motivation bleibt nichts hängen.

Der Psychologie-Professor Sanford berichtete, dass er seiner Familie 25 Jahre lang fast täglich ein bestimmtes Morgengebet vorgelesen habe („Professor Sanford's Morning Prayer"). Und er konnte es danach immer noch nicht auswendig.[2] Ähnlich standhaft widersetzt sich eine Telefonnummer der finalen Abspeicherung im Langzeitgedächtnis, wenn man sie jedes Mal nachschaut und sich nicht ein einziges Mal die Mühe macht, sie sich einzuprägen. Wie also eignet man sich den Stoff an, statt nur darüber zu lesen?

7.4.1 Studierendes Lesen

Studierendes Lesen ist eine aktive Auseinandersetzung mit dem Stoff. Nehmen Sie sich wichtige Literatur in Ihren guten Stunden vor, wenn Ihre Konzentration voll da ist (siehe Kap. 6). Wenn Sie sich einen oberflächlichen Eindruck verschafft haben, lesen Sie jede Zeile gründlich. Drehen Sie die geäußerten Ideen hin und her, stellen Sie sich (und anderen) Fragen, finden Sie Vergleiche, Gegenargumente, fassen Sie zusammen, aber seien Sie vorsichtig mit dem Werten, bevor Sie alles verstanden haben.

Nicht immer genügt der eine Artikel, den Sie lesen sollen, um ihn auch zu verstehen. Wenn Vorkenntnisse fehlen, müssen Sie diese nachholen. Sie behindern sich selbst in Ihrem Vorwärtskommen, wenn Sie über zentrale Begriffe, die Sie wissen

---

[2] E. Sanford. Professor Sanford's Morning Prayer. In: U. Neisser, I. E. Hyman (Hrsg.): Memory observed. Freeman, San Franzisko, 1982.

müssen, hinweggehen, ohne davon eine klare Vorstellung zu haben. Das gilt auch für englische Ausdrücke: Da fällt der Groschen oft beim Blick ins Wörterbuch. Ein Wort wie Coaching klingt nur noch halb so aufregend, wenn man die deutsche Übersetzung kennt (to coach = trainieren).

Lichtenberg schrieb: „Was man sich selbst erfinden muss, lässt im Verstand die Bahn zurück, die auch bei anderer Gelegenheit benutzt werden kann." Es sind diese Bahnen, auf die es im Studium ankommt. Lektüre, die Sie nur zur Kenntnis nehmen und die Sie nicht zum Denken anregt, ist unnütz. Mehr dazu im Kap. 9.

Lesen ist ein Prozess, bei dem neues Wissen mit unserem Vorwissen vernetzt wird.[3] Daher ist es wichtig, sich zuvor klar zu machen, was man über ein Thema schon weiß, worum es geht und was man wissen möchte. Und sich später bewusst zu machen, was man nun Neues gelernt hat.

7.4.2 Kann man sein Lesetempo steigern?

Nutzen Schnelllesetechniken? Es gibt eine ganze Reihe von Angeboten zum „Speed-Reading". Es darf bezweifelt werden, dass diese Methoden wirklich helfen, das Studium schneller zu bewältigen. Es kommt nicht so sehr darauf an, viel und schnell zu lesen, sondern das Richtige zu lesen und dies auch zu behalten. Woody Allen soll einmal gesagt haben: „Ich habe einen Kurs im Schnelllesen gemacht und bin in der Lage, 'Krieg und Frieden' in zwanzig Minuten durchzulesen. Es handelt von Russland." Damit ist schon fast alles zum Thema gesagt.

Im Übrigen ist Ihr ganzes Studium ein Schnelllesekurs, denn durch das Viel-Lesen liest man irgendwann auch merklich schneller. Natürlich sinkt das Lesetempo, wenn man im Text über neue, komplizierte Wörter „stolpert". Die werden durch

---

[3] Das können Sie sich in der Episode 20 unter www.psychologiederschule. de anhören.

das schnelle Darüberhuschen auch nicht verständlicher – ist man aber daran gewöhnt, steigert sich das Tempo wieder. Tatsächlich lesen wir gar nicht die einzelnen Buchstaben, sondern erfassen stets das Wort als Ganzes. Man versteht sogar einen ganzen Text, bei dem von jedem Wort nur der erste und der letzte Buchstaben richtig ist und dazwischen alles verdreht steht. Kostprobe:

> Egitertlich ahctet man bimm Lseen nur auf den ersrsten und den latzden Bacsthuaben der Wtröer.

Ganz ähnlich ist das bei Fachbegriffen: Je mehr man kennt, desto leichter fällt begreiflicherweise die Lektüre; deshalb gewöhnt man sich auch sehr rasch an englische Fachtexte der eigenen Disziplin – selbst dann, wenn man es nicht einmal schaffen würde, in London grammatikalisch korrekt nach dem kürzesten Weg zur nächsten U-Bahn-Station zu fragen.

7.4.3 Exzerpieren

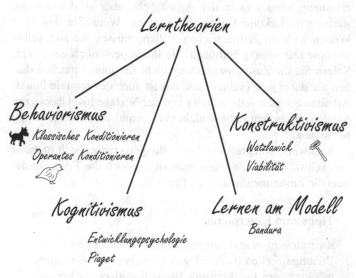

Lerntheorien zum Merken

Wie sieht das Ergebnis des Durcharbeitens denn nun aus? Soll man eine Zusammenfassung schreiben? Oder reicht es, sich in den Kopien Notizen und Unterstreichungen zu machen? Oder schreibt man sich nur ein paar Stichpunkte heraus?

Um den Stoff zu verinnerlichen, muss man ihn in irgendeiner Weise in eigenen Worten (oder Bildern) ausdrücken. Das macht die Sache nicht immer kürzer. Es genügt nicht, die Zwischenüberschriften zu einer Tabelle zusammenzufassen. An den Stellen, an denen die Vorlage zu knapp gehalten ist, müssen Erläuterungen folgen. Wichtige Beweise müssen Schritt für Schritt nachvollzogen werden, wobei Sie als Studentin oder Student oftmals Schritte einfügen werden, nämlich dort, wo sich die Folgerung für Sie nicht direkt ergeben hat.

Die Arbeit am Exzerpt lässt sich nicht delegieren. Der Weg ist das Ziel. Die Zusammenfassung einer Arbeit können Sie auf vielerlei Weise bekommen, von Kommilitonen, aus Buchbesprechungen, aus dem Abstract, den der Autor selbst geschrieben hat. Diese Zusammenfassungen können Ihnen helfen zu erkennen, worum es in der Arbeit geht, aber sie können die studierende Lektüre keinesfalls ersetzen. Wenn Sie das neue Wissen wirklich verinnerlichen wollen, müssen Sie sich selbst um eine Darstellung bemühen, die Ihnen persönlich entspricht. Sofern Sie die Zusammenfassung nicht für andere machen, haben Sie dabei jede Freiheit, und das ist auch der zentrale Punkt: Arbeiten Sie sich selbstständig von der Vorlage los. Übersetzen Sie den englischen Artikel nicht nur, formulieren Sie die Dinge selbst neu.

Stichworte und grafische Darstellungen ergeben sich so meist von selbst. Überlegen muss man sich jedoch die Form, in die man die Zusammenfassung gießen will.

Tipps zum Exzerpieren

Anstreichungen und Notizen: Marken hinterlassen
Wichtige Stellen (beispielsweise solche, die man zitieren möchte) vorn im Buch mit Bleistift notieren. Alternativ:

Post-it's verwenden. Extrablatt mit Zusammenfassung und Anmerkungen an Fotokopien heften.

Elektronische Artikel: Datei anlegen
Notizen in einer Datei im gleichen Ordner speichern; handschriftliche Notizen einscannen, elektronische Anmerkungen machen.

„Forscherkladde": Logbuch führen
In einem dicken, gebundenen Heft Notizen und Zusammenfassungen zu den bearbeiteten Artikeln machen.

PC/Notebook: Programme nutzen
Nach dem Lesen die Notizen gleich in eine Datei eingeben. Mindmap-Programm (z. B. FreeMind, Mindmanager) oder Präsentationsprogramm (Powerpoint) verwenden.

Bilder und Piktogramme: Schnell im Sinn
Symbole, Zeichnungen, Cliparts etc. helfen der Erinnerung auf die Sprünge und erleichtern das Wiederfinden von Information.

Tag-Cloud: Hingucker
Eine schöne Erinnerungsstütze ist eine so genannte Tag-Cloud, eine „Stichwort-Wolke". Sie können sie ganz einfach mit www.wordle.net herstellen. Auch die Abbildung auf S. 164 ist so entstanden.

Literaturverwaltung: Muss sein!
Protokollieren Sie unbedingt, was Sie gelesen haben. Sie können eine Text- oder Excel-Datei verwenden, um zu protokollieren, was Sie gelesen haben. Notieren Sie die vollständigen Literaturangaben, wo Sie das Werk finden können (eigener Besitz, Uni-Bib o.ä.) und notieren Sie sich Stichwörter.

7.5 Lassen Sie sich nicht einschüchtern!

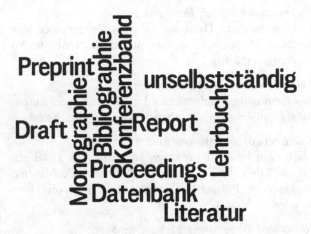

Stichwortwolke, erstellt mit wordle.net

Ohne Zweifel schärft Lesen die Urteilskraft, ist lehrreich und bringt viele Anregungen. Eine zu starke Orientierung an der vorhandenen Literatur kann aber einschüchtern, verstören, ja, sogar handlungsunfähig machen. Wer sich kaum noch traut, einen eigenen Gedanken zu formulieren, denke an diese Geschichte, die Montaigne erzählt hat:

> Ich kenne einen, der jedesmal, wenn ich etwas von ihm wissen will, ein Buch von mir verlangt, um mir die Antwort darin zu zeigen; und wenn er die Krätze im Hintern hätte, würde er sich nicht getrauen, mir das zu sagen, ohne vorher im Lexikon nachzusehn, was *Krätze* ist und was *Hintern*. Wir nehmen die Meinungen und das Wissen anderer in Obhut, das ist alles. Es gilt aber, sie uns anzueignen. Wir gleichen insoweit einem Mann, der, wenn er Feuer brauchte, es sich bei seinem Nachbarn holen ginge und nun, da er dort ein schönes, großes Brennen sähe, zum Aufwärmen daran sitzen bliebe und

hierüber ganz vergäße, ein Stück Glut nach Hause zu tragen. Was nützt es, uns den Wanst vollzuschlagen, wenn wir's nicht verdauen?[4]

Bücher zu horten und Kopien zu stapeln kann zu einer Scheinaktivität ausarten, die von ähnlich naiven Wünschen gesteuert ist wie der Glaube, es sei gesundheitsfördernd, mit einem Mediziner zusammenzusein.[5] Während man kopiert, könnte man auch lesen. Mäßigen Sie Ihren Drang, *alle* relevante Literatur zu sichten; das ist weder möglich noch erforderlich.

Wenn sich bei Ihnen irgendwann die Regalbretter biegen und Besucher neugierig fragen, ob Sie das alles gelesen haben, können Sie dann die Antwort geben, die Umberto Eco empfiehlt. Er findet es nämlich „gemein und angsterzeugend" zu sagen „nicht bloß die, nicht nur die!", sondern sagt: „Nein, das sind die, die ich bis zum nächsten Monat lesen muss, die anderen habe ich in der Uni." Dies ist eine Antwort, die laut Eco „einerseits eine sublime ergonomische Strategie suggeriert und andererseits den Besucher veranlasst, den Moment des Abschieds vorzuverlegen." Auch eine Art, Zeit zu sparen.

---

[4] Essais Buch I – Über die Schulmeisterei – Erster Teil. Hervorhebungen durch den Autor.

[5] „Und doch ist es ebenso unmöglich, dass es jemand erlassen wird, ein Talent in sich selbst von innen her zu entwickeln, und er es von außen her durch einen anders empfängt, wie man etwa (während man sonst allen Regeln der Hygiene entgegenhandelt und die schlimmsten Exzesse begeht) dadurch für gute Gesundheit sorgt, dass man oft in der Stadt in Gesellschaft eines Arztes speist." (Marcel Proust: Im Schatten junger Mädchenblüte).

Kapitel 8
Teamarbeit im Studium

Offenheit
Jede Frage ist erlaubt.
Wir sagen, wenn uns etwas stört.
Wir lassen uns auf neue Ideen ein.

Zielorientierung
Wir verschwenden keine Zeit.
Wir legen fest, was wir erreichen wollen.
Alle achten auf Disziplin.

Regeln für das Team

Respekt
Wir lassen einander ausreden.
Wir dulden keine persönlichen Angriffe.
Wir akzeptieren abweichende Meinungen.
Wir diskutieren sachlich.

Gemeinsamkeit
Jeder fühlt sich verantwortlich.
Alle arbeiten mit.
Jeder übernimmt Aufgaben.

So klappt's bestimmt.

Teamarbeit wird heute überall ganz groß geschrieben, aber das
Bild vom einsamen Studenten in seinem Studierstübchen hält
sich hartnäckig, Studium wird mit „Einzelkämpfertum" assoziiert. Viele Studierende fühlen sich tatsächlich sehr allein – verloren und vergessen in der großen Masse.

B. Messing, *Das Studium: Vom Start zum Ziel*, 2. Aufl.,
DOI 10.1007/978-3-642-20651-1_8,
© Springer-Verlag Berlin Heidelberg 2012

Wissenschaftliches Arbeiten ist aber von seiner Natur her Gemeinschaftsarbeit. Jede wissenschaftliche Erkenntnis baut auf Vorangegangenem auf und muss sich mit Konkurrenzideen messen. Wer eine wissenschaftliche Arbeit anfertigt, kann sich überwältigt fühlen von der Vielzahl ähnlicher Arbeiten, die es bereits gibt, und von der Schnelligkeit der Entwicklung innerhalb seiner Disziplin. Zusammenarbeit ist oft die einzige Möglichkeit, am Ball zu bleiben. Olaf-Axel Burow, Pädagogik-Professor in Kassel, schuf den Begriff der „kreativen Felder" [Bur00]. Damit wird beschrieben, wie sich aus einer fruchtbaren Zusammenarbeit Höchstleistungen ergeben, die die Teammitglieder allein niemals zustande gebracht hätten. So haben sich Paul McCartney und John Lennon als „Synergiepartner" gesucht und gefunden: Das Zusammenwirken von Freundschaft und kreativer Konkurrenz bescherte ihnen Weltruhm. Auf ähnliche Weise erging es Bill Gates mit seinem Synergiepartner Paul Allan: Ihr Erfolg war nur in der Zusammenarbeit möglich.

Aber man darf die viel gerühmte Teamarbeit auch nicht überbewerten: Abgesehen davon, dass sie durchaus nicht immer so produktiv ist wie behauptet wird, vollziehen sich die schwierigen Denkprozesse oft nur im Alleingang.

8.1 Zusammenarbeit in der Gruppe

Es gibt Freunde, die ihr ganzes Studium gemeinsam bewältigen. Aber eine solch enge Verbundenheit ist eher selten. Arbeitsgruppen bilden sich im Laufe der Semester heraus, wenn man eine oder mehrere Veranstaltungen gemeinsam besucht. Man kann sich beim Besuch der Vorlesungen abwechseln und Unterlagen austauschen; man kann sich Literaturbeschaffung teilen und Informationen über Formalia wie die Klausuranmeldung austauschen. Wo Aufgaben bearbeitet werden müssen, geht das am besten gemeinsam.

Da gerade am Anfang des Studiums der Wunsch nach Kontakt bei allen groß ist, kann man bei der Suche nach einer

Arbeitsgruppe mit erfreutem Interesse rechnen, wenn man sich traut und den ersten Schritt macht. Gemeinsamkeit reduziert die Angst, „abgehängt" zu werden, beträchtlich. Auch private Kontakte ergeben sich auf diesem Wege. Die Bildung von Arbeitsgruppen ist uneingeschränkt zu empfehlen und auch im Zeitalter des Internets ohne wirkliche Alternative.

Es ist jedoch nicht ganz einfach, eine geeignete Arbeitsgruppe zu finden oder zu gründen. Unterschiede in der Arbeitsweise, unterschiedliche Vorkenntnisse und Ansprüche und manche Verhaltensweisen erschweren die Zusammenarbeit. Wenn sich Kenntnisse und Begabung bei den Arbeitsgruppenteilnehmern auf sehr unterschiedlichem Niveau bewegen, ist das für beide Seiten unbefriedigend. Unproduktiv ist es, wenn einige Teilnehmer ihre Zweifel an ihrer Studienfachwahl in die Arbeitsgruppe tragen. Manche Leute lassen sich leicht ablenken und geraten ins „Quatschen", obwohl die anderen dazu gerade nicht aufgelegt sind.

Arbeitsgruppentreffen sollte man nach Möglichkeit begrenzen; in zwei Stunden kann man eine Menge schaffen, wenn man konzentriert und zielgerichtet arbeitet. Für Privatgespräche und philosophische Diskussionen sollte man einen anderen Rahmen wählen. Das muss allerdings auch allen Teilnehmern klar sein. Für eine ernsthafte Arbeitsatmosphäre ist es besser, wenn nicht nur enge Freunde zusammensitzen.

Schaffen Sie eine produktive Atmosphäre in der Arbeitsgruppe. Es gibt eine Vielzahl von Vorschlägen für Gruppenregeln; Sie kennen sie womöglich aus der Schule. In der Abbildung zu Beginn dieses Abschnitts sind die wichtigsten Regeln dargestellt. Gruppenregeln aufzustellen ist einfach, sie umzusetzen ist schwer. Eine AG ist nicht die Veranstaltung, in der gebalzt, gerangelt und getriezt werden sollte. In einer AG sollte man auch einmal laut denken und Fehler machen dürfen. Die Fehler, für die man dankbar sein soll, sind keinesfalls eine Erfindung der Lehrer. Ein „typischer Anfängerfehler" kann für das spätere Verständnis überaus fruchtbar sein.

Hüten Sie sich vor Rollenverteilungen, die sich mit der Zeit immer fester zurren. Dass einer seine großartigen Ideen beisteuert und die anderen die mühselige Kleinarbeit machen, ist eine Wunschvorstellung von Möchtegern-Genies. Erst an den Feinheiten zeigt sich, ob die Idee überhaupt Bestand hat, und eine Idee, die sich nicht in eine auch anderen verständliche Fassung bringen lässt, ist wertlos. „Man muss doch nur..." ist oft allzu naiv gedacht. Wer die Aufgabe gar so einfach fand, sollte die komplette Lösung doch gleich übernehmen. Oft kann von „nur" keine Rede mehr sein, wenn es an die lästigen Details geht. Die Regel, dass man einander ausreden lassen soll, wird manchmal von Vielrednern und Besserwissern missbraucht, die kein Ende finden, sich aber jegliche Unterbrechung verbitten. Auch ständige Ablenkungsmanöver arbeitsunwilliger Teammitglieder können furchtbar nerven. Dann sollte die Regel „Störungen haben Vorrang" greifen. Diese Leitlinie stammt aus der themenzentrierten Interaktion (TZI), einer Methode für die Arbeit in Gruppen, die von Ruth Cohn entwickelt wurde. Störungen einen Raum zu geben, heißt, in dem Moment, wo unterschwellige Konflikte, Ärger oder andere Emotionen die Zusammenarbeit behindern, zu unterbrechen und die Störquellen zu thematisieren. Das klingt sehr „psycho" (Kunststück, Ruth Cohn ist Psychologin), aber wenn Sie einmal die Erfahrung gemacht haben, wie schädlich personenbezogene Diskussionen sind und wie viel besser es allen geht, wenn Konflikte beseitigt wurden, werden Sie diese Regel zu schätzen wissen.

8.2 Seminar „Wissenschaftliches Arbeiten"

Unter diesem Titel, auch mit „Anleitung zum selbstständigen wissenschaftlichen Arbeiten" oder „Diplomandenseminar" betitelt, verbergen sich oft Zusammenkünfte von Hochschullehrern mit Studentinnen und Studenten, die gerade eine Abschlussarbeit anfertigen. Hier wird über die einzelnen Themen gesprochen. Auch wenn dies als Veranstaltung im Vorlesungsverzeichnis steht: Diese Art Veranstaltungen finden nicht immer regelmäßig statt. Auch von Teamarbeit kann nicht immer die Rede sein, oft ist es auch ein Treffen von Einzelnen, deren Themen nur lose zusammenhängen.

8.3 Arbeitskreise, Arbeitsgemeinschaften und Reading Groups

„Arbeitskreis" (AK) und „Arbeitsgemeinschaft" (AG) sind allgemeine Bezeichnungen für den Zusammenschluss einer Anzahl von Personen zu einem Themenschwerpunkt. Das können reguläre Lehrveranstaltungen sein oder auch von studentischer Seite gegründete Institutionen am Fachbereich oder hochschulweit.

Eine *Reading Group* ist eine Veranstaltung, in der in eher lockerer Atmosphäre Literatur besprochen wird, abseits vom allzu formellen Seminar oder Kolloquium. Die Teilnahme an einer solchen Gruppe (die sich natürlich auch anders nennen kann) sollte mit nicht allzu großem Aufwand verbunden sein. Hier können zum Beispiel aktuelle Veröffentlichungen gelesen werden oder man arbeitet sich gemeinsam auf Grund zusammen vereinbarter Literatur in ein neues Fachgebiet ein.

Reading Groups werden manchmal von den Instituten für bestimmte Studentengruppen angeboten. Es spricht aber nichts dagegen, auch selbst eine solche zu gründen. Inhaltliche Klammer kann ein gemeinsames Interesse an bestimmten Themen oder die Vertiefungsrichtung bei der Abschlussarbeit sein. Da kann es um Wissenschaftsgeschichte, um Berufsaussichten oder auch um Arbeitstechniken gehen.

8.4 Zusammenarbeit über das Internet

Gemeinsam an einem Schriftstück zu arbeiten, obwohl man Hunderte von Kilometern auseinander wohnt, ist heute technisch problemlos möglich. Aber auch hier muss man sich auf

Randbedingungen einigen, schon deshalb, weil man über
denselben Kanal kommunizieren muss. Das kann zum Beispiel
in Form einer Videokonferenz geschehen. Man kann aber auch
mit völlig unbekannten Menschen diskutieren.

8.4.1 Foren

Im Netz diskutieren kann man in Webforen, über Mailinglis-
ten und über Newsgroups, außerdem in diversen Chats und in
sozialen Netzwerken. Mit der Suchanfrage „*mein Fach* online"
dürften Sie schon eine recht gute Trefferquote haben. Da das
Angebot groß und unübersichtlich ist, muss man sehr genau
überlegen, wo man sich einklinken will, denn das Kramen in
Foren und Groups ist ausgesprochen zeitintensiv. Nicht überall
wird wirklich ernsthaft diskutiert. Man hat auch nicht immer
das Glück, dass jemand Kompetentes den eigenen Beitrag liest.
Manchmal wird man sogar beschimpft oder belächelt. Manchmal bekommt man als Antwort nur einen Verweis. Bevor Sie
eine Frage stellen, starten Sie erst einmal eine Suchanfrage –
meist haben sich andere schon vor Ihnen dieselbe Frage gestellt.

8.4.2 E-Mail

Wenn man sich für ein bestimmtes Thema interessiert, kann man
auch per E-Mail Kontakt zu Personen aufnehmen, die entsprechende Inhalte ins Netz gestellt haben. Machen Sie Ihr Anliegen
so konkret wie möglich. Haben Sie ein Frage, ein Angebot oder
wollen Sie einfach nur ein Statement loswerden?
   Äußern Sie sich auch elektronisch nur so, dass man Sie auch
ernst nehmen kann. Alle Netiquetten betonen das: Erst denken, dann senden (dies ist auch der Titel eines Ratgebers zum
Thema: [SS08]). Eine E-Mail ohne Anrede ist grob unhöflich.
Ein schlecht formatiertes *Word*-Dokument im .docx-Format zu

versenden ist ungeschickt und kann peinlich werden. Sie wissen ja u. U. gar nicht, ob der Empfänger das Dateiformat überhaupt öffnen kann. Sehr vorsichtig muss man sein, wenn man sich über jemanden geärgert hat. Die Entwicklung von Threads in Webforen zeigt immer wieder, wie rasch etwas missverstanden werden wird und wie schnell eine Diskussion zu einem Streit eskalieren kann. Sie wissen bei einer E-Mail nie, was mit ihr passiert: Der Empfänger kann sie weitersenden, kommentiert weitersenden, sie gegen Sie verwenden. Wenn Sie eine eingehende Mail ärgert, antworten Sie nicht spontan, sondern erst einen Tag später. Zu leicht schickt man Unüberlegtes ab und bereut es später.

Die Zeitverzögerung bei der Diskussion per E-Mail oder in einem Forum ist ohnehin ein Vorteil. Wer denkt, bevor er postet, denkt immerhin überhaupt! In einer erhitzten Echtmensch-Diskussion kommt das gründliche Nachdenken oftmals zu kurz. Es werden auch keine Jetzt-auf-gleich-Entscheidungen gefällt und zudem wird die Diskussion zeitgleich dokumentiert. So kann manch produktiver Austausch gedeihen.

Dennoch Vorsicht vor den Fängen der elektronischen Kommunikation, sie raubt unglaublich viel Zeit. Beschränken Sie Ihre Unterhaltung auf bestimmte Zeiten und gehen Sie im Zweifelsfall lieber in die Bibliothek, ins Seminar oder in die Sprechstunde.

E-Mails schreiben

Zielführenden Betreff benutzen
Mails ohne Betreff können rasch im Spamfilter landen. Wählen Sie eine Betreffzeile, die Ihr Gegenüber sofort ins Bild setzt. Also nicht „Anfrage", sondern „Anfrage wegen Bachelor-Arbeit".

E-Mail-Adresse und Kontaktdaten angeben
Ihr vollständiger Name muss als Absender der E-Mail zu erkennen sein. Benutzen Sie für ernstgemeinte Mails keine

Spaß-und-Anti-Spam-Adressen, sondern idealerweise die von der Hochschule zur Verfügung gestellte Adresse. Geben Sie Ihre Kontaktdaten vollständig an – manche antworten lieber telefonisch.

Korrekte Anrede verwenden

Die korrekte Anrede für geschäftliche E-Mails ist nach wie vor „Sehr geehrte/r …". Flapsige Anreden wie „Hallo,", womöglich noch ohne den Namen des Gegenübers, meiden Sie zumindest bei der ersten Kontaktaufnahme. Stellen Sie sich später in Stil und Anrede auf den E-Mail-Partner ein. In manchen Bereichen ist „Liebe/r" üblich, es kann aber u.U. angeraten sein, dennoch bei „Sehr geehrte/r" zu bleiben. „Guten Tag" ist aber auch in Ordnung.

Rechtschreibung prüfen

Wenn man sonst von einem Menschen nichts weiß, erwecken Tippfehler schnell den Eindruck, jemand sei nicht besonders gebildet. Verwenden Sie Klein- und Großschreibung, kleinschreibung ohne punkt und komma kann infantil rüberkommen.

Sich kurz fassen!

Die meisten Berufstätigen bekommen ohnehin viel zu viele Mails, strapazieren Sie ihre Zeit nicht noch mehr. Schreiben Sie ohne Umschweife, was Sie wollen, verzichten Sie auf langatmige Entschuldigungen und Erklärungen. Verfallen Sie aber nicht in einen sms-Stil, sry, der hat in einer ernsthaften E-Mail nichts verloren.

Vorsicht mit Anhängen

.exe-Dateien, also ausführbare Programme, werden möglicherweise ausgefiltert. Textdokumente verschicken Sie vorzugsweise im .pdf-Format. Ersparen Sie dem Empfänger, sich ein Dokument aus drei verschiedenen Anhängen

zusammenstoppeln zu müssen. Mails, die lästige Arbeit
verursachen, hat keiner gern.

Grußformel verwenden
Mit „freundlichen" oder „vielen" Grüßen können Sie nicht
viel falsch machen. „Grüße aus dem verschneiten München" findet nicht jeder originell.

8.5 Grenzen der Zusammenarbeit

„Brainstorming – ein beliebter Flop" überschrieb *Bild der Wissenschaft* einen Artikel seiner Januarausgabe 2005.[1] Die vom
Werbefachmann Alex Osborn in den 1950er Jahren entwickelte
Methode erfreut sich großer Beliebtheit: In einer Runde werden
gemeinsam Ideen entwickelt, „stürmisch" deshalb, weil möglichst schnell möglichst viel gesammelt werden soll und Kritik
während des Sammelns verboten ist.

Brainstorming breitete sich schnell aus, aber die Ergebnisse
einer ganzen Reihe von Studien sind eindeutig: Alleine Denken bringt mehr. Es kamen bessere Eingebungen zustande, wenn
jeder der Beteiligten für sich „brainstormte". Das Zusammensitzen macht mehr Spaß, der Erfolg dabei jedoch ist eine Täuschung. Die Produktivität der Gruppe wird dadurch geschmälert,
dass sich die Gruppenmitglieder gegenseitig blockieren. Wer eine Idee hat, muss erst warten, bis er zu Wort kommt.

Es gibt noch eine ganze Reihe anderer Faktoren, die den Erfolg eines Teams beeinträchtigen. Beispielsweise Trittbrettfahre-
rei: Wenn das einzelne Gruppenmitglied das Gefühl hat, es käme
auf seinen Beitrag nicht an, sinken seine Leistungen. Außerdem verführt eine Gruppenstruktur dazu, Arbeit abzuwälzen.

---

[1] Autor: Jochen Paulus.

Eine Arbeitsgruppe erleichtert nicht nur die Arbeit – sie kostet auch etwas. Wenn fünf unvorbereitete Studenten sich zusammenhocken und für die Prüfung lernen, kann nicht viel mehr dabei herauskommen als ein gemeinsames Im-Nebel-Stochern. Die Gruppe als soziales Gefüge ist auch ein Energiefresser: Es kostet nämlich Kraft, sich auf andere einzustellen, ihnen zuzuhören und sich ihrem Tempo anzupassen. Da kann es sein, dass man mehr Seelenmassage macht als sich im Stoff voranarbeitet, dass mehr um die Vorherrschaft im Rudel gekämpft als um den Stoff gerungen wird. Wer alleine lernt, kann selbst sein Tempo und sein Vorgehen bestimmen.

Die Arbeitsgruppe kann auch ausgesprochen schädlich und demoralisierend sein. Wer mit arroganten Besserwissern zusammenarbeitet, während er selbst im Zweifel eher tiefstapelt, fühlt sich wahrscheinlich nicht wohl. Wer das Gefühl hat, er soll als Hilfslehrer herhalten, fühlt sich ausgenutzt. Solche Konstellationen können den Studienerfolg gefährden. Es kostet Mühe, eine wirklich produktive Arbeitsgruppe zu installieren. Und selbst wenn das geschafft ist, muss man die Balance zwischen Austausch und Einzelarbeit immer wieder neu finden.

Kapitel 9
Verstehen und Entwickeln

Viele Lehrstunden hintereinander heißt in einem
fort säen, so dass nichts wachsen kann; und mit
der Saat die Ernte ersticken. Solange ihr die Uhr
aufzieht, geht sie nicht.
– JEAN PAUL

Von John R. Searle stammt das Gleichnis vom „chinesischen
Zimmer"[1]: Angenommen, ich sitze in einem geschlossenen
Raum und jemand reicht mir einen Packen Papier, bedeckt mit
chinesischen Schriftzeichen. Ich kann kein Chinesisch, für mich
sind diese Zeichen ohne jeden Sinn. Angenommen nun, man
reicht mir einen zweiten Packen voller Chinesisch, und dazu
eine – mir verständliche – Anleitung, diese Packen zueinander
nach bestimmten formalen Gesichtspunkten in Beziehung zu
setzen und einen nach diesen Vorschriften zusammengestellten
Packen wieder zurückzugeben. Das kann funktionieren, und die
da draußen nennen mich vielleicht „sprachverarbeitendes System", denn sie interpretieren die eingehenden Packen als Fragen
und die ausgehenden als Antworten. Da ich eine Anleitung (das

---

[1] John R. Searle: Geist, Gehirn, Programm. In: *Künstliche Intelligenz:*
Philosophische Probleme. Reclam, Stuttgart 1994.

B. Messing, *Das Studium: Vom Start zum Ziel*, 2. Aufl.,
DOI 10.1007/978-3-642-20651-1_9,
© Springer-Verlag Berlin Heidelberg 2012

Programm) habe, kann ich tun, was sie von mir erwarten. Chinesisch habe ich dabei nicht gelernt.

John Searle hat dieses Beispiel innerhalb der Diskussion um mögliche kognitive Fähigkeiten von Computern angeführt. Doch dieses „sie wissen nicht, was sie tun" kommt fast allen Studenten mathematisch geprägter Fächer bekannt vor. Im Strudel der neu eingeführten Begriffe und Rechenvorschriften kann die Beschäftigung mit einem mathematisch geprägten Stoff zu einer sinnlosen Symbolmanipulation verkommen. Sie können Umformungen machen oder Algorithmen anwenden, so dass das Ergebnis tadellos ist, Sie aber trotzdem gar nicht wissen, was Sie da eigentlich gemacht haben. Und das Fatale: Die da draußen – etwa Ihre Übungsleiterin – merken davon nichts. Viele Studenten machen die verblüffende Erfahrung, dass sie Dinge, die sie im ersten Semester meinen gelernt zu haben, erst viel später wirklich begreifen. Der Weg von einem oberflächlichen zu einem tiefen Verständnis ist weit, nicht nur in der Mathematik.

9.1 Entdeckendes und rezeptives Lernen

Die Unterscheidung in entdeckendes und rezeptives Lernen einerseits und in mechanisches und sinnvolles Lernen andererseits geht auf David P. Ausubel zurück. Während ein Kind vorwiegend „entdeckend" lernt, das heißt, neue, oftmals zufällige Erfahrungen selbst in sein Vorwissen einbaut, ist die Struktur des Stoffs beim so genannten rezeptiven Lernen vorgegeben. Unabhängig von der Art der Aufnahme kann mechanisch oder „sinnvoll" gelernt werden. Wenn man sich eine Geheimzahl einprägt, lernt man mechanisch und rezeptiv: Hinter der Zahl steckt kein „Sinn", und zu „entdecken" gibt es auch nichts. Das Konzept „Primzahl" lernt man rezeptiv-sinnvoll, wenn man den neuen Begriff in sein Vorwissen einordnet, hier das Wissen über natürliche Zahlen und Teilbarkeit. Wenn ein Kind lernt, dass es klingelt, wenn man den Klingelknopf drückt, ist das zunächst ein rein mechanisch entdeckendes Lernen. Nach und nach entdeckt ein Kind, was es mit dem geheimnisvollen Apparat auf sich hat, der die Eltern mit seinem aufdringlichen Läuten aus jeder Beschäftigung reißt.

Man kann nicht sagen, dass die eine oder andere Art zu lernen „gut" oder „schlecht" ist. Sicher ist entdeckendes Lernen interessanter und einprägsamer, aber niemand kann auch nur einen kleinen Teilbereich des heute vorhandenen Wissens allein für sich neu entdecken. Es würde einfach zu lange dauern, das Rad ständig neu zu erfinden. Ohne Frage müssen einige Dinge mechanisch auswendig gelernt werden: Die Bundesstaaten der USA lernt man nicht, indem man sie auskundschaftet. Auch wie die Knochen eines Skelettes heißen, kann man nur zur Kenntnis nehmen, nicht erforschen. Bei anderen Dingen geht es vordergründig darum, Sinn und Zusammenhang zu sehen. Wenn ein Sinnzusammenhang vorhanden ist, ist das „Sichmerken" das geringere Problem, während das Lernen sinnlos scheinender Begriffe nur Gedächtniskünstlern Spaß machen dürfte. Komplexe Zusammenhänge zu durchschauen ist immer eine aktive Leistung, bei der das Rad in gewisser Weise eben doch nacherfunden wird.

9.2 Vernetztheit

Sinnzusammenhänge werden am besten mit der Idee der Vernetztheit dargestellt. Der Lernpsychologe Walter Edelmann – und der muss es ja wissen – beginnt sein Buch über Lernpsychologie [Ede00] mit dem folgenden Ratschlag:

> Der Leser hat nur dann eine Chance, das präsentierte Wissen differenziert aufzufassen und gut zu behalten, wenn er den Inhalt in Form einer hierarchischen oder vernetzten Struktur verarbeitet. Die Vorstellung eines Netzes ist ein hervorragendes Bild dieses vielleicht wichtigsten Prinzips des kognitiven Lernens.

Dieser Idee der Vernetztheit begegnet man in vielen Zusammenhängen, beispielsweise auch bei der Idee der Mind-

maps [BB02]. Diese (formal nicht sehr festgelegte) Art der
Darstellung wird als „gehirngerecht" bezeichnet, denn auf diese
Weise sollen linke und rechte Gehirnhälfte zusammenarbeiten,
die sonst getrennte Aufgaben übernehmen.

Der allgemeinere Begriff des *semantischen Netzes* geht auf
den Sprachwissenschaftler M. R. Quillian zurück [Qui68], wird
schon lange in der Kognitionspsychologie verwendet und wurde
in die Informatik übernommen. Hier spielen grafische Strukturen, insbesondere auch hierarchische, ohnehin eine große Rolle.

Neuere Verfahren des Wissensmanagements, insbesondere
auch im Zusammenhang mit dem World Wide Web, wurden aus
dieser Idee heraus entwickelt. Dieses Beispiel zeigt aber auch,
dass solche Netze quasi beliebig umfangreich und komplex werden können. Mit „lost in hyperspace" meint man die Desorien-
tierung, in die man geraten kann, wenn man buchstäblich nicht
mehr weiß, wo vorn und wo hinten ist. Bei einem Buch weiß
man das ganz genau – im WWW nie. Und im Gehirn müssen
sich die Strukturen nicht nur aufbauen, auch der „Zugriff auf
Abruf" muss erst gelernt werden.

Allgemein besteht ein semantisches Netz aus Knoten und
Kanten, sprich, aus Punkten und ihren Verbindungen. Diese Verbindungen können eine Richtung haben: Wenn eine Geschwis-
terbeziehung grafisch durch eine einfache Verbindung dargestellt
werden kann, ist bei einer Mutter-Kind-Beziehung die Richtung
wichtig: Ob A das Kind von B ist oder B das Kind von A,
ist ein essentieller Unterschied. Ein Pfeil allein hat aber noch
keine Bedeutung. Viele grafische Darstellungen kranken daran,
dass überhaupt nicht klar ist, was mit einer Verbindung zwischen zwei Knoten überhaupt gemeint ist. Ohne Legende muss
der Leser raten: Handelt es sich um eine *ist-ein*-Beziehung
(„Eine Katze ist ein Säugetier"), um ein zeitliches Aufeinan-
derfolgen („Erst die Diagnose – dann die Therapie") oder um
verschiedene Aspekte, lose Assoziationen, ein Einwirken oder
Verwenden? „What's in a link?" überschrieb William A. Woods
1985 einen Artikel zur Fundierung semantischer Netze. Grundsätzlich müssen nicht nur die Knoten, sondern auch die Verbin-
dungskanten beschriftet oder in einer Legende erklärt werden.

Man könnte sagen, dass der Prozess des im obigen Sinne „sinnvollen" Lernens darin besteht, Knoten und Verbindungen zu schaffen. Neu Erlerntes wird in Bekanntem verankert und zwischen Konzepten werden Verbindungen hergestellt. Ergebnis ist eine interne „Wissensstruktur". Man weiß nicht alles, aber man weiß, „wo man es hintun soll". Vielleicht haben Sie auch schon einmal das Gefühl gehabt, dass es in einem Moment, in dem Sie einen Zusammenhang gesehen haben, „klick" macht. Wenn „der Groschen gefallen ist", ist wieder ein Pfad gelegt. Dabei gibt es die eher groben Verbindungen, sozusagen die „Autobahnen", mittelstarke Routen und eher tieferliegende, komplizierte Zusammenhänge, die man nur über mühseliges „Zu-Fuß-Gehen" herstellen kann. Unterirdische Tunnel findet man dort, wo scheinbar Unzusammenhängendes auf einmal ineinander greift. Die Wissensstrukturen, die sich verschiedene Menschen im Lauf ihres Lebens erarbeiten, können sich stark unterscheiden. Was dem einen ein Knoten, ist dem anderen ein dicht verzweigtes Teilnetz. Ein Spezialist für Bluterkrankungen hat natürlich eine völlig andere Vorstellung vom Begriff „Blutzelle" als ein Laie, dessen Wissen sich im äußersten Fall darauf beschränkt, dass es drei Sorten von Blutzellen gibt. Eine Biologin hat dann wiederum eine andere Sichtweise als eine Pharmazeutin oder eine Hausärztin.

9.3 Visualisierung

Anschaulich beschreiben heißt: Der Hörer oder Leser kann sich ein Bild machen. Bilder sind einprägsam, signifikant und lassen sich oft schneller verstehen als ein linearer Text. Das Wort „Information" rührt vom lateinischen „informare – eine Gestalt geben, formen, bilden" her. Wer das Bild eines Hundes sieht, braucht keine Beschreibung mehr, um zu wissen, um was es sich handelt.

Auch Formeln haben etwas mit Bildern, mit „sich etwas einbilden" zu tun. Von Einstein beispielsweise wird berichtet, dass sein wissenschaftliches Denken sich in Bildern vollzog und es ihn große Mühe kostete, das, was er dachte, in Worte und Formeln zu übertragen, so dass es auch anderen zugänglich wurde.

Sichtbar machen ist eine Art, Zugang zu neuem Stoff zu gewinnen. Selbst wenn im Lehrbuch keine Abbildungen sind: Sie selbst können die Dinge

- gegenüberstellen,
- voneinander abgrenzen,
- illustrieren,
- einrahmen und
- unterteilen.

Jeder dieser Schritte kann helfen, sich dem Kern der Sache zu nähern. Dafür muss man keine ausgeklügelte Technik erlernen.

9.4 Verständnislücken erkennen und schließen

Die Schwierigkeit beim Nichtverstehen ist oft, dass man seine eigenen Missverständnisse nicht wahrnimmt. In der Klausur, in der mündlichen Prüfung oder beim Seminarvortrag ist es dafür zu spät. Übungsaufgaben und Testfragen sind hier die richtigen Mittel. Wenn Ihnen solche Gelegenheiten gegeben sind, nehmen Sie diese wahr! Wenn man nicht sicher ist, ob man etwas verstanden hat, hilft nur der Abgleich mit anderen, in der Arbeitsgruppe oder im Tutorium. Auch ein Literaturstudium hilft weiter: Deckt sich das, was andere Autoren schreiben, mit Ihrer Sicht der Dinge? Missverständnisse können sich über Jahre unentdeckt halten, beispielsweise weil sie auf einem Begriff beruhen, den man niemals näher unter die Lupe genommen hat. Irgendwann heißt es dann „Und ich dachte immer…!"

Manchmal ist der Begriff „Verständnislücke" jedoch eine schmeichelhafte Untertreibung. Bei dem Tempo eine Hoch-

schulvorlesung kann es leicht passieren, dass man einfach überhaupt nichts mehr versteht. Wenn Sie einen erfahrenen Studenten fragen, kann der ihnen wahrscheinlich voraussagen, in
welchen Veranstaltungen Sie dieses Gefühl hoffnungsloser Ver-
lorenheit spätestens ereilen wird. Bevor Sie sich nur noch in
Abbruchgedanken und Depressionen ergehen, sprechen Sie unbedingt andere an! Ihre direkten Kommilitonen, jemanden aus
der Fachschaft, einen Studienberater, einen Assistenten. An einigen Fachbereichen haben sich schon Mentorenmodelle etabliert,
unter anderem, um Studierende in dieser „Verzweiflungsphase"
abzufangen. Manch einer hat einen guten Tipp für Sie, und gemeinsames Leid tröstet.

Sich außerhalb der Hochschule Rat zu holen, kann auch hilfreich sein, aber Vorsicht: Die Eltern wollen es womöglich sowieso gleich gewusst haben. Die Freundin in der Banklehre rät
zu einer praktischen Ausbildung. Der große Bruder sieht sich in
seiner Überlegenheit bestätigt und macht Sie einmal mehr klein.
So kann es gehen, wenn man nur ein wenig moralische Unterstützung gesucht hat.

Was tun, wenn man etwas auch beim wiederholten Lesen oder
Hören nicht versteht? Zunächst also: Nicht verzweifeln, sondern
mit anderen sprechen. Das ist sicher das Allerwichtigste, um seelisch irgendwie im Lot zu bleiben.

Flucht-, Ausweich- und Verweigerungsmanöver sind verständliche Reaktionen gegen das Gefühl, ein Brett vor dem Kopf
zu haben. Es mag phasenweise schwer fallen, denjenigen, der
einem die Hieroglyphen vorträgt, nicht zu hassen. Abert es hilft
ja nicht wirklich. Denken Sie daran, dass es nicht mehr üblich
ist, den Überbringer schlechter Nachrichten zu steinigen, so wie
es in Hiobs Zeiten der Fall war. Man kann sich leicht in eine
destruktive Haltung hineinsteigern. Das Durchdringen des Stoffs
kann Ihnen ein Dozent höchstens erleichtern, niemals abnehmen.
Der Zorn auf die schlechte Didaktik vernebelt die Sinne.

Bekämpfen Sie Ihre Fluchtgedanken, bleiben Sie hartnäckig
und verzweifeln Sie nicht an sich. Das ist schwer und man lernt
es niemals vollkommen. Das oft propagierte „positive Denken"

kann hier sogar hinderlich sein, weil es allzu rasch nahe legt, die Verzweiflung sei Folge einer „falschen Programmierung". Komplexe Sachverhalte erfasst man jedoch nicht durch Selbsthypnose, sondern nur durch harte Arbeit.

Die folgenden Wege sind, wie ich hoffe, produktiver als Flucht und Verzweiflung. Sie heißen Gewöhnung, Diskussion, Fragen und Literaturrecherche.

9.4.1 Beharrlichkeit und Gewöhnung

Viele Begriffe versteht man nicht durch wiederholte Erklärungen, sondern nur, indem man sich mit der Zeit daran gewöhnt. Das klingt eigenartig, aber betrachten wir ein Wort wie „Ironie": Im Fremdwörterbuch findet man dazu die Erklärung „feiner, verdeckter Spott, mit dem man etwas dadurch zu treffen sucht, dass man es unter dem auffälligen Schein der eigenen Billigung lächerlich macht"[2]. Diese Beschreibung klingt sehr abstrakt und trifft nur zum Teil das, was wir empfinden, wenn wir mit Ironie konfrontiert werden. Zum Verständnis des Begriffs gehört nämlich nicht nur die Erklärung, sondern auch die Erfahrung. Die meisten Begriffe erlernen wir auf diesem Weg. Man kann eine Sprache ja auch nicht aus dem Wörterbuch lernen, sondern nur in der aktiven Verwendung. Wir können Fahrrad fahren, ohne deshalb sagen zu können, was wir genau tun, um das Gleichgewicht und die Spur zu halten. Ebenso wie Fahrrad fahren lernt man eine Fachsprache nur durch Übung. Der Unterschied besteht darin, dass die Fachbegriffe vorgegeben sind und in sehr gedrängter Form und unter Zeitdruck vermittelt werden, und man das Gefühl hat, man müsste sie gleich verwenden können. Das klappt ebenso wenig wie man nach Anleitung innerhalb einer Viertelstunde schwimmen lernen kann.

---

[2] Duden Fremdwörterbuch von 1990.

Einen großen Teil unseres Wissens und unserer Begriffsbildung erfassen wir über Beispiele. Das sind etwa die Situationen, in denen wir Ironie beobachtet haben (vielleicht ohne schon zu wissen, dass dies Ironie ist). Sie wissen vielleicht nicht, was ein *slippery-slope*-Argument[3] ist, aber die Erfahrung damit haben Sie ganz bestimmt schon gemacht. Diese Form der Argumentation begegnet uns, wenn eine für einen Spezialfall akzeptierte Regel in einem anderen Fall nicht akzeptiert werden kann und keine scharfe Trennlinie zwischen den beiden Fällen sichtbar ist. Soweit die (schon vereinfachte) formale Definition. Am Beispiel, wie dieses Prinzip benutzt wird: „Wenn in einigen Fällen eine Form der Folter zugelassen oder auch nur nicht bestraft wird, werden Folter und polizeilicher Willkür Tür und Tor geöffnet." Beispiele sind zur Illustration und für das Einprägen eines Begriffs wesentlich. Tatsächlich sind Beispiele oft die Grundlage für eine Begriffsbildung, indem ein Begriff das beschreibt, was verschiedenen Beispielen gemeinsam ist, hier die Argumentation der Form „Wenn das jeder machen würde, wo kämen wir hin…"

Auch an wissenschaftliche Begriffswelten kann man sich gewöhnen; tatsächlich ist diese Gewöhnung und später das eigenständige Beherrschen der Fachsprache das Ziel eines Studiums. Zeit- und Leistungsdruck machen es schwer, sich diese Sprache anzueignen, ohne daran zu verzweifeln. Aber man kann sich mit dem Denken nicht beeilen. Mit Gewalt erreicht man nichts; selbst Disziplin beim Lernen hilft nur in begrenztem Umfang. Denn am Schreibtisch sitzen und starren, nur um nicht das Gefühl zu haben, man sei faul, löst die Verständnisprobleme auch nicht.

Wenn Sie an einer Stelle stocken und denken, nicht mehr voranzukommen, dann ist es am besten, zuerst eine Pause zu machen. Auch Gedanken haben eine „Reisezeit". Aufstehen, aus

---

[3] Nachzulesen in: Hubert Schleichert. Wie man mit Fundamentalisten diskutiert, ohne den Verstand zu verlieren. Vgl. Abschn. 5.5.

dem Fenster schauen, einen Apfel essen – manchmal genügt eine kurze Unterbrechung; manchmal muss es aber auch ein Tag sein. Wie Ihnen jeder Wissenschaftler bestätigen wird: Viele Einsichten beanspruchen jahrelange „Einwirkzeit".

Wiederholen Sie dann, was Sie zuvor gelernt haben, und versuchen Sie, das Neue einzupassen. Manchmal werden Dinge erst im weiteren Verlauf des Textes klar, wenn sich zeigt, in welchen Zusammenhang sich die Begriffe einordnen lassen oder was als entscheidendes Resultat erzielt wird. Vergleichen Sie es mit einem Gemälde: Die Einzelheiten sind oft schwer zu erkennen, bevor das Bild fertig ist und eine Gesamtansicht zulässt.

Allerdings kann es auch sein, dass eine einzige Verständnislücke – etwa weil ein Begriff vorausgesetzt wird, den Sie nicht parat haben – Sie am Verstehen des ganzen Textes hindert. Dann darf man nicht über seine Lücken hinweglesen, sondern muss diese erst einmal schließen. Wenn ein Begriff unbekannt ist, kann man ihn nachschlagen, aber wenn man einen Satz einfach nicht versteht, hat man ein Problem.

Versuchen Sie dann, die Sache auch noch von einer anderen Seite her zu sehen, machen Sie sich ein paar Notizen, tüfteln Sie an einem Beispiel. Es ist manchmal mächtig schwer, aus festgetretenen Denkbahnen herauszukommen.

Martins Mutter hat drei Kinder: Sching, Schang ... und wie heißt das dritte?[4]

9.4.2 Diskussion

Die produktivste Art, sich mit dem Lernstoff auseinanderzusetzen ist sicher die Diskussion in einer Arbeitsgruppe. Unter Gleichgesinnten und „Ranggleichen" kann man auch mal vor sich hin phantasieren, was denn wie zu deuten sei. Man merkt, dass andere an denselben Stellen hängen bleiben oder einen an-

---

4 Martin, wie sonst!

deren Blickwinkel einnehmen, aus dem die Sache leichter zu durchschauen ist. Hier können Sie sich auch mit Ihren unterschiedlichen Vorkenntnissen gegenseitig aushelfen. Schwierige Sachverhalte werden viel plastischer, wenn man mit anderen darüber redet, eine Erfahrung, die Kleist in einem Brief beschrieb:

> Wenn du etwas wissen willst und es durch Meditation nicht finden kannst, so rate ich dir, mein lieber, sinnreicher Freund, mit dem nächsten Bekannten, der dir aufstößt, darüber zu sprechen. Es braucht nicht eben ein scharfdenkender Kopf zu sein, auch meine ich es nicht so, als ob du ihn darum befragen solltest: nein! Vielmehr sollst du es ihm selber allererst erzählen. Ich sehe dich zwar große Augen machen, und mir antworten, man habe dir in frühern Jahren den Rat gegeben, von nichts zu sprechen, als nur von Dingen, die du bereits verstehst. Damals aber sprichst du wahrscheinlich mit dem Vorwitz, *andere*, ich will, dass du aus der verständigen Absicht sprechst, *dich* zu belehren, und so können, für verschiedene Fälle verschieden, beide Klugheitsregeln vielleicht gut nebeneinander bestehen. Der Franzose sagt, l'appétit vient en mangeant, und dieser Erfahrungssatz bleibt wahr, wenn man ihn parodiert, und sagt, l'idee vient en parlant.
>
> *Heinrich von Kleist*[5]

Nur in einer Arbeitsgruppe hat man auch einmal wirklich Zeit, die Dinge auszudiskutieren, die in den zeitlich abgezirkelten Veranstaltungen der Hochschule keinen Platz haben. Eine Arbeitsgruppe spart auch enorm viel Zeit, etwa, indem Aufgaben im Groben diskutiert werden und dann auf die Teilnehmer verteilt werden, die die Ausarbeitung übernehmen. Siehe auch Kap. 8.

---

[5] Heinrich von Kleist. Über die allmähliche Verfertigung der Gedanken beim Reden. Zitiert nach der Internet-Ausgabe des Kleist-Archivs Sembdner, Heilbronn, www.kleist.org.

9.4.3 Fragen stellen

Erst wenn Sie trotz eigenem Bemühen und Diskussion in der Arbeitsgruppe immer noch vor einem unüberwindlichen Hindernis stehen, ist es ratsam, jemanden zu fragen, der im Stoff schon etwas weiter ist. Wer aus lauter Ungeduld immer gleich losrennt und andere mit seinen Fragen löchert, entwickelt sich zu einer unselbstständigen Nervensäge. Fragen stellen will auch gelernt sein. Vergleichen Sie es mit der Reklamation einer Urlaubsreise: Wichtig sind erst einmal die Fakten. Wer sind Sie, wohin sind Sie gefahren, was genau hat Sie gestört? Die Angestellte im Reisebüro ist ja vielleicht gewillt, Ihnen zu helfen, aber wenn Sie gleich lospoltern, was für ein Saftladen doch dieser Reiseveranstalter sei, hat sie keine Handhabe. Und ebenso wird Ihnen die wissenschaftliche Mitarbeiterin sicher gern etwas erklären, aber was soll sie schon auf die Beschwerde „Ich verstehe das alles nicht!" erwidern? Also: Was ist Ihr Thema und an welcher Stelle haben Sie Unklarheiten? Oft beantwortet man sich eine Frage in dem Moment, in dem man sie formuliert, selbst.

Bei manchen Fragen zeigt sich, dass sie falsch gestellt sind, oder sie lösen sich von selbst auf, weil sie nicht mehr von Interesse sind. Es hat keinen Sinn, nach der Farbe der Zahl 3 zu fragen (Wittgenstein nannte das einen „Kategorienfehler"). Ich habe einmal meine Eltern gefragt, ob außer Löwen noch andere Tiere Senf geben. Ich hatte die Aufschrift *Löwensenf* auf einer Tube gesehen und dachte, dann könne es ja vielleicht auch Tigersenf geben (bei einem anderen Kühlschrank-Bestand hätte ich mich vielleicht gefragt, ob *Delikatess* auch ein Tier ist).

Eine Frage stellen zu können, bedingt also schon ein gewisses Vorverständnis. Wenn am Ende eines Seminarvortrags überhaupt keine Fragen kommen, kann dies bedeuten, dass alle alles verstanden haben. Wahrscheinlicher und leider häufiger ist es aber, dass beim Publikum so wenig angekommen ist, dass niemand sich in der Lage sieht, mit einer Frage einzuhaken.

Angenommen also, Sie haben Ihre Frage formuliert und an jemanden adressiert. Das führt unglücklicherweise auch nicht immer zum Erfolg. Zum einen weiß die betreffende Person es vielleicht selbst nicht besser. Das ist nicht unbedingt von Nachteil, denn in einer anschließenden Diskussion löst sich mancher Knoten. Verschiedene Personen erklären und verstehen Dinge auf verschiedene Arten. Nicht jeder kann einen schwierigen Sachverhalt klar und verständlich darstellen. Das gilt nicht nur für Personen, das gilt folgerichtig auch für Bücher.

Wenn Sie sich darüber ärgern, dass jemand nicht gut erklärt, denken Sie einmal daran, was Sie aus Ihrem letzten Urlaub gemailt oder gesimst haben, oder wie Sie einen Kinofilm beschreiben, den Sie gesehen haben. Die meisten Leute kommen über „sehr schön" oder „echt lustig" nicht hinaus. Entsteht durch solche Schilderungen ein Bild im Inneren des Gegenübers? Wohl kaum. Es ist gar nicht so einfach, etwas so zu beschreiben, dass der andere sich wirklich *ein Bild* machen kann. Einen Sonnenuntergang erfasst man mit einem Blick und mit allen Sinnen. Ihn in Einzelteile zu zerlegen und dann so zu beschreiben, dass dasselbe Bild entsteht, ist gar nicht möglich.

Derjenige, den Sie zu einer Sache befragen, hat vielleicht gar keine Vorstellung davon, wo bei Ihnen die Verständnisschwierigkeiten liegen. Aber das weiß man vorher nicht. Denn es gibt auch Fragen, die geradezu automatisch bei Anfängern entstehen und auf die erfahrene Dozenten schon vorbereitet sind. Wie bereits erwähnt, ist es sogar oftmals notwendig, bestimmte Fehler zu machen, damit man Zusammenhänge durchschaut.

Wenn ein leibhaftiger Mensch erklärt, hat das nicht nur den Vorteil, dass Ihre Frage individuell behandelt werden kann und sich Ihr Gegenüber genau auf Ihren Wissensstand einlassen kann, im Gespräch offenbart sich so manches in begleitenden Gesten, so wie man eine Wendeltreppe unwillkürlich mit einer drehenden Handbewegung beschreibt.

Nun ist es aber leider nicht immer so, dass Ihnen ein hilfreicher Mensch zur Seite steht, wenn Sie vor einem kleinen Verständnisproblem stehen, und Ihnen willig und geduldig jeden Schritt noch einmal erklärt. Auch unter Studenten gibt es überhebliches Gehabe, wenn man sich „bloßstellt" und zugibt, dass man eine Lücke hat. Statt einer vernünftigen Erklärung bekommt man einen Berg von Literaturhinweisen oder ein hochnäsiges „Du musst erst mal …" (dieses und jenes lesen, eine Aufgabe lösen, das Studium aufgeben…). Manche Auskunft ist auch schlicht falsch. Zusammengefasst: In manchen Fällen hilft die Fragerei, so mutig und gezielt sie auch gewesen sein mag, einfach nicht weiter. Da bleibt nur noch ein intensiverer Blick in die Bücher.

9.4.4 Literatur- und Internetrecherche

Unter Studenten herrscht oft eine gewisse Trägheit, was das Literaturstudium angeht. Einerseits gibt es die Befürchtung, dass allzu viel verschiedene Bücher verwirren, und andererseits die Weigerung, sich mit Büchern auseinander zu setzen, die vom Professor nicht empfohlen wurden die und nicht im engeren Sinne prüfungsrelevant sind. Es macht natürlich Mühe, nach Literatur zu suchen, sich die entsprechenden Werke zu beschaffen und sie zu lesen. Führen Sie sich die Vorteile des Literaturstudiums vor Augen: Ein Buch ist im Gegensatz zum Lehrpersonal immer verfügbar. Sie brauchen keinen Termin in der Sprechstunde, Sie müssen nicht bis zur nächsten Vorlesung warten, selbst nachts um drei können Sie ein Buch an der Stelle aufschlagen, an der Sie wollen. Vielleicht kann ein Professor in München die Sache besser erklären als Ihr Dozent in Hamburg – wenn der Münchener ein Lehrbuch verfasst hat, können Sie davon profitieren. Ein Buch hält Sie nicht durch längliche Vorreden auf, denn was Sie nicht interessiert, können Sie überblättern. Ein Buch ist verschwiegen, bewertet Sie nicht und trägt Ihnen nicht nach, dass Sie an ein und derselben Stelle immer wieder hängen bleiben und an anderen Stellen einfach „nicht zuhören".

Da Sie spätestens bei Ihrer Abschlussarbeit eine intensivere Literaturrecherche machen müssen, lohnt es sich, schon frühzeitig eine gewisse Findigkeit zu entwickeln. Werfen Sie einen Blick in die „Konkurrenzwerke" zu der Vorlesung, die Sie gerade bearbeiten. Beispiel Mathematik: In der Mathematikvorlesung für Mathematiker werden Sachverhalte meist in größtmöglicher Allgemeinheit und auf hohem Abstraktionsniveau dargestellt. Nicht jeder Dozent ist in der Lage, auch eine Anschauung mitzuliefern, die Ihnen einen intuitiven Zugang zum Stoff vermittelt. In Mathematikvorlesungen, die sich an Biologen, Psychologen, Betriebswirte oder Ingenieure wenden, wird dagegen viel mehr auf den praktischen Bezug geachtet und die entsprechenden Lehrbücher sind demgemäß auch anders aufgebaut. Nachzulesen, wie andere die Dinge sehen und darstellen, kann den entscheidenden Verständniskick geben. Bücher sind wie Autoren mal spröde, mal geschwätzig. Wenn Sie Glück haben, finden Sie einen, der an der richtigen Stelle wortreich ist.

Auch im World Wide Web findet man oft Hilfe. Benutzen Sie die Suchmaschinen und fachspezifische Portale und Foren. Besuchen Sie Online-Enzyklopädien wie Wikipedia (siehe auch Kap. 21).

Aber bedenken Sie (vgl. Abschn. 7.2.2): Im Gegensatz zu einem aus dem Augenblick motivierten Beitrag in der Newsgroup ist ein Lehrbuch normalerweise aus einer Veranstaltung hervorgegangen, die wiederholt gehalten wurde von Leuten, die jahrelange Erfahrung mit den Klippen dieses Stoffs haben. Im Internet kann jeder seine Ideen präsentieren, gleichgültig wie verquast und abwegig sie sind. Und schlecht abgeschrieben wird natürlich auch. Nur ausgewählte Webseiten sind auch zitierfähig. Nun stehen in Büchern auch nicht immer nur richtige Dinge, und vom Entdecken zum Ausbügeln eines Fehlers ist der Weg lang. Die Qualitätssicherung bei der *Wikipedia* ist erstaunlich gut – und vor allem schnell.

Das Internet ist ohnehin hervorragend geeignet, wenn man schnell auf Faktenwissen zugreifen will, die Eignung ist so hervorragend, dass sich manch einer fragt, wozu man sich noch etwas merken soll. Die Bundesstaaten der USA findet man beinahe auf einen Klick. Ob sich da noch das Auswendiglernen lohnt?

Für größere Sinnzusammenhänge bemüht man dennoch nach wie vor lieber ein Buch – wobei die Übergänge ja mit der Erfindung des eBooks ohnehin beginnen, fließend zu werden.

9.5 Eigene Ideen entwickeln

Es ist ein gewaltiger Schritt vom bloßen Verstehen zum Selbermachen. Beispiel Informatik: Der Vorgang, ein Problem in ein Programm umzusetzen, ist ein in höchstem Maße kreativer Vorgang. Man muss zunächst den Sachverhalt durchschauen, dann die Werkzeuge passend auswählen, und um ein wirklich pfiffiges Programm zu schreiben, braucht man dann einen richtig guten Einfall.

Leider empfinden sich viele Menschen als phantasielos, weil sie meinen, Phantasie hätte nur etwas mit „Geschichten erfinden" zu tun. Vorstellungskraft ist jedoch der Motor einer jeden Wissenschaft.

Viele „Kunstgriffe" lernt man in den ersten Semestern. Bestimmte Vorgehensweisen gehören zum Standardrepertoire eines jeden Fachs. Diese muss man erst beherrschen, bevor man eigenständig arbeiten kann.

Darüber hinaus ist es wichtig,

- sich Zeit zu lassen und Vertrauen zu haben: Der Knoten löst sich nicht immer sofort. Manchmal braucht man eine ganze Weile, bis etwas klar erscheint. Man darf sich von der Verzweiflung, festzustecken, nicht überwältigen lassen.

- offen zu sein: Vielleicht kommen Sie auf einem ganz anderen Weg zum Ziel. Reden Sie mit anderen! Manchmal kommt man dabei auf ganz neue Ideen.

Wissen kann man nicht einfüllen wie Sand in einen Eimer. Lernen, Verstehen und das Entwickeln neuer Ideen sind Prozesse, die in höchstem Maße sprunghaft und unvorhersehbar verlaufen. Man beschreibt dies mit. Vergleichen von Knoten, die

aufspringen und Groschen, die fallen. Weder großer Ehrgeiz
noch gute Didaktik können an dieser Sprunghaftigkeit etwas ändern. Man kann sich wochenlang in den „Mühen der Ebene"
befinden, bevor ein wirklich guter Einfall kommt oder der Verständniskick, auf den man lange gewartet hat. Nur wenn man
sich das klar macht, kann man die notwendige Geduld aufbrin-
gen, die man braucht, um schwierige Sachverhalte zu durchschauen.

Klausbernd Vollmar [Vol00], Psychologe und Buchautor,
sagt: „Kreativität setzt die regelmäßige Entsorgung Ihres Psy-
chomülls voraus". „Psychomüll" ist eine treffende Beschreibung für festgefahrene Verhaltensweisen, starre Denkmuster und
destruktive Selbstgespräche. Manchmal genügt ein einziges Er-
lebnis, um sich einen Schuh anzuziehen, der eigentlich gar
nicht passt. Typisches Beispiel: Die „Ich kann nicht"-Falle.
Sie können nicht zeichnen, formulieren, phantasieren, argumentieren? Hat Ihnen das ein großer Bruder, eine Lehrerin oder
eine Klassenkameradin gesagt? Vielleicht war das eine aus dem
Moment entstandene Zuschreibung, die Sie für die Ewigkeit in
sich aufgenommen haben. Wer sich sicher ist, dass andere ihm
etwas zutrauen, traut sich auch selbst mehr zu. Suchen Sie in Ihrem Gedächtnis nach den positiven Urteilen, die Sie bekommen
haben.

Gegen starre Denkmuster, die immer in dieselben Sackgas-
sen laufen, helfen Anregungen von außen: Durch Bücher oder
Gespräche kommen Sie buchstäblich auf neue Gedanken. Sich
verbeißen ist selten hilfreich, und Konzentration ist etwas anderes als Verkrampfung.

Nutzen Kreativitätstechniken? Von Mindmapping über Brainstorming, von Reizwortanalyse bis Metaplan gibt es einen ganzen Zoo von Anleitungen zum kreativen Lösen von Problemen
(einen Überblick bekommt man beispielsweise bei Wikipedia).
„Technik" ist mit geplantem, logischen, oft schematisiertem
Vorgehen assoziiert. Ideen sind aber viel zu flüchtig und un-
berechenbar, um sie in ein System zu pressen. Die „Kopfstandtechnik" beispielsweise soll helfen, ein Problem zu lösen, indem

man es in sein Gegenteil verwandelt und die erforderlichen Maß-
nahmen ebenso verdreht. Beispiel: Statt zu überlegen, wie ich
den Absatz dieses Buches in die Höhe treiben könnte, überlege
ich, wie ich denn möglichst viele Leute *davon abhalten* könnte,
das Buch zu kaufen. Habe ich dazu Ideen gesammelt, befolge
ich gerade das Gegenteil – Problem gelöst! Logisch ist das nicht
haltbar (und das ist wohl auch nicht beabsichtigt). Wenn ich den
Druck des Buches verweigere, wird das Buch natürlich auch
nicht verkauft. Gebe ich aber das Imprimatur[6], so ist damit zwar
eine Bedingung für den Verkauf erfüllt, aber es ist nicht gewähr-
leistet, dass auch nur ein einziges Exemplar über den Ladentisch
geht. Die Kopfstandtechnik mag in manchen Fällen zum Erfolg
führen, aber die Möglichkeiten sind ganz sicher begrenzt.

Viele Autoren beschreiben Kreativität weniger als Tätigkeit,
sondern als eine Geisteshaltung. Karl-Heinz Brodbeck, Professor für Volkswirtschaftslehre, Statistik und Kreativitätstechniken
an der FH Würzburg, verbindet Kreativität vor allem mit Acht-
samkeit – Kreativität ist etwas, wofür man sich *entscheidet*:

> Jeder Mensch muss seine, jede Gruppe ihre eigene Kreativitätstech-
> nik entwickeln. Das gelingt dadurch, dass man sein eigenes kreatives
> Potential, die Möglichkeiten der eigenen Situation durch *Achtsam-
> keit* entdeckt und verändert. Diese geheimnisvolle Kraft der Acht-
> samkeit ist in jeder Situation gegenwärtig. Der Weg zur *Befreiung*
> von ihren Einschränkungen ist die *Erkenntnis* ihrer Schranken. *Dann*
> können die Beschränkungen, d. h. die Routinen und Gewohnheiten,
> *genutzt* und verwandelt werden. Sie sind nicht länger Hindernisse,
> sie sind Helfer. Die Achtsamkeit erschafft das Neue aus dem Mate-
> rial des Alten, formt es um und verwandelt es. Durch Achtsamkeit
> verwandeln sich die Beschränkungen in die Diener der Kreativität.
> [Bro95], S. 3 (Hervorhebungen durch den Autor)

Auch Klausbernd Vollmar beschreibt die Kreativität vor allem als einen unkonventionellen Stil, als Offenheit, Unbefangen-
heit, Mut und Neugier; weder muss zwangsläufig etwas „Neues" noch etwas unmittelbar Verwertbares dabei herauskommen

---

[6] Lat. es werde gedruckt; Druckgenehmigung des Autors.

[Vol00]. Als Kreativitätshemmer beschreibt er Anpassungsstreben, zuviel Wissen, Verbissenheit und Erfolgssucht.

Und Dietrich Dörner, Professor für kognitive Psychologie, hat für die heute so populären Kreativitätstechniken nur beißende Kritik übrig:

> Viele Personen und Institutionen empfehlen „Kreativitätstechniken" (und sie empfehlen sie meist nicht nur, sondern wollen sie für teures Geld verkaufen). Da gibt es Brainstorming, Synektik, die 3-W-Methode, die O5P-Methode usw.[...] Andere Leute haben entdeckt, dass die rechte und die linke Hirnhälfte unterschiedliche Funktionen haben, und empfehlen insbesondere die verstärkte Nutzung der rechten Hirnhälfte, die nach ihrer Meinung hauptsächlich für so etwas wie Kreativität verantwortlich ist. Was ist von all dem zu halten? Die Wahrscheinlichkeit, dass es einen bisher geheimen Kunstgriff gibt, der das menschliche Denken mit einem Schlag fähiger macht, der es mehr in die Lage versetzt, die komplizierten Probleme, die sich darbieten, zu lösen, ist praktisch wohl null! Wir müssen mit dem Gehirn umgehen, welches wir bekommen haben. Wir haben keine 90 Prozent ungenutzte Gehirnkapazität, und wir haben keinen verschütteten Zugang zu einer Schatzhöhle der Kreativitätstechniken, die wir nur zu öffnen brauchen, um auf einen Schlag kreativ und bei weitem intelligenter zu werden. [...] Es gibt keinen Zauberstab, welcher mit einem Schlag unser Denken verbessern könnte.
> [Dör03], S. 294f.

Von Kreativitätstechniken kann man sich sicher inspirieren lassen und mit vielen hat man seinen Spaß, insbesondere auch in Gruppen; man darf sie aber nicht als Universalmittel ansehen und sollte sich durch sie nicht festlegen lassen.

Kapitel 10
Mathematik im Studium

> *„Man kann nicht alles ausrechnen"*, sagte der
> *ABC-Schüler.*
> – PETER ALTENBURG

> *Jede Wissenschaft ist so weit Wissenschaft, wie*
> *Mathematik in ihr ist.*
> – IMMANUEL KANT

> *Die Mathematik ist Tapferkeit der reinen Ratio.*
> – ROBERT MUSIL

> *Alles ist Zahl.*
> – PYTHAGORAS

Die Vorlesungen nennen sich „Analysis II", „Mathematik für
Bauingenieure" oder „Statistik für Biologen". Mathematik wird
in sehr vielen anderen Fächern gebraucht, und nicht selten bildet Mathematik eine Art Eintrittskarte zu einem Studiengang:
„Wenn du kein Mathe kannst, dann solltest du auch nicht Elektrotechnik studieren" bekommt man da zu hören oder „Für Psychologie brauchst du aber viel Statistik".

Wie geht man mit diesen „Drohungen" um? Von mutiger
Entschlossenheit zur „Beratungsresistenz" ist es nur ein kleiner
Schritt. Dieser Abschnitt soll Ihnen bei der Entscheidung für ein

B. Messing, *Das Studium: Vom Start zum Ziel*, 2. Aufl.,
DOI 10.1007/978-3-642-20651-1_10,
© Springer-Verlag Berlin Heidelberg 2012

mathelastiges Studium helfen und dabei, Ihren Weg durch das oftmals sperrigste Fach des Studiums zu finden.

10.1 Mathe – geht gar nicht?

Viele Menschen finden ihr ganzes Leben lang keinen Zugang zur Mathematik, und oft werden mathematische und sprachliche Fähigkeiten als entgegengesetzt liegende Pole der Begabungsskala angesehen. Mathematik schwer zu finden ist allerdings populärer als sich mit der Sprache schwer zu tun – eine sonderbare, in Deutschland verbreitete Einstellung, die man in anderen Ländern so nicht findet. Sie geht einher mit einer Auffassung, nach der Bildung vor allem Literatur und Kunst umfasst, Mathematik und Naturwissenschaft aber außen vor lässt. Mathematik gilt als Angstfach, als trocken, langweilig und weltfremd. Um Mathematik betreiben zu können, muss man, so die allgemeine Meinung, vor allem abstrakt und formal denken können. Und das kann man – oder man kann es eben nicht. Und nicht wenige, die mathematisch begabt, aber literarisch uninteressiert sind und beim Deutschaufsatz kaum über zwei Seiten hinauskamen, meinen, auf die Geisteswissenschaften herabsehen zu können („Laberfächer"). Von keiner dieser Fraktionen sollte man sich irre machen lassen.

Falsch und unproduktiv sind die mehr oder weniger verdeckt bestehenden Leitsätze, nach denen

- Mathematikbegabung heißt, „gut rechnen" zu können oder Telefonnummern nach dem ersten Lesen auswendig zu können;
- Mathematik eine formelhafte Sicht auf die Welt voraussetzt oder lehrt;
- logisches Denken „unkreativ" ist und man außerhalb der Mathematik ohne logisch-präzises Denken auskommt;
- Mathematik schon aus Prinzip komplizierter und langweiliger als andere intellektuelle Tätigkeiten ist;

- der größte Teil der Mathematik nur für Lehrer und weltabgewandte Wissenschaftler gut ist;
- mathematische Methoden für weniger Begabte nicht erlernbar sind;
- Mathematik nach Klasse 13, nach der Bachelor-Prüfung, nach dem Masterabschluss oder zu einem späteren Zeitpunkt „aufhört".

Die Gleichung Mathematik = formales Denken ist falsch, wenn man unter formalem Denken nichts anderes versteht als Anwenden von vorgegebenen Anleitungen. Und es ist ebenso irreführend zu denken, gute Rechenfähigkeiten und das „gern mit Zahlen umgehen" korreliere mit einer ausgeprägten mathematischen Begabung. Ohne Zweifel ist die Fähigkeit, auch ohne Taschenrechner einfache Multiplikationen ausführen und sich Zahlen länger als sechzig Sekunden merken zu können, äußerst praktisch. Aber der Gemüsehändler auf dem Markt ist darauf eher angewiesen als ein Mathematiker, dessen Augenmerk mehr auf Strukturen liegt und der im Zweifelsfall den Computer für sich arbeiten lässt.

Die Koketterie, mit der sich viele Menschen als „mathematisch total unbegabt" bezeichnen, ist offenbar nicht auszurotten. Diese zur Schau getragene Ahnungslosigkeit bezieht sich in fast demselben Maße auf die Naturwissenschaften, die die Methoden der Mathematik ja verwenden. Ernst Peter Fischer, Professor für Wissenschaftsgeschichte an der Universität Konstanz, berichtet in seinem Buch „Die andere Bildung" von den Worten, die ihm sein Schuldirektor mit auf den Weg gab: „Gute Leistungen in Physik, Chemie oder Biologie sind ja nicht unerwünscht, [...] aber ob jemand reif ist, das erkennt man erst an der Deutschnote." Es verwundert nicht, dass Fischer, der sich schon auf sein Studium der Naturwissenschaften freute, sich getroffen fühlte und seither „etwas gereizt" reagiert auf „literarisch oder künstlerisch versierte Leute, die sich verächtlich über die Naturwissenschaften äußern." Selbst in dem Bestseller „Bildung" von dem ehemaligen Literaturprofessor Dietrich Schwanitz findet sich eine solche Bemerkung: „Naturwissenschaftliche Kenntnisse müssen zwar nicht versteckt werden, aber zur Bildung gehören sie nicht."

Warum sich Menschen anmaßen, so etwas zu beurteilen, sei dahingestellt. Aber es nimmt nicht wunder, dass, wer mit solchen Leitbildern aufwächst, gegenüber Mathematik und Naturwissenschaften reserviert ist. Man hat dadurch aber nicht nur ein Handicap, weil in vielen Fächern mathematische Methoden verwendet werden – und zwar auch in denen, die einen vielleicht mehr interessieren, beispielsweise Wirtschaftslehre –, man verschließt sich auch gegenüber einem großen Teil menschlicher Kultur, den zu kennen unglaublich bereichernd ist. Man nimmt sich zudem die Möglichkeit, Entscheidungen des täglichen Lebens nach rationalen Kriterien zu treffen, denn vom Aktienkauf über den Abschluss einer Versicherung bis hin zur riskanten Therapie einer bedrohlichen Krankheit spielen immer wieder Berechnungen und logische Folgerungen eine Rolle, die nun einmal Gegenstand der Mathematik sind. Man ist schlicht im Vorteil, wenn man die entsprechenden Publikationen verstehen kann.

Auf dem Weg vom kindlich-begeisterten Zählen und Rechnen zur zweiten Ableitung passiert offenbar etwas, das viele Menschen – zu viele!– den Anschluss verlieren lässt. Der Mathematiker Stanislas Dehaene beschäftigt sich mit der Frage, wie aus dem anfänglich spielerischen und natürlichen Umgang mit Zahlen die Furcht vor der Mathematik und der „Zahlenanalphabetismus" werden kann. Er glaubt,[1] Zahlenanalphabetismus komme daher, dass Kinder häufig Rechenoperationen durchführen müssen, ohne über die Bedeutung dessen, was sie tun, nachzudenken. Intuition werde im Mathematikunterricht nicht gefördert, sondern behindert. Durch eine rein formale Behandlung der mathematischen Inhalte könnten Kinder keinen Bezug zur Mathematik bekommen und empfänden das Fach dann irgendwann

---

[1] S. Dehaene. Der Zahlensinn oder Warum wir rechnen können. Birkhäuser, Basel 1998.

als „reines Schulfach", das mit ihrem übrigen Leben nicht viel zu tun hat.[2]

Es ist durchaus nicht so, dass die Mathematikdidaktik dieses Problem nicht mitbekommen und nichts unternommen hat, um ihm abzuhelfen. Gerade auf das Übertragen beobachtbarer Sachverhalte aus dem alltäglichen und beruflichen Umfeld auf mathematische Modelle wird größter Wert gelegt. Die Klagen der Hochschulen über die mangelnde Grundbildung der Studierenden nehmen aber eher zu. Gerne wird hier ins Feld geführt, dass Jugendliche heute zu abgelenkt sind, zu viel Zeit vor dem Computer verbringen und sich nicht mehr konzentrieren können, und das ist sicher auch nicht ganz von der Hand zu weisen. Aber Konzentration hat immer auch mit Interesse zu tun. Und es ist womöglich vor allem dieses Interesse, das fehlt.

Keith Devlin, der über die Zusammenhänge zwischen Mathematik und Sprache forscht, behauptet, dass Mathematik eine Sprache ist, die demselben Zweck dient wie Sprache überhaupt [Dev01]: zum Tratschen über interessante Dinge. Er zieht den Vergleich zu Seifenopern im Fernsehen: Es ist ganz schön schwierig, die Beziehungsgeflechte dieser Sendungen zu durchschauen, aber das menschliche Gehirn schafft es problemlos. Würde man sich in eben dieser Intensität für mathematische Fragen interessieren, wäre es auch möglich, die Sprache der Mathematik zu beherrschen. Nach dieser Theorie würde Mathematik dadurch begreifbarer, dass man Zahlen und Begriffen Facebook-Seiten einrichtet.

Ein anderer Vergleich, den Devlin zieht, ist der Marathon-Lauf: Früher dachte man, dies ist eine Strecke, die ein Normalsterblicher nicht schaffen kann. Inzwischen ist Jogging eine Modeerscheinung und man weiß, mit entsprechendem Training schafft die Marathonstrecke im Prinzip jeder, wenn er nur will

---

[2] Dieses Schicksal erleiden andere Fächer auch. Lesen, Programmieren oder Power-Point-Präsentationen machen sind eigentlich vergnügliche Tätigkeiten – solange keine Klausur am Ende steht. Sport treiben ist auf dem Bolzplatz ja auch amüsanter als in der Schulturnhalle.

und wenn er genug trainiert. Man kommt nicht an das Niveau von professionellen Langstreckenläufern heran, doch das ist, auch bezogen auf die Mathematik, ja gar nicht notwendig.

Wie die „Tratschsucht" schwinden kann, beschreibt der Mathematikprofessor Klaus Jänich in einem seiner Lehrbücher sehr treffend:

> Ein A heißt B, wenn es zu jedem C ein D gibt, so daß E gilt – das ist zunächst einmal langweilig und bleibt es auch so lange, bis wir einen Sinn dahinter sehen können, „bis uns der Geist aus diesen Chiffren spricht". Wenn einer eine erste uninteressante Eigenschaft und eine zweite uninteressante Eigenschaft definiert, nur um zu sagen, dass aus der ersten uninteressanten Eigenschaft die zweite uninteressante Eigenschaft folgt, dass es aber ein uninteressantes Beispiel gibt, welches die zweite uninteressante Eigenschaft hat und die erste nicht: da möchte man doch des Teufels werden! Niemals ist ein Begriff aufs Geratewohl und gleichsam spielerisch in die Mathematik eingeführt worden; der Sinn ist vorher da, und der Zweck schafft die Mittel. [...] Wem allzu oft zugemutet wurde, Vorbereitungen zu unbekannten Zwecken interessant zu finden, dem erkaltet schließlich der Wunsch, diese Zwecke überhaupt noch kennenlernen zu wollen, und ich fürchte, es verlässt manch einer die Universität, der das eigentliche Zentralfeuer der Mathematik nirgends hat glühen sehen und der nun sein Leben hindurch alle Berichte davon für Märchen und das „Interesse" an der Mathematik für eine augenzwinkernd getroffene Konvention hält.[3]

Leider sind nicht alle Dozenten der Mathematik davon zu überzeugen, dass es für die Studenten wirklich wichtig ist zu erfahren, warum sie all diese formalen Dinge lernen sollen, und verweisen oftmals etwas unbestimmt auf „später". Es ist auch oft tatsächlich nicht ganz einfach zu sagen, wofür einzelne Begriffe gut sind, weil sich das Bild erst mit der Zeit abrundet (vgl. Kap. 9). Aber es hat sich doch sehr viel geändert. Ein Beispiel ist die herausragende Arbeit, die der Mathematikprofessor Albrecht Beutelspacher in puncto „Mathematik verstehen" leistet. Er gründete das Mathematikmuseum in Gießen und der überwältigende Erfolg seiner Veröffentlichungen und Vorträge zeigt,

---

[3] Klaus Jänich: Topologie. Springer, Heidelberg, 2. Aufl. 1987, S. 140.

dass es sehr wohl ein öffentliches Interesse an Mathematik gibt. In seinen Büchern macht Beutelspacher immer wieder klar, dass Mathematik kein stures Formelmanipulieren ist, sondern dass immer erst der Gedanke da war – und dann die Formel.

Diese eigentlich selbstverständliche Tatsache wird leicht übersehen, weil die Präsentation der Ergebnisse der Mathematik meist einen komplett anderen Weg nimmt. Da die Formel die prägnanteste Methode ist, einen Gedanken mitzuteilen, wird diese in aller Regel zuerst geliefert und die Idee und ihr Werdegang verkommen nicht selten zur Randnotiz, wenn sie nicht gleich ganz unter den Tisch fallen. Auf diese Art und Weise kann man natürlich nicht lernen, selbst aktiv Mathematik zu betreiben. Das zeigt sich schnell dann, wenn in der Vorlesung alle Begriffe und Sätze bereitgestellt wurden, um eine Übungsaufgabe zu lösen – aber im „Ernstfall" kaum jemand imstande ist, selbst eine Lösung zu produzieren. „Entdeckendes Lernen" wäre etwas ganz anderes: Was man selbst herausgefunden hat, das versteht und behält man auch. Nur ist für diese Art von Unterricht an den Hochschulen in aller Regel keine Zeit. Die Schwierigkeiten sind also nicht verwunderlich. Einziger Trost: Man gewöhnt sich an das Verfahren.

10.2 Nutzen und Funktion von Mathematik

Warum braucht man so viel Mathematik, auch wenn man etwas ganz anderes studiert? Darauf gibt es eine ganze Reihe möglicher Antworten, auch solche, die auf den ersten Blick vielleicht nicht ganz so offensichtlich sind.

10.2.1 Mathematik ist eine Hilfswissenschaft

Mathematik ist einerseits eine Sprache, andererseits ein Werkzeug: Eine Funktion beispielsweise stellt eine Beziehung her, etwa wenn bei steigenden Preisen für Butter die Nachfrage nach Margarine steigt. Mit mathematischen Operatoren kann man

Ordnungen darstellen, Gleichwertigkeit ausdrücken und Vorschriften formulieren. Mathematik ist eine internationale und höchst effektive Methode, Sachverhalte auszudrücken.

Mathematik ist auch ein Werkzeug: Man berechnet Flächeninhalte und Wachstumsraten oder weist nach, dass ein Computerprogramm das tut, was es soll. Nur mit mathematischen Methoden lässt sich die Wirksamkeit einer Therapie nachweisen oder eine wirtschaftliche Entscheidung rational begründen.

10.2.2 Mathematik ist eine Grundlagenwissenschaft

Mathematik setzt sich mit grundlegenden Ideen auseinander, prägt Begriffe, setzt sie zueinander in Beziehung und bestimmt das Wesentliche aus dem, das in der Wirklichkeit immer nur näherungsweise realisiert wird. Wenn man nicht die in Eimern erhältliche Wandfarbe, sondern den Farbton meint, existiert eine „Farbe" als solche nicht: Was eine Rose mit einem Stoppschild gemeinsam hat, lässt sich nur auf einer begrifflichen Ebene beschreiben – genauso wie man sechs Schafe und die Flächen eines Würfels vergleichen kann, wenn man nur eine Eigenschaft herausgreift und von den anderen abstrahiert. Wesentlichkeiten, Muster und Verhältnisse zu bestimmen ist die originäre Aufgabe von Wissenschaft.

10.2.3 Mathematik ist eine Barriere

Wenn Mathematik im Studienplan steht, dann hat sie noch eine weitere Funktion: Abschreckung und Ausgrenzung. Die Mathematikphilosophen Philip Davis und Reuben Hersh überschreiben in ihrem Buch „Descartes' Traum"[4] einen Unterabschnitt

---

[4] P.J. Davis, R. Hersh. Descartes' Traum. Über die Mathematisierung von Zeit und Raum. Von denkenden Computern, Politik und Liebe. Wolfgang Krüger Verlag, 1988.

mit „Mathematik als soziale Barriere". Sie behaupten, Mathematik sei für viele Fächer – etwa die Wirtschaftswissenschaften – nichts anderes als eine soziale Barriere, die die Studentenzahlen beschränken soll. Diese Hürde grenzt Personen aus, so wie früher die Herkunft ein Auslesekriterium war. Davis und Hersh beziehen sich dabei auf amerikanische Verhältnisse, aber offenbar erfüllt die Mathematik diese Funktion auch bei uns recht gut. Die Universitäten wollen nur „die Guten" ausbilden, und an der Mathematiknote kann man nun einmal sehen, ob jemand abstrakt-logisch denken kann und genügend intellektuelle Ausdauer hat, auch komplexe Zusammenhänge zu durchschauen. Auf diesem Hintergrund ist es zu verstehen, wenn sich Dozenten nicht bemühen, den Stoff so aufzubereiten, dass ihn, wer gutwillig und lernbereit ist, bewältigen kann. Wenn Sie der Attitüde „Wer das hier nicht kapiert, hat in diesem Studiengang nichts verloren" begegnen, kontern Sie doch zumindest innerlich mit der Einstellung „Ich lasse mich nicht rausekeln". Die meisten Dinge kann man, da bin ich mir ganz sicher, verstehen, wenn man die Scheu ablegt und sich genügend Zeit nimmt. Arrogante Dozenten bilden womöglich ein größeres Hindernis als die mangelnde Begabung. Andererseits neigen manche Menschen zu Selbstüberschätzung und erkennen zu spät, dass ihre Fähigkeiten doch nicht ausreichen, um das anspruchsvolle Studium zu bewältigen, das sie sich vorgenommen haben. Es liegt eben nicht immer nur am Lehrer, wenn man etwas nicht versteht.

Und wenn auch „Barriere" sehr unfreundlich klingt, so hat der hohe Anspruch an die Studenten doch seine Berechtigung, werden aus den Absolventen doch möglicherweise später wichtige Entscheidungsträger in Politik und Wirtschaft. Und was es bedeutet, wenn sich Menschen an wichtiger Stelle „verrechnen", das können wir täglich in der Zeitung lesen. Unermüdlich weisen Autoren nach, dass mathematische Unkenntnis zu gravierenden Fehlentscheidungen führen kann (z. B. [Gig02, vR04]). Oftmals kann man die Weigerung, sich mit Mathematik zu beschäftigen, nur als sture und gefährliche Ignoranz werten.

10.2.4 Mathematik ist Denktraining

Die Beschäftigung mit Mathematik, auch und gerade mit der, die man später „nicht braucht", hat auch ohne direkte Zweckmäßigkeit ihren Sinn, und der liegt darin, bestimmte Fertigkeiten im Gehirn auszubilden (vgl. auch [BRKT03]). Sie werden später vielleicht die Inhalte nicht mehr brauchen – wohl aber die Methoden, die „Denkmuskeln", die die Beschäftigung mit diesem Fach ausgebildet hat. Man kann es mit Latein vergleichen: Obwohl diese Sprache nirgendwo gesprochen wird und sie also keine „Anwendung" findet, ist es sehr hilfreich, sie zu lernen, weil sie das logische Denken schult und zugleich ein tieferes Verständnis für Sprache und Kultur vermittelt. Mathematik schult die Fähigkeit, exakt, abstrakt und formal zu denken und macht darüber hinaus skeptisch gegenüber vorschnellen Verallgemeinerungen, bildet Geduld und Ausdauer aus, hebt die Frustrationstoleranz und sensibilisiert für die eigene Fehlbarkeit.

Die Früchte seiner Anstrengungen erntet man erst viel später – das ist wie in der Landwirtschaft. Wenn man es aus einem sportlichen Blickwinkel heraus, sieht, kann sich aus der Mühsal mit der Zeit aber sogar Spaß an der Sache entwickeln.

10.3 Wie bewältige ich das Mathepensum?

Haben Sie sich zu einem Mathe-intensiven Studium entschlossen, sollten Sie schon im Vorfeld überlegen, ob Ihre Vorkenntnisse ausreichen. Dabei helfen Tests, solche findet man beispielsweise auf den folgenden Seiten:

> www.weblearn.hs-bremen.de/risse/MAI/docs/vorkurs.pdf
> www.mathematik-online.org
> www.mathetest.uni-bremen.de

Dabei ist immer das Zielfach entscheidend, denn die Anforderungen können sich stark unterscheiden. Fehlende Vorkenntnisse kann man nachholen, aber man muss sich klar darüber sein, dass Mathematik zeitintensiv ist. Das gilt umso mehr, wenn man mit einer weniger guten Vorbildung an die Hochschule kommt oder die Schulzeit schon etwas weiter zurück liegt. Sehr sinnvoll ist der Besuch von Vor- und Brückenkursen. Diese Kurse finden in der Regel kurz vor Semesterbeginn statt und sollen Ihnen den Einstieg in die Hochschulmathematik erleichtern. Auch Literatur zu genau diesem Zweck gibt es reichlich, z. B. das bereits in 7. Auflage erschienene Buch „Mathematik zum Studiumsanfang" von Peter Dörsam (PD-Verlag).

Man lernt Mathematik aber nicht, indem man Definitionen und Sätze auswendig lernt, genauso wenig wie man eine Fremdsprache aus dem Wörterbuch lernen kann oder Jurist werden kann, indem man die Gesetzestexte auswendig lernt. Wie überall muss das neu erworbene Wissen ständig geübt und angewendet werden, sonst vergisst man es. Konzentrieren Sie sich also besonders auf die Übungsaufgaben – Abschreiben ist vollkommen sinnlos.

Wie schon im Kap. 9 erwähnt: Nutzen Sie unbedingt die Bibliotheken. Es gibt Mathematikbücher, die sich auf die Essenz (sprich: Prüfungsstoff) beschränken, aber es gibt auch solche, die auf Erklärungen und Anwendungen setzen und bis zur Geschwätzigkeit ausarten. Stellen Sie sich die Ersteren ins Regal, aber lesen Sie die Letzteren. Lösen Sie sich von der Vorstellung, Sie müssten jedes Buch, das Sie sich ausgeliehen haben, von vorne bis hinten durchstudieren. Suchen Sie sich zu den Themen, die Ihnen Schwierigkeiten machen, ergänzende Literatur. Manchmal genügt es, einen einzigen Absatz in einem anderen Buch zu lesen, damit der Groschen fällt. Ein Besuch in der Lehrbuchsammlung ist wahrscheinlich wesentlich effektiver als zielloses Googeln (vgl. auch Abschn. 7.2.2).

Schließen Sie sich möglichst oft einer Lerngruppe an, das gemeinsame Ringen mit dem Stoff ist vermutlich die effektivste und nachhaltigste Lernmethode (siehe Kap. 8)

Den Lerneffekt eines Mathematik-Studiums beschreibt Karl-Heinz Brodbeck in seinem Buch über Kreativität. Eine kniffelige Aufgabe löst Stress und Fluchtreflexe aus. Die kann man nicht

brauchen, wenn man ruhig und gründlich nachdenken muss. Der
Mathematiker dagegen hat gelernt, ruhig zu bleiben:

> Es gelingt ihm die hinderlichen biologischen Mechanismen auszu-
> schalten. Er hat schon oft derartige Probleme gelöst und weiß: Man
> kann sie lösen; es ist nur eine Frage der Zeit. [Bro95]

Auch hier gilt: Das ist nichts Mathematik-Spezifisches. Auch
eine Zahnärztin muss Fluchtreflexe unterdrücken können, sonst
könnte sie sich wohl kaum überwinden, eine komplizierte Wur-
zelbehandlung durchzuführen. Wenn es gelingt, die Ängste zu
mindern und die Geduld zu vermehren, dann muss man sich gar
nicht mehr so viele Gedanken über seine Begabung machen.

Nicht zuletzt: Haben Sie ein Herz für Ihre Dozentinnen und
Dozenten. Davis und Hersh beschreiben den „merkwürdigen
Widerspruch" im Leben eines Mathematikprofessors:

> Er hat Mathematik aus Neigung studiert. Er liebt es, sich in der idea-
> len Welt mit ihrer Klarheit und Präzision zu verlieren. Nichts schätzt
> er mehr, als andere dazu einzuladen, ihn dorthin zu begleiten. Für
> jemanden, der die Mathematik liebt, sollte die Lehre derselben eine
> lohnende Aufgabe sein. Leider verhält es sich nicht so. Viele Studen-
> ten sitzen nur erzwungenermaßen in den Mathematikvorlesungen.
> Oft finden sie keinen Geschmack an der Mathematik. [...] Was ver-
> gisst ein unerfahrener Mathematikprofessor, wenn er erstmals etwas
> besonders Elegantes in seiner Vorlesung vorführt, etwas, das über die
> üblichen Tatsachen und Aufgaben in den Lehrbüchern hinausgeht?
> Wenn seine Darbietung fertig ist, geht ein Finger hoch: „Müssen wir
> das für das Examen können?"[5]

Es ist verständlich, dass Sie an die – leider oft allzu bald
an die Vorlesung anschließende – Klausur denken. Aber es ist
wirklich sehr frustrierend für die Dozenten, wenn sie sich Mühe geben, Dinge zu erklären, und dann merken müssen, dass
das Interesse vieler Studenten gerade mal bis zum Klausurtag
reicht. Umso schöner ist es, festzustellen, dass sich da jemand

---

[5] P. J. Davis, R. Hersh: Erfahrung Mathematik. Birkhäuser Verlag, Basel, 2.
Auflage 1994.

mit den Inhalten wirklich auseinander setzt und nicht nur nach der Klausurrelevanz fragt, sondern auch nach Zusammenhängen, die jenseits des unmittelbar behandelten Stoffs liegen.

10.4 Extra 1: Griechische Buchstaben

Mathematische Texte sehen auf den ersten Blick befremdlich aus, weil sie viele unvertraute Symbole verwenden. Beispielsweise werden gern die griechischen Buchstaben benutzt, weil man mit den üblichen Bezeichnungen x, y ... für Variablen und a, b, ... für Konstanten nicht auskommt. Hier ist es nützlich, das griechische Alphabet schon einmal gesehen zu haben:

A	α	Alpha	N	ν	Ny („Nü")
B	β	Beta	Ξ	ξ	Xi
Γ	γ	Gamma	O	o	Omikron
Δ	δ	Delta	Π	π	Pi
E	ε	Epsilon	P	ρ	Rho
Z	ζ	Zeta	Σ	σ, ς	Sigma
H	η	Eta	T	τ	Tau
Θ	θ	Teta	Υ	υ	Ypsilon
I	ι	Jota	Φ	ϕ	Phi
K	κ	Kappa	Ψ	ψ	Psi
Λ	λ	Lambda	X	χ	Chi
M	μ	My („Mü")	Ω	ω	Omega

α, β, γ werden gern als Konstanten verwendet. ε ist in aller Regel eine knapp über 0 liegende positive reelle Zahl, mit Hilfe derer beispielsweise die Stetigkeit einer Funktion definiert wird, wozu ein δ gefunden werden muss: „Für jedes $\varepsilon > 0$ gibt es ein $\delta > 0 \ldots$". μ und ν werden gern für Funktionen gewählt. Das große Sigma wird meist als Summenzeichen verwendet:

$$\sum_{i=1}^{n} a_i = a_1 + \cdots + a_n$$

also beispielsweise

$$\sum_{i=1}^{5} i^2 = 1^2 + 2^2 + 3^2 + 4^2 + 5^2$$

Ähnlich wird das große Pi für das Produkt eingesetzt:

$$\prod_{i=1}^{4} f(i) = f(1) \cdot f(2) \cdot f(3) \cdot f(4)$$

Die Kreiszahl $\pi = 3,1415\ldots$ werden Sie wohl schon kennen. Ω wird häufig für Grundmengen benutzt, z. B. in der Wahrscheinlichkeitstheorie als Wahrscheinlichkeitsraum. Für Abstände wählt man häufig das kleine oder das große Delta.

10.5 Extra 2: „Beliebig, aber fest": Mathematische Redewendungen

Ein *Lemma* ist ein Hilfssatz, ein *Theorem* ein fundamentales Ergebnis und ein *Korollar* ist eine Folgerung, die sich oft als „Nebenprodukt" ergibt, etwa indem man eine allgemeine Aussage für einen Spezialfall formuliert. Lemmata (das ist der Plural von Lemma) formuliert man, um einen komplexen Beweis etwas übersichtlicher zu gestalten, indem man Teilresultate schon vor dem eigentlichen Satz beweist.

Beliebig, aber fest wählt man eine Größe, deren Ausprägung zwar in der aktuellen Situation nicht wesentlich ist, die aber im Verlauf der folgenden Ausführungen nicht mehr verändert werden soll.

O. B. d. A. heißt „Ohne Beschränkung der Allgemeinheit". Diese etwas gestelzte Formulierung erleichtert es, ohne langwierige Fallunterscheidungen auszukommen. Will ich zum Beispiel eine Aussage über zwei natürliche Zahlen a und b treffen, über die ich nichts weiß und nichts voraussetzen will als dass sie verschieden sind, dann kann ich „O. B. d. A" annehmen, dass a die kleinere der beiden Zahlen ist. Im Grunde müsste ich die beiden Fälle $a < b$ und $b < a$ betrachten, aber habe ich den ersten Fall erledigt, kann ich den zweiten auf den ersten zurückführen, indem ich die Rollen von a und b vertausche.

g. d. w. (auch einfach *gdw.*) heißt „genau dann, wenn", also „dann und nur dann". Im Englischen gibt es dafür das Kürzel *iff*: „if and only if".

notwendig/hinreichend: Ein Kriterium kann notwendig, aber nicht hinreichend sein: Um einen Einserabschluss in einem Masterstudiengang zu machen, ist es notwendig, eingeschriebener Student oder eingeschriebene Studentin zu sein. Hinreichend ist das (leider) nicht. Ein Kriterium kann auch hinreichend, dabei aber nicht notwendig sein: Um sich bei einer Klausur auszuweisen, ist ein Reisepass hinreichend. Notwendig ist er nicht, denn ein Personalausweis täte es auch. Ist A sowohl notwendig als auch hinreichend für B, dann sind A und B äquivalent (siehe: g.d.w.): Um den Computerführerschein zu erwerben, ist das Bestehen aller Prüfungen notwendig – und hinreichend ist es auch.

Das ist trivial: Heißt so viel wie „Das schafft schon ein Kleinkind", was, in der Vorstellung fortgeschrittener Mathematiker so ziemlich alles ist, was vor der Zwischenprüfung und danach gelernt wird. Wenn Sie ein paar Tage brauchen, um die Trivialität einzusehen: nicht verzagen, Trivialität ist relativ. In Ihren Beweisen benutzen Sie die Wendung lieber nicht, und werfen Sie sie auch Ihren Kommilitonen nicht an den Kopf, es sei denn, Sie wollen sich bleibend unbeliebt machen.

q.e.d: „Quod erat demonstrandum": was zu zeigen war. Will sagen: Beweis ist hier zu Ende. Das hat vielleicht nicht jeder mitgekriegt. Manche verwenden auch ein kleines Quadrat, um darauf aufmerksam zu machen, dass man am Ziel ist: □. Ein Widerspruch als Abschluss eines Widerspruchsbeweises wird zuweilen mit einem stilisierten Blitz gekennzeichnet.

10.6 Extra 3: Bücher, die Lust auf Mathematik machen

Neben den bereits erwähnten Autoren Dehaene, Devlin, Davis/Hersh und Beutelspacher haben noch viele andere die Regel beherzigt, nach der jede Formel den Verlust von fünfzig Prozent der Leser nach sich zieht: Dies hier sind Mathematikbücher, die sich ohne Papier und Bleistift, aber mit viel Vergnügen lesen lassen.

- Hans Magnus Enzensberger. Der Zahlenteufel. Kopfkissenbuch für alle, die Angst vor der Mathematik haben. Hanser Verlag, München 2004.

  „Sophies Welt" für die Mathematik – der Zahlenteufel besucht den kleinen Robert und spricht mit ihm über Mathematik. Liebevoll illustriertes Kinderbuch zum Verschenken und Geschenkt-bekommen.

- Paul Hoffmann. Der Mann der die Zahlen liebte. Ullstein Verlag, Berlin, 1999.

  Er war umtriebig, genial und ohne Zweifel ein bisschen verrückt: Der Mathematiker Paul Erdös (sprich: „Erdisch") war einer der erstaunlichsten und produktivsten Wissenschaftler überhaupt. Er brauchte keinen Besitz („Eigentum ist eine lästige Plage"), weil er reich war: reich an Gedanken, an Wissen, an Freude und Humor. Wer die Erdös-Zahl 2 hat, also mit einem Autoren publiziert hat, der seinerseits gemeinsam mit Erdös publizierte, ist schon mächtig stolz darauf. Siehe auch www.oakland.edu/enp.

- Gerd Gigerenzer. Das Einmaleins der Skepsis. Über den richtigen Umgang mit Zahlen und Risiken. Berlin Verlag, Berlin 2002.

  In diesem preisgekrönten Buch geht es um die Wahrnehmung und Vermittlung statistischer Information, insbesondere in der Arzt-Patienten-Beziehung, Stichwort: falsch-positive Testergebnisse und ihre Deutung. Die erstaunliche Erkenntnis, die man aus diesem Buch ziehen kann, ist, dass es sich mathematisch belegen lässt, dass Vorsorgeuntersuchungen gar nicht so uneingeschränkt nützlich sind, wie das oft behauptet wird. Gigerenzer zeigt nicht nur, wie dringend mathematische Grundkenntnisse auch für Mediziner und Juristen sind, er zeigt auch, wie man Wahrscheinlichkeitsrechnung anschaulich darstellen kann.

- Laslo Merö. Optimal entschieden? Spieltheorie und die Logik unseres Handelns. Birkhäuser, Basel 1998.

Entscheidungen werden oft aus dem Bauch gefällt, gar nicht so zu Unrecht. Was die Wissenschaftler an Strategien ausgetüftelt und erprobt haben, bestätigt zum Teil unser Bauchgefühl, fördert aber auch viele Paradoxien und Trugschlüsse zu Tage.

- Leonard Mlodinow. Das Fenster zum Universum. Eine kleine Geschichte der Geometrie. Campus Verlag, Frankfurt 2002.

Von Euklids „Elementen" bis zur Relativitätstheorie: In diesem Buch ist nicht nur zu erfahren, wie man einst mit drei Sklaven und einem Seil in der Wüste einen rechten Winkel erzeugte. Man erfährt auch etwas über die Krümmung des Raums und über die Entwicklungen der modernen Physik. Und das fast mühelos.

- Robert Kaplan. Die Geschichte der Null. Campus Verlag, Frankfurt 2000.

Warum ist das römische Zahlensystem so umständlich? Und warum war die Erfindung der Null so eine schwere Geburt? Eine ungewöhnliche, unterhaltsame Abhandlung über das „Nichts".

- John L. Casti. Das Cambridge Quintett. Berlin Verlag, 1998.

Fünf berühmte Wissenschaftler führen eine fiktive Diskussion über Künstliche Intelligenz. Können Maschinen denken? Oder ist das vielleicht die falsche Frage?

● Ernst Peter Fischer. Die andere Bildung. Was man von den Naturwissenschaften wissen sollte. Ullstein Verlag, Berlin 2003.

Dieses schon zu Beginn dieses Kapitels erwähnte Buch macht Spaß, weil es eine Verbindung zwischen Geistes- und Naturwissenschaften herstellt. An die ausführliche Diskussion über die Stellung der Naturwissenschaften im Bildungskanon und die verschiedenen Herangehensweisen der Wissenschaften schließt sich eine recht anspruchsvolle Einführung in die Naturwissenschaften an: Es geht um den Kosmos, den Ursprung des Lebens, die Evolution und um die Entwicklung der Naturwissenschaften. Ob das genau das ist, was „man wissen sollte", kann ich nicht beurteilen.

Kapitel 11
Schreiben

Weiß ist ja auch eine schöne Farbe ...

Schreibprobleme im Studium sind weit verbreitet. Manche Studenten haben regelrecht Angst vor dem Schreiben. Wem schon die Aufsätze in der Schule schwer fielen, der plagt sich mit seiner Seminararbeit erst recht. Die Schwierigkeiten sind umso größer, weil in der Wissenschaft besondere Regeln gelten. Aber auch wissenschaftliches Schreiben ist keine Hexerei. Intensives Lesen und viel Übung sind der Weg zum Erfolg.

B. Messing, *Das Studium: Vom Start zum Ziel*, 2. Aufl.,
DOI 10.1007/978-3-642-20651-1_11,
© Springer-Verlag Berlin Heidelberg 2012

11.1 Notizen, Mitschriften, Protokolle

Sich sinnvoll und organisiert Notizen zu machen will auch gelernt sein. Im Kap. 6 wurde bereits die Masterliste erwähnt, in der anstehende Aufgaben gesammelt werden. Darüber hinaus kann, wer mag, ein Logbuch über sein Studium führen.

11.1.1 Das wissenschaftliche Journal

Das ist eine Art Tagebuch für Ihr Studium. Sie notieren dort persönliche Eindrücke, Schlüsselworte, Ideen und Gesprächsprotokolle. An einem Journal können Sie sehen, dass Sie Fortschritte machen und Sie entwickeln mit der Zeit eine Fundgrube für Anregungen, zum Beispiel für Ihre Diplomarbeit. Nicht zuletzt können Sie mit Hilfe eines Journals Schreibhemmungen überwinden. Für ein Journal eignet sich die „Kladde" (ein dickes, gebundenes Heft), ein Ringbuch oder ein Zeitplaner, in dem genügend Leerseiten sind. Auch elektronische Versionen sind natürlich möglich, etwa eine einfache Textdatei. Mit Copy-and-Paste können Sie dann interessante E-Mails oder Internet-Verweise einfügen. Versehen Sie jede Notiz mit einem Datum. Manche Menschen führen ein Leben lang ein solches Tagebuch und sind damit sehr erfolgreich.

11.1.2 Vorlesungsmitschrift

Eine Mitschrift stellt schon etwas höhere Anforderungen an Ihre Schreibqualifikation, obwohl auch eine Mitschrift in erster Linie für Sie selbst bestimmt ist. Man braucht einige Zeit, um zu seiner ganz persönlichen Technik zu finden. Wenn Sie Ihre eigene Mitschrift nach einer Vorlesung noch einmal durchgehen, werden Sie sich an manches erinnern, was in der Veranstaltung gesagt wurde, auch wenn Sie das nicht aufgeschrieben haben.

Oftmals genügt es sogar, einige Schlüsselworte zu notieren, um sich später rasch wieder ins Bild setzen zu können. Aus diesem Grund sind Mitschriften für Außenstehende oft wertlos. Im Umkehrschluss heißt das: Schreiben Sie Ihre Mitschrift so, dass Sie (und nur auf Sie kommt es an) hinterher „durchsteigen". Notieren Sie nichts, was Ihnen ohnehin bekannt ist, und beschränken Sie sich auf wenige Stichworte, wenn das Wesentliche dadurch erfasst wird.

Verwenden Sie gutes Schreibwerkzeug. Nicht umsonst sagt man „flüssig schreiben": Ein guter Füller kann Wunder wirken. Bleistifte haben unterschiedliche Härtegrade; die weicheren Varianten strengen beim Schreiben nicht so an und lassen sich auch besser radieren. Probieren Sie es aus.

Gleichzeitiges Schreiben und Zuhören ist schwierig. Versuchen Sie, erst dann zu schreiben, wenn der Dozent einen Gedankengang zu Ende geführt hat. Achten Sie auf „Regieanweisungen" wie „Zusammengefasst ist zu sagen, dass ..." oder „Was ich damit eigentlich sagen wollte ...". Versuchen Sie auch einmal, nicht-linear zu notieren, d. h., schreiben Sie das Kernthema in die Mitte Ihres Blatts und zweigen Sie Unterpunkte ab („Mindmapping").

Lassen Sie Platz für nachträgliche Notizen. Notieren Sie auch persönliche Eindrücke oder Fragen, die Ihnen gerade in den Sinn kommen. Arbeiten Sie Ihre Mitschrift regelmäßig nach und ordnen Sie sie am Schluss des Semesters noch einmal als Ganzes. Denn mit einem ungeordneten Papierstoß fangen Sie schon nach kurzer Zeit nichts mehr an. Fertigen Sie ein Inhaltsverzeichnis und eine Liste der verwendeten Literatur an. Nur dann können Sie Ihr Skript wirklich benutzen, um sich für die Prüfung vorzubereiten.

Ist es sinnvoll, das Notebook mit in die Vorlesung zu bringen? Das kommt darauf an, wie gut Sie ausgerüstet sind, wie schnell Sie tippen können, wie leserlich Ihre Handschrift ist, ob Sie die Vorlesungsunterlagen in elektronischer Form bekommen und ob viele Zeichnungen und Sonderzeichen das Mitschreiben erschweren oder sogar zusätzliche Papiernotizen

erforderlich machen. Sicher ist es schön, die Vorlesung in ge-
tippter Form vorliegen zu haben, und diese Version kann man
auch leichter verbessern und vervielfältigen, etwa für die Arbeitsgruppe (einer schreibt mit, die anderen passen auf). Aber
mit dem Notebook sichern Sie sich nicht unbedingt einen Vorsprung gegenüber den Kommilitonen. Die Technik hat ihre Tü-
cken – heute ist der Akku leer und morgen passiert ein „schwerer Ausnahmefehler"; technisches oder menschliches Versagen
führt zu Datenverlust und manch einer ist so mit der perfekten
Formatierung beschäftigt, dass er vom Inhalt der Vorlesung gar
nichts mehr mitbekommt. Außerdem lenkt ein Notebook ab und
verführt zum Spielen.

11.1.3 Seminarprotokoll

Manche Mitschriften sind nicht nur für Sie selbst, sondern auch
für andere bestimmt. Hier gelten andere Maßstäbe. Seminarprotokolle sind ein Service für die Teilnehmer und Teilnehmer-
rinnen, aber auch für Interessierte, die nicht dabei waren.
Bei Sitzungsprotokollen wird grundsätzlich unterschieden zwischen Verlaufs- und Ergebnisprotokoll. Letzteres ist naturgemäß
kürzer. Der Verlauf eines Verhörs wird vielleicht mit Fangfra-
gen, Nervenzusammenbrüchen und Zigarettenpausen beschrieben, das Ergebnis ist womöglich nur ein Satz: Er hat gestanden.

Seminarprotokolle sind meist eine Mischung aus Verlauf–
und Ergebnisprotokoll, auch aus ökonomischen Gründen. Sie
werden nicht jeden einzelnen Wortbeitrag notieren, sondern nur
die Diskussionslinie verfolgen. Dabei ist es oft sinnvoll, vom
zeitlichen Ablauf abzuweichen, denn im Ergebnis ist die inhaltliche Struktur wichtiger als die Reihenfolge, in der die Argumente genannt wurden.

Seminarprotokolle sind eine wunderbare Übung für Ihr Berufsleben. Mit einem guten Protokoll sammeln Sie überall
Pluspunkte. Weder Erlebnisaufsätze noch zusammenhangslo-
se Stichworte sind gefragt; Sie müssen das Wesentliche vom

Unwichtigen trennen. Bleiben Sie so unparteiisch wie möglich und seien Sie sich immer bewusst, dass Ihre Wahrnehmung selektiv ist. Hören Sie den Teilnehmern bis zum Ende ihrer Rede zu und notieren Sie erst dann das Gesagte, damit Sie nicht auf halbem Wege abschalten und sich den Rest hinzudichten. In der Regel wird das Protokoll dann getippt und verteilt und/oder archiviert. Die handschriftliche Version direkt zu verteilen, ist nur in wenigen Fällen sinnvoll, denn im Nachhinein lässt sich das Ganze doch etwas überschaubarer (und leserlicher) darstellen.

11.2 Gutes Deutsch

Ihr persönlicher Schreibstil entwickelt sich auf Grund Ihrer Erfahrungen und Ihres Naturells und wird im Laufe des Studiums stark durch Ihr Fach und Ihre Dozentinnen und Dozenten beeinflusst. Was den persönlichen Stil eigentlich ausmacht und inwieweit er beeinflussbar ist oder beeinflusst werden soll, darüber gehen die Meinungen auseinander. Natürlich ist es die erste und wichtigste Sache, sich vertraut zu machen mit dem Stoff, denn man kann nicht über etwas schreiben, das man nicht versteht. Anders ausgedrückt: Dem Schreiben geht das Denken zwingend voraus.

Dennoch sind „verstehen" und „sich klar ausdrücken" zweierlei. Bei der Fülle der steifen, verschrobenen Texte, die Sie vermutlich im Laufe Ihres Studiums zu lesen haben, ist es nicht ganz einfach, einen gut lesbaren Stil zu lernen. Im Gegenteil, es hat manchmal den Anschein, als wäre es „unwissenschaftlich", verständlich zu schreiben.

Viele Studierende meinen, dass sie in einer Art Kunstsprache schreiben müssen. Es ist natürlich etwas anderes, ob Sie einen Brief an Ihre Tante in Amerika schreiben oder eine Diplomarbeit. Wissenschaftssprache ist nun einmal keine Umgangssprache. Sprache ist aber auch in der Wissenschaft ein Vehikel, das den Transport der Inhalte leichter oder schwerer machen kann.

Oberstes Gebot ist die Zweckmäßigkeit. In jedem Fach gibt es
Literatur, die gut und eingängig verfasst ist, und nicht selten
stammt sie von herausragenden Wissenschaftlern. Beim Lesen
schlecht geschriebener Texte entstehen Widerwillen und Müdigkeit, das haben Sie sicher schon selbst erlebt. Die Dinge sind
schon so kompliziert genug; man muss sie nicht durch eine um-
ständliche Sprache weiter erschweren.

11.2.1 Wörter

Guter Sprachstil fängt mit der richtigen Wortwahl an. Hier lassen
sich einige einfache Richtlinien aufstellen, mit denen schon viel
gewonnen ist.

Benutzen Sie nur Wörter, deren Sinn Sie auch verstehen und
bei denen Sie wissen, wie sie sich schreiben. Das ist auch bei
ganz einfach klingenden Wörtern nicht selbstverständlich: Es
heißt zum Beispiel Entgelt (nicht: *Entgeld*), projizieren (nicht
projezieren), brillant (nicht *brilliant*) und separat (nicht *sepe-
rat*). Man setzt auch nicht *vorraus*, sondern voraus. Auf vielen
Webseiten sind Wörter falsch geschrieben; auch auf diesem Weg
pflanzen sich Irrtümer fort. Schon deshalb sollte man niemals
unbesehen Zitate aus dem Internet übernehmen.

Überprüfen Sie Modewörter, wenn sie abgedroschen und
sinnentleert sind, und seien Sie besonders vorsichtig mit Wörtern, die Bewertungen enthalten wie *drohen, fürchten, leider*.
Wenn eine medizinische Operation misslingt, ist das bedauerns-
wert. Wenn eine mathematische Operation nicht assoziativ ist,
dann ist das nur festzustellen, traurig muss man deshalb nicht
sein. Es ist ein großer Unterschied, ob man eine Sache *erhofft*
oder *befürchtet*.

11.2.1.1 Keine Ungetüme benutzen

Bemühen Sie sich um kurze Wörter. Benutzen Sie keine Unge-
tüme wie „Multimediabefehlserweiterungen" (das ist keine Er-

findung von mir, sondern stand einmal in der *Computerzeitung*). Die Wörter, mit denen wir die alltäglichen Dinge bezeichnen, haben oft nur eine Silbe: Luft, Haus, Tag, Frau, Brot. Auch wenn wir im Deutschen beliebig lange Wörter bilden können: Tun Sie's nicht. Die Zusammensetzungen sind zwar oft ökonomisch, aber es ist nicht immer klar, in welchem Bezug die Teilwörter zueinander stehen. Ein Kirschkuchen enthält Kirschen, aber ein Hundekuchen keine Hunde. Bei bekannten Bindungen ist es klar, aber bei Kreationen wie der obigen „Multimediabefehlserweiterung" muss man rätseln. Werden die Multimediabefehle selbst erweitert? Oder sollen sie vermehrt werden?

11.2.1.2 Substantivierungen vermeiden

Die Benutzung von Substantivierungen bei der Erstellung von Texten bewirkt eine unnötige Bürokratisierung und Versteifung. Die ung-Endungen sind bei wissenschaftlichen Texten zwar oft zweckmäßig, aber achten Sie darauf, es nicht zu übertreiben. Benutzen Sie möglichst oft Verben. *Schreiben* Sie, statt *Texte zu erstellen*, *programmieren* Sie, statt die *Anfertigung der Programme unter Berücksichtigung der Anforderungen zu beginnen*. Substantivierungen sind der direkte Weg zum Bürokratendeutsch. Was mag sich der Verfasser des Schildes gedacht haben, auf dem geschrieben steht: „Wir bitten um Unterlassung der Fütterung der Enten"? Auch das ist keine Erfindung von mir.

11.2.1.3 Überflüssige Wörter streichen

Wenn Sie in Fahrt sind, schreiben Sie ohne Unterbrechung und allzu langes Überlegen, aber nachher gehen Sie mit dem Rotstift (oder der Delete-Taste) über Ihr Werk und streichen jedes entbehrliche Wort. Das trifft insbesondere leere Füllsel wie *eigentlich, gewissermaßen, irgendwie* und „weiße Schimmel" wie *resultierende Ergebnisse* (ein Ergebnis *ist* ein Resultat) oder *seltene Raritäten* (Rarität = Seltenheit).

11.2.1.4 Fremdwörter richtig einsetzen

Manche Leute haben eine Aversion – hoppla, eine Abneigung – gegen Fremdwörter. Das ist ein altes Thema. Im Duden Fremdwörterbuch heißt es dazu unter anderem:

> Es stellt sich im Grunde nicht die Frage, ob man Fremdwörter gebrauchen soll oder darf, sondern wo, wie und zu welchem Zweck man sie gebrauchen kann oder darf. [...] Zusammenfassend lässt sich sagen: Ein Fremdwort kann dann nötig sein, wenn es mit deutschen Wörtern nur umständlich oder unvollkommen umschrieben werden kann. Sein Gebrauch ist auch dann gerechtfertigt, wenn man einen graduellen inhaltlichen Unterschied ausdrücken, die Aussage stilistisch variieren oder den Satzbau straffen will. Es sollte aber überall da vermieden werden, wo Gefahr besteht, dass es der Hörer oder Leser [...] nicht oder nur unvollkommen versteht [...]. Abzulehnen ist ein Fremdwortgebrauch da, wo er nur zur Erhöhung des eigenen sozialen bzw. intellektuellen Ansehens oder zur Manipulation anderer angewendet wird.[1]

Ein *Besuch* ist etwas anderes als eine *Visite*, und ein *Plädoyer* ist eine ganz bestimmte Art von *Rede*. Die Fremdwörter differenzieren. Aber braucht man einen *Superuser*, eine *Hybris* und einen *Tranquilizer*? Täten es nicht vielleicht auch der *Systemverwalter*, die *Überheblichkeit* und das *Beruhigungsmittel*?

Ganz ähnlich lautet die Empfehlung für englische Ausdrücke, die sozusagen noch auf der Einreise sind: Wir mailen einander, briefen jemanden oder chatten und meinen damit etwas ganz Bestimmtes, für dessen Bezeichnung es (noch) kein deutsches Äquivalent gibt. Wir müssen aber nicht *updaten*, weil wir auch *aktualisieren* können (das ist zwar auch ein Fremdwort – aber immerhin können wir es konjugieren), und müssen auch nicht *forwarden*, weil sich das scheußlich anhört und wir ebenso gut *weiterleiten* können.

---

[1] Duden Fremdwörterbuch, 1990.

11.2.1.5 Mit Fachbegriffen umgehen

Ein feststehender Begriff in einem Fach heißt *Terminus technicus*. Das ist eine klar bestimmte Bezeichnung innerhalb der Fachsprache. Die Gesamtheit der Begriffe eines Gebietes bezeichnet man als Terminologie.

Wenn Sie in Ihrer Disziplin mitreden wollen, müssen Sie die entsprechende Terminologie verwenden. Ein großer Teil des Studiums besteht darin, diese Sprache zu lernen, und wirklich fertig wird man damit nie. In dem Lehrbuch zur Linearen Algebra, das ich im ersten Semester benutzt habe (von Gerd Fischer, 1974) heißt es gleich zu Beginn offen und ehrlich: „Zu Beginn von Kap. 1 wird eine Flut von abstrakten Begriffen über den Leser hereinbrechen. Diese sind als elementares Handwerkszeug eines Mathematikers schwer entbehrlich geworden, etwa so, wie ein Theologe gut daran tut, Latein zu lernen."

Die neueren Begriffe der Wissenschaft kommen größtenteils aus dem Englischen, weil mittlerweile Englisch die *lingua franca*, die Verkehrssprache der Wissenschaft ist. Bei häufig verwendeten Begriffen gibt es auch Übersetzungen. Mit eigenmächtigen deutschen Begriffen für englische Wörter sollten Sie vorsichtig sein.

Wenn Sie Fachbegriffe verwenden, legen Sie sich fest. Schreiben Sie statt *manchmal* auch *vereinzelt* oder *ab und zu*, statt *Universität* zur Abwechslung *Hochschule* (in *Word* können Sie mit Shift-F7 den Thesaurus aufrufen, der Ihnen bei der Synonymsuche hilft), aber treiben Sie kein Verwirrspiel mit Personen und Begriffen. Journalisten verwenden aus Furcht vor der Wiederholung oft Synonyme, die außerhalb ihrer Zunft kein Mensch benutzt, etwa *Urnengang* statt *Wahl* oder *Gerstensaft* für *Bier*. Mit Fachbegriffen ist das zu vermeiden, hier geht die Zweckmäßigkeit vor. Nur bei geläufigen[2] Begriffen kann man ein wenig variieren: Verwendet man *Computer* neben *Rechner*,

---

[2] Wobei „geläufig" durchaus relativ ist!.

Thrombozyten neben *Blutplättchen*, oder *Funktion* (im mathematischen Sinn) neben *Abbildung*, besteht wenig Verwechslungsgefahr.

11.2.1.6 Den Wortschatz erweitern

Noch ein praktischer Tipp: Beim Lesen, in Lehrveranstaltungen oder in Gesprächen haben Sie reichlich Gelegenheit, neue Wörter zu lernen. Wenn Sie irgendwo gemütlich beisammensitzen und ein Wort hören, das Sie nicht kennen: Fragen Sie nach, notieren Sie es in Ihrem Logbuch und benutzen Sie es später selbst! Wörter sind so spannend, weil sie Sachverhalte transportieren, die man vielleicht erst dann durchschaut, wenn man einen Begriff dafür hat. Viele Begriffe, von „ätzend" bis „Trade-off", haben einen Weg aus der Fach- in die Umgangssprache gefunden. Über die Herkunft von Wörtern informieren etymologische Wörterbücher. Wer sich für Sprache interessiert, sollte sich eines anschaffen.

11.2.2 Sätze

Vermeiden Sie Sätze, die so verwickelt sind, dass sie auch als Wollknäuel durchgehen würden. Zusammenhänge wie Ursachen und zeitliche Abfolgen müssen klar hervorgehen. Ebenso deutlich sollte werden, was zur zentralen Argumentation gehört und was eher nebensächlich ist. Das erreichen Sie folgendermaßen:

* Packen Sie grundsätzlich nicht zuviel in einen Satz. Setzen Sie rechtzeitig einen Punkt und lassen Sie Ihren Leser ausruhen; tragen Sie Ihre Gedanken nacheinander und nicht alle auf einmal vor.
* Hauptsachen gehören in Hauptsätze. Das gilt auch in wissenschaftlichen Arbeiten.
* Versuchen Sie, Ihre Nebensätze anzuhängen oder auch voranzustellen, statt sie einzuschachteln. Vermeiden Sie längere Relativsätze und achten Sie darauf, dass Sie keinen falschen

Zwischensinn erzeugen. (Sie schlugen ihn ... blabla ... zum Klassensprecher vor.)

- Benutzen Sie alle Satzzeichen, einzige Einschränkung: das Ausrufezeichen sollte nur sparsam dosiert werden (es schreit!). Besonders das Semikolon hilft, verwandte Gedanken zu vermitteln; dabei entstehen weder der Staccato-Stil der kurzen Hauptsätze noch die Langatmigkeit von Wurmsätzen.

Schreiben Sie keine Sätze wie den folgenden:

> Nach den Veröffentlichungen aus dem Haus Puppe über methodisch-technische Grundlagen der Expertensysteme, die inzwischen durchaus als Standardwerke auf diesem Gebiet angesehen werden können und denen es gelingt, die Breite der Darstellung mit begrifflicher Schärfe zusammenzubringen, liegt nunmehr eine weitere Darstellung über Diagnose- und Informationssysteme vor.[3]

Mitten im Satz wird ein Einschub über fast drei Zeilen gebracht. Ist man an dessen Ende, weiß man nicht mehr, was am Anfang stand. Die Hauptsache, nämlich dass es jetzt eine neue Veröffentlichung gibt, wird erst am Schluss erwähnt. Der Satz überträgt die Mühe, die der Schreiber sich hätte machen müssen, auf den Leser, der sich nun bei der Lektüre plagen muss.

Seltener sind allzu kurze Sätze, hier ein Beispiel:

> Viel differenzierter dann Kant mit seiner berühmten Formel aus der Metaphysik der Sitten, 1797: [...] Mit stark individualisierter Moral, die grundsätzlich vom Recht unterschieden wird. Nicht mehr total getrennt, wie bei Thomasius. Aber letztlich sind sie seitdem auseinandergetreten. Und den Grund, das Stichwort, hat Kant gleich mitgeliefert.[4]

Einen derart eigenwilligen Stil können Sie sich erst leisten, wenn Sie Ihre wissenschaftlichen Fähigkeiten hinlänglich unter Beweis gestellt haben. Bis dahin verwenden Sie lieber vollständige Sätze und gehen auch mit den Punkten etwas sparsamer

---

[3] Quelle: Zeitschrift Künstliche Intelligenz.

[4] Aus: Uwe Wesel: Juristische Weltkunde. Eine Einführung in das Recht. Suhrkamp Taschenbuch, 8. Aufl. 2000, S. 195.

um. Wolf Schneider, Experte für Sprach- und Stilfragen stellt die
folgende Faustregel auf (aus [Sch94]): „Auf zwei Hauptsätze,
zumal wenn sie kurz sind, sollte ein Hauptsatz mit angehängtem
Nebensatz folgen."

Wenn Sie selbst beim Lesen darauf achten, wird Ihnen auffallen, dass Abwechslung in der Länge der Sätze das Lesen spürbar harmonischer macht.

11.2.3 Sprachgebrauch

Benutzen Sie keine der meist hohlen Phrasen und Floskeln, die
Sie irgendwo gehört oder gelesen haben und die sich „schick"
anhören. Das gilt für Vorträge wie für schriftliche Arbeiten.
Wendungen wie „wie man leicht sieht" oder „das ist trivial"
verwenden Sie nur mit allergrößter Vorsicht und im Zweifel lieber nicht. Gerade mit Möchtegern-Profiphrasen wirken Sie, zumal als Anfänger, höchst unprofessionell. Bleiben Sie Sie selbst.
Ihr Dozent weiß, dass Sie Anfänger sind, ärgert sich allerdings,
wenn Sie das selbst nicht einsehen.

Dagegen hat in wissenschaftlichen Arbeiten Umgangssprache grundsätzlich nichts verloren; Sie müssen sehr gute Gründe
haben, sie zu verwenden. Seien Sie auch vorsichtig mit regio-
nalen Ausdrücken, die Sie vielleicht unwissentlich benutzen.
Im Zweifel schauen Sie im Wörterbuch nach. Das gehört beim
Schreiben einer längeren Arbeit ohnehin in Reichweite; duden.
de, de.wiktionary.org, www.korrekturen.de helfen auch.

Bleiben Sie in Ihrem Sprachgebrauch bewusst schlicht und
schnörkellos. Machen Sie den Hörtest: Lesen Sie Ihren Text vor
dem Abgeben einmal laut. Schiefe Töne kommen manchmal nur
so zum Vorschein. Auch Schachtelsätze und Stolpersteine offen-
baren sich, wenn man mit dem Vorlesen nicht zurechtkommt.
Versuchen Sie, einen „Sprechstil" zu schreiben, das heißt, orientieren Sie sich an der Art, wie Sie etwas mündlich erklären
würden. Dann kommen Sie gar nicht in Versuchung, die Sätze
zu verknoten.

11.2.4 Problemfall Konjunktiv

Man unterscheidet zwei Formen des Konjunktivs: die Möglich-keits- oder Zitierform (Konjunktiv I) und den Konjunktiv II (Konjunktiv irrealis), die Nichtwirklichkeitsform. Die beiden Formen werden, vor allem in der Umgangssprache, oft durch-einander geworfen. In der gesprochenen Sprache wirkt der Kon-junktiv I allzu steif und vornehm und oft auch nicht deutlich genug. Deshalb wird meist der Konjunktiv II benutzt. In der ge-schriebenen Sprache muss man etwas genauer sein.

Sie sagt, sie habe den Wein gern getrunken (Konjunktiv I): Der Wein hat ihr gut geschmeckt – behauptet sie jedenfalls.

Sie sagt, sie hätte den Wein gern getrunken (Konjunktiv II): Sie hat den Wein nicht getrunken. Vielleicht musste sie noch Au-to fahren.

Der Konjunktiv II darf anstelle des Konjunktivs I genommen werden, wenn der Konjunktiv I mit dem Indikativ I zusammen-fällt.

Also

Der Obsthändler A behauptet, die Schülerin B *habe* bei ihm einen Apfel gestohlen.
aber
Der Obsthändler A behauptet, die Schülerinnen B und C *hätten* bei ihm einen Apfel gestohlen.

Im zweiten Fall wird auf den Konjunktiv II ausgewichen.

Konjunktiv II-Formen werden manchmal mit *würde* um-schrieben, um Missverständnisse auszuschließen:

Statt *Hätte ich mehr Geld, wohnte ich schon lange nicht mehr hier.*

kann man also auch schreiben

Hätte ich mehr Geld, würde ich schon lange nicht mehr hier wohnen.

Manchmal klingen die Konjunktiv 2-Formen veraltet wie bei helfen oder gelten (ich hülfe, es gälte/gölte); auch dann wird meist mit „würde" umschrieben.

Mathematische Widerspruchsbeweise werden in beiden Formen des Konjunktivs geschrieben:

Sei $x > 0$ und es gebe eine y mit ...	Konjunktiv I („Wunsch")
Dann folgte (deutlicher: würde folgen)...	Konjunktiv II („irreal")
und es würde gelten: ...	Konjunktiv II, siehe oben

Längere Passagen im Konjunktiv werden schwer lesbar. Wenn Sie längere Abschnitte entlang eines gelesenen Textes argumentieren, wechseln Sie zwischen direktem und indirektem Zitieren ab oder verwenden Sie Wendungen wie „Nach dieser Theorie sind Eiweiß und Kohlenhydrate nicht zusammen zu verdauen ...", wodurch klar wird, dass Sie dieser Theorie nicht unbedingt anhängen. Sollte Ihr mathematischer Beweis dagegen zu lang werden, überlegen Sie, ob Sie ihn anders strukturieren können, etwa mit Hilfssätzen (vgl. Kap. 10).

11.2.5 Ich, man, wir und andere Beteiligte

In einer wissenschaftlichen Arbeit wird oft über nicht näher spezifizierte Personen gesprochen: Diejenigen, die die Arbeit lesen, diejenigen, die im Forschungsgebiet arbeiten, und auch die „Allgemeinheit", die beispielsweise von Wirtschaftsproblemen betroffen ist oder unter Epidemien leidet. Es ist nicht ganz einfach, beim Beschreiben dieser Personenkreise sprachlich sowohl korrekt als auch ansprechend zu formulieren. Man kann hier keine allgemeinen Regeln aufstellen, weil dies unterschiedlich bewertet und gehandhabt wird und die Kategorien hier nicht „gut" und „schlecht", sondern eher „üblich" und „unüblich" sind. Letzteres hängt vom Fach und auch vom Zeitgeist ab.

Es ist zum Beispiel durchaus nicht überall üblich, *ich* zu schreiben, wenn man von sich selbst spricht. „Ich habe diese Arbeit angefertigt" kann man schließlich auch mit den Worten „Diese Arbeit wurde angefertigt" beschreiben. Man muss auch nicht selbst feststellen, sondern kann schreiben „Es bleibt festzustellen ..." Nun steckt hinter einer bestimmten Auswahl von

Themenschwerpunkten, einem bestimmten Aufbau oder auch
der Ausgrenzung einiger Gesichtspunkte oftmals ein durchaus
persönliches Motiv, das die Verwendung der ersten Person Sin-
gular rechtfertigt. Wenn man sich eine Versuchsreihe ausgedacht
oder selbst Personen befragt hat, sollte das unmissverständlich
klar werden. Auch eine abschließende Bewertung (nachdem man
verschiedene Ansätze miteinander verglichen hat) kann in der
Ich-Form vorgenommen werden. Manchmal wird empfohlen,
von sich selbst in der 3. Person zu schreiben. Die Autorin dieses
Buches findet das grässlich, aber wenn es die Vorschrift so will,
muss man sich wohl oder übel daran halten. Im Allgemeinen sei-
en Sie bei der Verwendung dieser Form also vorsichtig; achten
Sie darauf, wie es in Ihrem Gebiet üblich ist.

Die Verwendung von *wir* ist weniger eindeutig. Damit
können Autor und Leser gemeinsam gemeint sein. „Wir betrachten ..." ist etwa eine in Mathematikbüchern übliche Formulierung. Die Wir-Form wird häufig auch benutzt, wenn von
menschlichen Eigenarten die Rede ist. Die Formulierung „Wir
nehmen zu viel Fett zu uns" bezieht den Autor in die leider
fehlerhafte Ernährung mit ein und mimt mit dieser Ausdrucks-
weise Verständnis. Es klingt auch etwas freundlicher als „Der
moderne Mensch ernährt sich zu fett!" und verzichtet auf den
erhobenen Zeigefinger: „Sie essen zu viel Butter!". Allerdings
kann der Autor nicht wissen, ob der gerade sein Werk studierenden Leser überhaupt zu denjenigen gehört, die die statistischen Zahlen in die Höhe treiben, schließlich gibt es neben
übergewichtigen Coach-Potatoes auch Ernährungsbewusste und
Magersüchtige. Diese Art Wir-Form wirkt auch leicht etwas anbiedernd.

Im Gegensatz dazu ist mit dem *Pluralis majestatis* nur der
Autor selbst gemeint, der sich jedoch als so gewichtig empfindet,
dass er mit einer Person nicht auskommt: „Wir, Wilhelm, von
Gottes Gnaden ..." Manchmal findet sich die Wir-Form sogar
in Sätzen wie „Wir stehen auf dem Standpunkt, dass ..." in Büchern, auf deren Deckel nur ein einzige Name steht. Das klingt
leicht überheblich, kann sogar demagogisch wirken; gemeinsam

finden, meinen oder vertreten sollte nur eine Autorengemeinschaft.

In einer wissenschaftlichen Arbeit wird die Leserschaft normalerweise nicht direkt angeredet. Im Englischen hat man nette kleine Wendungen wie *notice that* ..., im Deutschen schreibt man „Man beachte ..." oder man schiebt eine „Bemerkung" ein. Anweisungen werden mit Passiv-Konstruktionen formuliert oder in einem unpersönlichen Stil umschrieben: „Die Marktlage sollte berücksichtigt werden." Der Sprachkritiker Dieter E. Zimmer schrieb einmal, dass ihn das ständige Angesprochenwerden beim Lesen sehr störe. Er wolle einfach in Ruhe gelassen werden. Wissenschaftliche Texte sind in aller Regel so formuliert. Achten Sie darauf, die Leser weder zu bevormunden noch zu vereinnahmen.

Man wirkt immer ein bisschen, als wolle man sich verstecken und der Passiv ist auf die Dauer recht steif und ermüdend. Neutraler und ebenso zweckmäßig sind Formulierungen wie „Es lässt sich zeigen ...", „Es ist zu bedenken ...".

11.2.6 Frauen und Männer

Achten Sie beim Schreiben über Personen auch auf eine möglichst geschlechtsneutrale Formulierung. Die offiziellen Stellen schreiben in ihren Leitfäden die Nennung beider Formen („Paarformulierung") vor: Bürgerinnen und Bürger, Politikerinnen und Politiker. Daneben wird zu Umformulierungen („alle" statt „jede/r") geraten. Das so genannte „Binnen-I" (StudentInnen) konnte sich nicht durchsetzen. Selbst wenn man es (wie ich in diesem Buch) nicht ganz so konsequent durchzieht, weil die Lesbarkeit leidet: Es ist unzeitgemäß, immerzu nur von „dem Benutzer" oder „dem Patienten" sprechen – schon weil man auf diesen nur mit Pronomen wie *er* und *ihm* Bezug nehmen kann. Eine „ich-meine-immer-die-Frauen-mit"-Vereinbarung zu Beginn der Arbeit löst dieses Problem nicht, denn es geht auch darum, was assoziiert wird – oder stellen Sie sich unter einem

Bauherrn eine Frau vor? Manch Formulierung ist entlarvend. Helmut Kohl sagte 1983 den denkwürdigen Satz „Wer ja sagt zur Familie, muss auch ja sagen zur Frau", den Luise Pusch in ihrem 1984 erschienenen, aber immer noch aktuellen Buch „Das Deutsche als Männersprache" auseinander nimmt. Der von Eugen Roth gedichtete *Mensch, der beinah mit Gewalt auf ein sehr hübsches Mädchen prallt*[5], ist eindeutig auch männlichen Geschlechts und nicht „neutral".

Es ist nicht ganz einfach, hier eine lesbare, politisch korrekte Lösung zu finden, aber das ist kein Grund, sich gar nicht erst zu bemühen.

11.2.7 Gefühl entscheidet

Die Bücher von Wolf Schneider [Sch94, Sch99] zeigen praktikable Wege zu einem verständlichen, unbürokratischem Schreibstil. Auch im Duden findet man viele Hinweise, etwa im Band „Richtiges und gutes Deutsch" oder in dem Leitfaden von Ulrich Püschel [Püs00]. Im Buchhandel sind noch eine ganze Reihe weiterer sehr nützlicher Ratgeber zu finden. Wie überall gilt aber: Nicht jeden Schuh anziehen! Zum einen sind die Maßgaben Ihres Fachs und des Fachbereichs, an dem Sie arbeiten, entscheidend. Richten Sie sich also im Zweifel nach dem, was Ihre Professorin Ihnen mit auf den Weg gibt, und auch an der Literatur, mit der Sie arbeiten (zum Teil gibt es auch im Internet fachspezifische stilistische Ratschläge; fragen Sie Google). Und: Vernachlässigen Sie Ihr Gefühl nicht. Formulieren Sie so, dass es für Sie gefällig zu lesen ist, auch wenn die Stilratgeber etwas anderes sagen. In sprachlichen Zweifelsfällen („Eine Fülle von Methoden *wurden* entwickelt." *oder* „Eine Fülle von Methoden *wurde* entwickelt."?) bemühen Sie entsprechende Nachschlagewerke, auch wenn man dort manchmal etwas länger sucht.

---

[5] In „Versäumter Augenblick" übt er *nachts sich noch im Bette, wie strahlend er gelächelt hätte.*

Erläuterungen zu dem angeführten Beispiel findet man übrigens
unter dem Stichwort „Kongruenz".

Stilbrüche können bekanntermaßen sehr reizvoll sein und machen die Originalität von Sprache erst aus. Kurt Tucholsky zum
Beispiel scheint in dem folgenden Text laut zu denken:

> Halt machen können; einmal aussetzen; resümieren; nachlernen, neu
> lernen – es sind ja nicht nur die Schulweisheiten, die wir vergessen
> haben, was nicht bedauerlich ist, wenn wir nur die Denkmethoden
> behalten haben – wir laufen Gefahr, langsam zurückzubleiben ...
> aber es ist nicht nur des Radios und des Autos wegen, dass ich Stu-
> dent sein möchte.[6]

Lautes Denken in der wissenschaftlichen Abschlussarbeit ist
nicht üblich – schade eigentlich.

11.3 Quellenangaben und Zitate

Ihre wissenschaftlichen Arbeiten setzen stets auf den Ideen und
Ergebnissen anderer auf. Dass diese Ausgangspunkte erwähnt
werden, ist nicht nur eine Sache der Fairness, sondern soll vor
allem helfen, das Gefüge des Bekannten und des Neuen transparent zu halten. Begriffe und Tatsachen, die zu den Grundlagen
des Fachs gehören, brauchen nicht belegt zu werden; oft ist es
in diesen Fällen auch gar nicht möglich, einen Urheber auszu-
machen.

Wenn Sie eine Seminararbeit unter Verwendung vorgege-
bener Literatur schreiben, stellen Sie gleich zu Anfang klar dar,
welche Grundlage Sie verwenden. Dann brauchen Sie im Laufe der Arbeit auch nicht ständig erwähnen, von wem die neu
eingeführten Begriffe stammen. Wenn Sie zusätzliche Literatur
herangezogen haben, erwähnen Sie das natürlich auch, entweder
ebenfalls zu Beginn oder auch im Laufe der Arbeit.

---

[6] Kurt Tucholsky: „Ich möchte Student sein", 1929.

Wörtliche Zitate sind angebracht, wenn sich die Meinungsäußerung eines Autoren gut eignet, um einen Standpunkt zu illustrieren oder wenn es auf den Wortlaut ankommt (Prüfungsordnung, Gesetzestext).

Achten Sie penibel darauf, korrekt zu zitieren, auch wenn der Verwaltungsaufwand erheblich ist. Schlampiges Zitieren fällt nicht nur als Formfehler ins Auge, sondern weckt ernsthafte Zweifel an der Seriosität Ihrer Arbeit. Das ständige Auf-andere-Bezug-nehmen erfordert viel Übung, zum einen, weil die Menge der relevanten Literatur oft unüberschaubar ist, zum anderen, weil die eigene Leistung durch das viele bereits Vorhandene stark relativiert wird und sich leicht das Gefühl einschleicht, man selbst habe nichts zu sagen. Ständiges Zitieren kann sich zur Marotte auswachsen. Verlernen Sie nicht, Ihre Gedanken niederzuschreiben, ohne dabei ständig Autoritäten auf den Plan zu rufen (vgl. Abschn. 7.5).

Zitate haben oft auch die Funktion, zu motivieren und Interesse zu wecken, etwa als geflügeltes Wort, Aphorismus oder Sentenz. Als solche „Verzierung" sind sie sparsam zu dosieren. „So fühlt man Absicht, und man ist verstimmt", wie es in Goethes Torquato Tasso heißt: Es geht bei Ihrer Diplomarbeit schließlich nicht darum, dass Sie zeigen, dass Sie den Faust gelesen haben und bibelfest sind. Besonders treffende und prägnante Formulierungen aus der Fachliteratur werden ebenfalls gern zitiert, und dabei ist viel mehr Findigkeit gefragt als beim Durchstöbern von Zitatensammlungen. Mit einfallsreich ausgegrabenen Zitaten können Sie tatsächlich etwas Glanz in Ihre Arbeit bringen.

Sie stoßen in Fachaufsätzen oft auch auf interne Reports, private Korrespondenz und ähnliche Referenzen, auf die Sie nicht zugreifen können. In der Regel wird so etwas in erster Linie zitiert, um den Verdacht des geistigen Diebstahls abzuwenden und sich gegenseitig zu schmeicheln; das Verständnis der Arbeit sollte auch ohne Hinzuziehen dieser Literatur möglich sein. Interne Reports können Sie möglicherweise bei den Autoren anfordern, die meisten Wissenschaftler sind da recht zuvorkommend.

11.3.1 Wörtliche Zitate

Übernehmen Sie Zitate innerhalb eines Satzes, achten Sie darauf, dass die Grammatik stimmt und das Zitat nicht im Sinn verfälscht wird. Allzu viele wörtliche Zitate, die in Sätze eingebaut sind, sind wiederum Stolperfallen.

Prinzipiell gilt: Auch was in „Gänsefüßchen" steht, muss dekliniert werden: Schreiben Sie nicht *Der Chefredakteur des „Spiegel"* sondern *Der Chefredakteur des „Spiegels".* Es heißt: *„Die Zeit" vom 12. November berichtete* ... aber *In der „Zeit" vom 12. November stand zu lesen* ...

Eigenhändige Änderungen, Hervorhebungen und Auslassungen müssen Sie kenntlich machen, etwa durch [Hervorhebung d. Autorin] oder [Hervorhebung im Original]. Fehler oder Auffälligkeiten im Original können Sie durch das lateinische Wort für „so!" kennzeichnen [sic!]; tun Sie dies aber nicht, wenn Sie damit ausdrücken wollen „Schaut her was dieser Schwachkopf da behauptet", eine Eigenart mancher Journalisten, die schnell blasiert wirkt.

Mit [...] oder (...) markiert man, dass man im Quelltext Teile übersprungen hat. Dabei muss man natürlich darauf achten, dass Sinn und Zweck des Zitats gewahrt bleiben. Am Anfang und am Ende eines Zitats stehen keine Auslassungszeichen.

Wenn Sie ein Zitat aus einer anderen Arbeit übernehmen, schreiben Sie dies dazu (zitiert nach ...). Das ist unvermeidlich, wenn sich Originalliteratur nicht mehr ausfindig machen lässt. Längere „Zitatenketten" sollten Sie vermeiden, da Sie sich damit leicht auf dünnes Eis begeben (Stichwort „Stille Post").

11.3.2 Was ist ein Plagiat?

Seit dem Skandal um die Dissertation von Karl-Theodor zu Guttenberg wird der Betrug beim Schreiben wissenschaftlicher Arbeiten intensiv diskutiert. Angela Merkels anfängliche

Verniedlichungsversuche („Ich habe ihn nicht als wissenschaftlichen Mitarbeiter eingestellt") haben die Empörung und den Schaden für den Wissenschaftsbetrieb eher noch vermehrt. Seither sind immer mehr Politikerinnen und Politiker bezichtigt worden, ihren Titel unehrlich erworben zu haben. Öffentlichkeit und Lehrpersonal sind sensibler geworden gegenüber Verletzungen des Urheberrechts. Und inzwischen kann man überall nachlesen, was alles unter „geklaut" fällt.

Es ist nämlich nicht nur verboten, Sätze anderer zu übernehmen, ohne dies zu kennzeichnen. Auch eine leichte Abwandlung, bei der einige Wörter um- oder ausgetauscht werden (Verschleierung, „shake & paste") oder das Übersetzen von Originaltexten ohne Quellenangabe sind nicht erlaubt. Es gibt allerhand Tricks, die von Plagiatsjägern kategorisiert wurden, etwa das „Bauernopfer", bei dem zwar das Originalwerk an einer weniger wichtigen Stelle angegeben wird, aber an zentralen Stellen unterschlagen wird. Die verschärfte Form des Bauernopfers besteht darin, den Verweis auf das Originalwerk so zu formulieren, als sei dies nur eine Argumentationsstütze („so auch ... " „vergleiche... ") – in Wirklichkeit wurden ganze Passagen übernommen.

Unter einem *Strukturplagiat* versteht man einen Text, der zwar selbstständig formuliert wurde, aber in seiner Struktur und Argumentationslinie von einem anderen Werk übernommen wurde.

Die Hochschule für Technik und Wirtschaft in Berlin hat ein Portal rund um das Plagiat eingerichtet: plagiat.htw-berlin.de. Dort finden sich viele Informationen zum Umgang mit Plagiaten. Die Professorin Debora Weber-Wulff bietet dort einen Online-Kurs zum Thema an, in dem sie unter anderem Gründe für Plagiate an Schulen aufführt. Schülerinnen und Schüler sind sich oftmals nicht bewusst, dass sie unerlaubterweise abschreiben. Sie empfinden das Internet als einen großen Selbstbedienungsladen und sehen auch nicht ein, warum sie sich mit einem Thema abmühen sollen, dass doch in einer Hausarbeit, die unter hausarbeiten.de umsonst zu haben ist, schon ausführlich behandelt wurde. Und in der Wikipedia steht ja auch schon alles, ohne Angabe von Autoren, warum soll man sich die Mühe machen, das umzuformulieren? Wenn Lehrerinnen und Lehrer nicht bemerken, dass ihnen Plagiate untergejubelt werden und auch noch gute Noten geben, wird das fehlende Unrechtsbewusstsein noch bestätigt.

Es gibt nicht nur raffinierte Software, die Plagiate identifizieren kann. Manchmal reicht ja schon ein kurzes Googeln, um die Originalliteratur zu finden. Auffällig sind auch Formulierungsbrüche, Rechtschreibfehler oder uneinheitliche Formatierungen. Wenn man den Verfasser kennt, machen Formulierungen misstrauisch, die man ihm nicht zutrauen würde. Mit anderen Worten: Das Risiko, erwischt zu werden, ist nicht zu unterschätzen.

Nun ist an der Schule der wissenschaftliche Anspruch einfach nicht so hoch und der Schwerpunkt der schulischen Ausbildung liegt nun einmal nicht darin, wissenschaftliche Abschlussarbeiten anzufertigen. Von daher sind ergoogelte Referate, wenn doch wenigstens der Inhalt erarbeitet und vorgetragen wurde, noch verzeihlich, zumal wenn die Quellen angegeben wurden. Man muss sich aber hüten, diese Arbeitsweise an der Hochschule fortzusetzen, und es ist eine mehr als lahme Ausrede, dass man das korrekte Zitieren in der Schule nicht gelernt habe. Auch von Seiten der Hochschule ist eine Schuldzuweisung an die Schulen allzu bequem. Sinnvoller sind entsprechende Zusatzangebote, wie es sie ja auch vielerorts gibt. Aber selbst wenn es sie nicht gibt: Wer eine wissenschaftliche Arbeit anfertigen will und nicht weiß, wie das geht, macht sich eben vorher schlau.

Dass so viel geklaut wird, liegt auch daran, dass es zu einfach geworden ist, dass Hochschullehrer überlastet sind und dass Themen gestellt wurden, die schon x-fach bearbeitet wurden. Vermutlich ist kriminelle Energie weniger der Grund für die vielen Plagiate. Oft ist es wohl einfach die Not: Die Arbeit muss fertig werden, aber der Absolvent fühlt sich unfähig und kommt nicht voran. Wenn dann die Gelegenheit da ist, dann macht sie mitunter den Dieb.

Auch wenn ich diese Not verstehen kann: Mir selbst fällt es schwer, nachzuvollziehen, dass man fremde Arbeiten als die eigene ausgibt, denn die eigentliche Motivation, wissenschaftlich zu arbeiten, ist doch die Freude am selbstständigen Denken. Der *Flow*, das berauschende Gefühl, das sich einstellt, wenn man sich in eine spannende Sache vertieft, bleibt aus, wenn man, einzig auf Karriere schielend und an der Oberfläche herumwerkelnd, irgendetwas abgibt, mit dem man sich nicht identifizieren kann. Warum etwas studieren, was einen nicht interessiert, und sich irgendetwas zusammenstoppeln, das man nicht versteht? Das macht doch keinen Spaß? Ich fürchte, dass viele Hochschullehrer ebenso denken und manch moderne Entwicklung nicht mitbekommen haben, aber solch eine Gutgläubigkeit kann eben auch gefährlich sein – weshalb die Frage nach dem Anteil der Hochschule an den unentdeckten Plagiaten berechtigt ist. Man kann auch nicht erwarten, dass jemand, der als einer unter fünfzig Kandidatinnen und Kandidaten schlecht bis gar nicht betreut wird, von allein zu einer wissenschaftlichen Arbeitsweise findet. Qualitätssicherung an Hochschulen heißt unter anderem, an solchen kritischen Stellen einzuhaken. Die Diskussionen, die durch die Plagiatsskandale losgetreten wurden, waren längst überfällig.

11.3.3 Das Literaturverzeichnis

Ihr Literaturverzeichnis soll mit den im laufenden Text zitierten Quellen übereinstimmen, d. h., was Sie zitieren, kommt im Literaturverzeichnis vor, und auf die Angaben im Literaturverzeichnis nehmen Sie in der Arbeit Bezug. Wenn Sie eine umfangreiche Arbeit in Angriff nehmen, legen Sie gleich am Anfang ein Literaturverzeichnis an und aktualisieren es regelmäßig. Das spart Ihnen später viel lästige Arbeit. Fehlen Ihnen noch Angaben, ist das online aber schnell zu erledigen, indem man die entsprechenden Kataloge ansteuert, siehe Abschnitt 7.2.1. Oft noch einfacher: googeln. Eine Eingabe des vollständigen Autorennamens in Anführungszeichen, kombiniert mit einem Wort aus dem Titel, führt in vielen Fällen zu einer Fundstelle entweder auf der Homepage des Autors oder aber als Literaturhinweis in einer Online-Publikation.

Stöbere ich in meinen Regalen, finde ich kaum zwei Werke, deren Literaturverzeichnisse dasselbe Format haben. Die formalen Vorgaben bei der Quellenangabe sind sehr unterschiedlich und die Anweisungen der Disziplinen sind auch unterschiedlich streng. Wenn Sie keine konkreten Vorgaben haben, orientieren Sie sich an der Literatur, mit der Sie arbeiten, dann können Sie nicht allzu viel falsch machen. Zum Teil haben die Betreuer recht genaue Vorstellungen und Vorlieben, anderen ist es in erster Linie wichtig, dass das Verzeichnis einheitlich und vollständig ist. Sich am Prinzip der Zweckmäßigkeit zu orientieren ist immer sinnvoll: Die Literaturangaben sollten so vollständig sein, dass sie ohne Umwege zur Originalliteratur führen.

Wenn Sie ein Literaturverwaltungsprogramm verwenden, werden verschiedene Stilvorlagen vorgegeben. Dann ist das Problem der Einheitlichkeit gelöst, und die ist letztlich das Wichtigste, denn ein chaotisches Literaturverzeichnis ist ein gefundenes Fressen für einen kleinlichen, unbequemen oder auch nur ordnungsliebenden Prüfer.

Die im Folgenden angeführten Beispiele zeigen verschiedene Möglichkeiten. Dass das Literaturverzeichnis dieses Buches einheitlich gestaltet ist, ist nicht meiner Sorgfalt, sondern *BibTeX* zu verdanken, der an LATEX gekoppelten Literaturverwaltung, die das Verzeichnis der zitierten Arbeiten selbst erstellt. Es gibt eine ganze Reihe weiterer Literaturverwaltungsprogramme in unterschiedlichen Preislagen. Eine elektronische Verwaltung der benutzten Literatur ist auf jeden Fall zu empfehlen, erfordert sie doch weit weniger Aufwand als das Beschriften und Sortieren von Karteikarten. Links zu Systemen zur Literaturverwaltung und der Verwaltung von Online-Referenzen finden Sie auf meiner Homepage.

11.3.3.1 Autoren und Herausgeber

Die Vornamen der Autoren kann man ausschreiben oder mit dem ersten Buchstaben abkürzen. Weil bei häufigen Nachnamen Verwechslungen möglich sind und weil der Vorname auch über das Geschlecht Auskunft gibt, ist die volle Nennung des Vornamens informativer. Man kann auch den Vornamen des Erstautoren ausschreiben und die übrigen abkürzen. Die Vornamen werden wahlweise vor oder nach dem Nachnamen notiert, dann durch ein Komma abgetrennt.

Möglich sind also unter anderem die folgenden Varianten:

- Uwe Wesel. Juristische Weltkunde. Suhrkamp Verlag, Frankfurt 1984.
- U. Wesel. Juristische Weltkunde. Frankfurt: 1984.
- Wesel, Uwe (1984). Juristische Weltkunde. Frankfurt: Suhrkamp.

Es gibt auch eine Reihe von Variationen bei Punkten, Kommata und Doppelpunkten.

Mit et al. (lateinisch: et alii = und andere; keinen Punkt nach dem et!) kann man abkürzen, wenn es mehr als zwei Autoren gibt. Bei Sammelbänden wird der Herausgeber (Hg. oder Hrsg.) angegeben und gekennzeichnet:

Saltzer, Walter et. al (Hg.): Die Erfindung des Universums. Insel Taschenbuch, Frankfurt, 1. Auflage 1997

Nimmt man auf einen Aufsatz innerhalb eines Konferenzbandes Bezug, erwähnt man Autor und Herausgeber:

Susanne Femers. Umgang mit Zahlen und Statistiken bei der Berichterstattung über Risiko. In: W. Göpfert und Renate Bader (Hrsg.): Risikoberichterstattung und Wissenschaftsjournalismus. Tagungsbericht zum 4. Colloquium Wissenschaftsjournalismus, Robert-Bosch-Stiftung. Schattauer, Stuttgart 1998, S. 135–144.

Bei einer Zeitschrift genügt meist die Angabe des Titels.

B. Messing. Tertium datur! Alltagslogik und Mathematik. Universitas Zeitschrift für interdisziplinäre Wissenschaft Nr. 644, S. 157–166, Februar 2000.

11.3.3.2 Verlag und Ort

Die Nennung des Verlages ist nicht in allen Fachgebieten üblich, der Verlag ist aber durchaus von Interesse, schon weil man dadurch einen Hinweis auf die Verfügbarkeit und auch auf den Preis erhält. Wenn es in Ihrem Umfeld nicht gerade als exotisch angesehen wird, nennen Sie den Verlag. Immer wird der Ort aufgeführt, oft sind es sogar mehrere, weil Verlage häufig mehr als einen Standort haben, man kann dann auch mit „u. a." abkürzen. Ist der Ort beim besten Willen nicht zu ermitteln, schreibt man „o. O." (ohne Ortsangabe).

11.3.3.3 Auflagen

Man sollte die Auflage angeben, mit der man gearbeitet hat; Sie können unterscheiden zwischen überarbeiteten (überarb.), erweiterten (erw.), ergänzten (erg.) und durchgesehenen (durchges.) Auflagen. Fehlt eine Jahresangabe, kürzen Sie dies mit „o. J." ab.

11.3.4 Verweise im Text

Hier gibt es ebenfalls eine Reihe von Varianten, je nach Fachgebiet. Neben den Namen und dem Jahr in eckigen (oder auch in runden) Klammern [Bünting et al. 1996] ist auch eine Nummerierung der Literatur üblich [1]. Leserfreundlicher und auch beim Schreiben und Korrekturlesen weit leichter zu handhaben sind die Angabe der Autoren und der Jahreszahl. Eine weitere Möglichkeit sind Kürzel: [Bün 96]. Bei mehreren Veröffentlichungen eines Autors in demselben Jahr verwenden Sie Kleinbuchstaben

[Bün 96a], [Bün 96b]. Benutzen Sie die Kürzel möglichst nicht als eigenständiges Objekt: Statt „In [2] wird ausgeführt, dass..." schreiben Sie lieber: „Mayer weist darauf hin, dass ... [2]." Für englischsprachige Texte gilt die Faustregel: Auch ohne Referenz sollte der Satz vollständig sein. Im Deutschen nimmt man es offenbar nicht so streng, aber die Regel macht Sinn.

Mit *ebd.* oder *ebda.* (ebenda, ebendort), *ibid*, *a. a. O.* („am angeführten Ort") oder *op. cit.* wird auf eine Quelle verwiesen, die weiter oben im Text genannt worden ist. Dieses Verfahren in vor allem in den Geisteswissenschaften üblich, führt jedoch oftmals zu Verwirrung, also seien Sie hier vorsichtig. Spicken Sie Ihre Texte nicht mit Literaturverweisen und unterbrechen Sie die Sätze nicht in der Mitte durch Quellenangaben, kurzum, vermeiden Sie alles, was die Lesbarkeit beeinträchtigt. Ahmen Sie nicht das nach, was Sie bei Ihrem eigenen Literaturstudium stört. Man sollte sich mit den Literaturhinweisen auch nicht „aufblasen".

11.4 Schreibblockaden überwinden

Eine Schreibblockade haben Sie, wenn Ihr Schreibfluss überhaupt nicht in Gang kommt, alle Sätze blöd klingen und der Drang zur Flucht vor dem Schreibtisch übermächtig wird. Manch eine Wohnung wird nur deshalb geputzt, weil jemandem unter dem Druck seiner Examensarbeit nichts Besseres eingefallen ist als Großreinemachen. Diese Ausweichmanöver sind verständlich, auf die Dauer aber fatal.

An vielen Hochschulen werden inzwischen Schreibseminare oder -workshops angeboten. Dort können Sie sich professionelle Hilfe holen und in der Gruppe die Erfahrung machen, dass die anderen sich ebenso plagen wie Sie selbst. Nur: Schreiben müssen Sie Ihre Arbeit letztlich allein, daran geht kein Weg vorbei.

Schreibblockaden überwinden

Aufteilen

Teilen Sie Ihre Arbeit in überschaubare Teile auf. Machen Sie „Päckchen", die Sie nacheinander abhaken können. Das erleichtert ungemein.

Kaltstart vermeiden

Wenn Sie einen Abschnitt abgeschlossen haben, machen Sie nicht sofort Schluss, sondern machen Sie wenigstens ein paar Notizen für das weitere Vorgehen. Überarbeiten Sie sich nicht. Hören Sie nicht in einer Sackgasse auf, sondern lieber an einer Stelle, an der es gerade gut läuft. Dann können Sie es am nächsten Tag kaum erwarten anzufangen. Notfalls unterbrechen Sie sich abends einfach mitten im Satz.

Produktive Phasen nutezn

Machen Sie sich nicht an die kniffeligen Sachen, wenn Sie müde oder unkonzentriert sind. Nehmen Sie sich dann leichtere Dinge vor. Und vergeuden Sie Ihre geistigen Höchstleistungsphasen nicht mit Telefonieren oder Computerspielen.

Visualisieren

Malen Sie eine grafische Darstellung Ihres Themas, das kann die Gedanken in andere Bahnen lenken.

Reden hilft

Sehr oft fallen im Gespräch genau die Formulierungen, die man die ganze Zeit vergeblich gesucht hat. „Was willst du denn eigentlich schreiben?", fragt der Gegenüber, und vieles wird in dem Moment klarer, in dem man es ausspricht.

Die Arbeit als Patient

James N. Frey empfiehlt in „Wie man einen verdammt guten Roman schreibt", die Figuren auf die Couch zu legen und zu interviewen. Tun Sie das doch mit Ihrer Hausarbeit! Welche Probleme hat sie? Welche Fragen soll sie beantworten? Wo klemmt's?

Jammern

Befassen Sie sich bewusst mit Ihren Schreibstörungen und Selbstzweifeln. Schreiben Sie sie auf, klagen Sie so lange, bis es lächerlich wird.

Rechtzeitig aufhören

Der „Day off" darf nicht zum Dauerzustand werden, aber manchmal geht nun einmal nichts. Geistig arbeiten ist sehr anstrengend. Manchmal sagt einem der Körper in Form bleierner Müdigkeit, dass es Zeit für eine längere Pause ist. Sie werden sehen, danach geht es wieder besser voran.

Kapitel 12
Computernutzung im Studium

Und wo ist die beliebige Taste?!

Viele Studierende fühlen sich von der Schule nicht genügend auf das Studium vorbereitet, insbesondere in puncto „Referate halten", „mit dem PC arbeiten" und „Recherchieren". Zumindest besagt dies eine Studie des HIS von 2005,[1] und seither dürfte sich daran noch nicht allzu viel geändert haben. Die

---

[1] Bericht Nr. 11, April 2005, hisbus.his.de.

meisten Jugendlichen sind, was Handys, PC's und Online-Spiele angeht, stets auf dem Laufenden und kennen sich auch mit sozialen Netzwerken bestens aus. Sie nutzen den Computer mehr zur Freizeitgestaltung als zum Arbeiten. Aber ein WLAN einrichten zu können und die neuesten Cheats zu finden heißt noch nicht, dass man den PC wirklich sinnvoll im Studium einsetzen kann. Die exzessive Computernutzung ist eher schädlich für den Studienerfolg. Um Nutzen und Gefahren der neuen Medien geht es in diesem Abschnitt.

12.1 Nutzungsmöglichkeiten

Der Computer ist zur ersten Wahl bei der Literaturrecherche geworden (siehe Kap. 7). Er dient dem Austausch, der Dokumentation und ermöglicht es, spezielle Programme z. B. für Bildrekonstruktion oder Statistik zu verwenden.

Auch die Lehre wird von neuen Medien unterstützt („E–Learning"). Es gibt beispielsweise Online-Tutorials, Folien zum Download, Apps für das iPhone oder Podcasts von Lehrveranstaltungen. Als Lernumgebung hat sich besonders *Moodle* etabliert. Diese Plattform ermöglicht das Bereitstellen von multimedialem Lehrmaterial, das Hochladen von Dateien durch Teilnehmer, Kommunikation in Foren oder Chats und manches mehr. Für die Anbieter ist *Moodle* relativ betreuungsintensiv, aber für Sie als Teilnehmerin oder Teilnehmer eine feine Sache. Ich konnte *Moodle* mehrfach als Teilnehmerin nutzen und war begeistert.

Die Entwicklungen in diesem Bereich sind insbesondere im Bereich der tragbaren Geräte rasant. Ein Netbook oder Tablet-PC kann genutzt werden, um in der Vorlesung mitzuschreiben oder anhand der von Dozenten ausgegebenen Folien mitzuverfolgen. In eBook-Readern können Sie eine ganze Bibliothek mit sich führen. Und mit den entsprechenden Gerätschaften können Sie praktisch überall ins Internet, und Sie können sogar Ihre

Dateien „in den Wolken" speichern („Cloud-Computing", z. B. Google docs, Microsoft Skydrive), so dass Sie von überall her darauf zugreifen können.

Die Möglichkeit, ständig online zu sein, führt dazu, dass man sich gar nicht mehr unbedingt treffen muss, selbst wenn etwas Kompliziertes zu besprechen ist. Dafür gibt es schließlich Skype & Co. Diese Möglichkeiten sind nicht nur für Studierende von Fernuniversitäten, die sich rund um den Erdball verteilen, interessant.

Ohne Zweifel ist der Computer beim Schreiben einer Abschlussarbeit eine große Hilfe. Von den ersten Gehversuchen bis zur *final version* kann man alles in eine Datei packen. Man kann verschiedene Versionen verwalten, Zwischenfassungen abspeichern und Änderungen dokumentieren. Die Rechtschreibhilfe und viele weitere hilfreiche Features des verwendeten Programms erleichtern die Arbeit beträchtlich. Die Schreibgewohnheiten haben sich durch den Computereinsatz auch stark verändert, allerdings nicht ausschließlich im positiven Sinn. Die „Copy-and-Paste"-Methode beispielsweise ist eine häufige Fehlerquelle. Wer Ihren Text liest, liest nur die Endversion und interessiert sich nicht für die Vorgeschichte. Eine Erklärung in dem Stil „Das ist mir nur passiert, weil in einer vorherigen Version ..." ist keine besonders originelle Entschuldigung. Das schnelle und mühelose Schreiben und die makellosen Ausdrucke können einen Erkenntnisstand vortäuschen, der noch nicht erreicht ist. „Dieser wunderbare Anblick von Fehlerlosigkeit macht mich ein bisschen früher in meinen Text verliebt, als es ihm vielleicht guttut" – so drückt es Wolf Schneider aus.[2] Es wäre oft gut, einen Text vollständig neu zu schreiben – aber wer tut das schon im Zeitalter des Computers! Die Beschäftigung mit dem Computer ist außerdem ein willkommenes Ablenkungsmanöver in schwierigen Phasen. Deshalb ist es oft sinnvoll, den

---

[2] W. Schneider: Der vierstöckige Hausbesitzer. Verlag Neue Zürcher Zeitung, Zürich, 1994.

Rechner bewusst ausgeschaltet zu lassen oder einen Ort aufzu-
suchen, an dem es keinen Computer gibt und dort in aller Ruhe
seine Gedanken zu sortieren – und sie dann erst einmal auf Papier zu notieren.

12.2 Textverarbeitung

Eine Bachelor- oder Masterarbeit stellt andere Anforderungen
an die Software als ein einfacher Brief oder Bericht. Deshalb
sollte man sich vorher gut überlegen, welches Programm man
benutzt. Viele Leute sind in dieser Hinsicht sehr unbedarft und
unterschätzen, wie hilfreich ein geeignetes Programm ist und
wie sehr ein ungeeignetes die Arbeit beeinträchtigen kann.

Die Rechenzentren informieren über die verschiedenen Möglichkeiten und können Ihnen bei der Beschaffung eines Programms wahrscheinlich behilflich sein. In einer ganzen Reihe von Foren im Internet oder auch in Newsgroups (suchen
bei Google-Groups) können Sie sich darüber hinaus ein Bild
über die stark unterschiedlichen Ansichten zu den verschiedenen
Möglichkeiten machen und ich möchte Ihnen sehr ans Herz legen, sich umzuhören, *bevor* Sie mit Ihrer Arbeit beginnen.

Eine einheitliche Empfehlung kann man nicht geben, da die
Voraussetzungen und Wünsche der Anwender zu verschieden
sind. Wenn man eine zwanzigseitige Seminarausarbeitung ohne viele Formeln zu schreiben hat, lohnt sich keine große Investition. Für eine Arbeit, die an Umfang und Struktur etwas
reicher ist, braucht man jedoch etwas mehr elektronische Unterstützung (Stichworte: Fußnoten, Tabellen, Verzeichnisse, Literaturverwaltung).

Folgende Kriterien sollten bei der Wahl berücksichtigt werden:

- Was ist verfügbar? Insbesondere auch: Welches Betriebssys-
  tem wird verwendet?
- Was darf es kosten? Openoffice und Abiword sind gratis zu
  haben, ebenso LATEX. Das Officepaket von Microsoft gibt es
  als Studentenversion verbilligt.

- Was benutzen die anderen? Wenn Sie mit anderen zusammenarbeiten, ist eine gemeinsame Basis zwingend.
- Was und wie viel schreiben Sie? Werden viele Formeln und Abbildungen verwendet?
- Wie hoch sind Ihre und die Ansprüche Ihrer Betreuer an die optische Qualität Ihrer Arbeit?
- Wie viel Zeit können Sie investieren, sich in das Programm einzuarbeiten und lohnt sich diese Investition?

Standardmäßig haben Sie wahrscheinlich *Word* auf Ihrem PC. Es ist verführerisch, damit zu arbeiten, weil man einfach loslegen kann. Außerdem wird es fast überall benutzt. Manche argumentieren, dass es aus diesem Grund unsinnig ist, ein Programm wie LaTeX zu benutzen, das fast nur im Wissenschaftsbetrieb eingesetzt wird. Zweifelsohne hat *Word* raffinierte Features – aber man muss sich die Mühe machen, auch die etwas weniger offensichtlichen Funktionen zu erlernen. Es ist sehr komfortabel, dass man zwischen den *Office*-Anwendungen ohne Probleme hin- und herwechseln kann: Man kann Grafiken in *Powerpoint* oder *Excel* erzeugen und dann in eine *Word*-Datei einfügen.

Bei höheren Ansprüchen und bei größeren Dateien gibt es oft Probleme. Und oftmals kommt es auch mit dem WYSIWYG (What You See Is What You Get) nicht so hin wie versprochen.

Speziell im mathematisch-naturwissenschaftlichen Bereich ist LaTeX eine Option. LaTeX ist kein Textverarbeitungssystem im eigentlichen Sinn, sondern ein Textsatzsystem für ein professionelles Layout. Und das sieht man einfach. Formeln sind für LaTeX ein Kinderspiel; in den üblichen Büroprogrammen sind mathematische Notationen meist recht aufwendig und das Ergebnis ist oft unbefriedigend.

Eine Summenformel für Latex sieht auf dem Editor so aus:

```
$\sum_{j=1}^n j = \frac{n \cdot (n+1)}{2}$
```

Beispielsweise ist \frac der Befehl für einen Bruch (Befehle werden mit dem Backslash eingeleitet). \frac{a}{b} ist der Bruch mit dem Zähler *a* und dem Nenner *b*.

Nach dem Kompilieren[3] erhalte ich:

$$\sum_{j=1}^{n} j = \frac{n \cdot (n+1)}{2}$$

LaTeX kostet nichts und wird ständig von seinen vielen engagierten Nutzern und Mitentwicklern verbessert, die immer wieder neue Pakete zur Verfügung stellen. Auch die Juristen haben LaTeX für sich entdeckt, siehe Link auf jurawiki.de. Es gibt inzwischen recht komfortable Editoren (z. B. LEd, TeXnicCenter). LaTeX-Anwender zeichnen sich durch große Hilfsbereitschaft aus. Die ist auch notwendig, denn auch LaTeX kann ganz schön nickelig sein. Durch das fehlende WYSIWYG ist die Korrektur aufwendiger. Mitunter dauert es ziemlich lange, bis man herausgefunden hat, warum ein Programm nicht übersetzt werden kann.

Eine weitere Möglichkeit ist der FrameMaker (Firma Adobe), dieses Programm ist für technische, professionelle und eher komplexe Dokumente konzipiert (Stichwort Desktop Publishing) und sehr komfortabel, allerdings auch sehr teuer, so dass er wohl nur in Frage kommt, wenn die Uni eine entsprechende Lizenz hat.

Man muss nicht alle Finessen eines Programms kennen, einige Funktionen aber sind eine so große Arbeitserleichterung, dass Sie sie beherrschen sollen, und damit sollten Sie sich beschäftigen, bevor es wirklich ernst wird:

- Seitennummerierung
- Absatzformate;

---

[3] Übersetzen von der Quellsprache in die Zielsprache. In der Praxis sieht es für LaTeXso aus, dass die oben angegebenen Hieroglyphen verwandelt werden und das, was gemeint war (wenn man es richtig gemacht hat) als schönstes .pdf zu haben ist.

- automatische Erstellung eines Inhaltsverzeichnisses;
- Fußnoten (merke: Fußnoten niemals von Hand machen!)
- Suchbefehle, Suchen – Ersetzen;
- Indexeinträge/Stichwortverzeichnis, Querverweise („siehe S. 5");
- Rechtschreibhilfe (Sie können z. B. bei *Word* Ihre häufigsten Tippfehler automatisch verbessern lassen – aber natürlich kann das Programm nicht wissen, ob Sie mahlen oder malen meinten, ob Mine oder Miene);
- Makros für oft benutzte Textbausteine;
- Die Option des Programms, regelmäßig automatisch zu sichern (vergisst man im Eifer des Gefechts oft);
- Das Einbinden von Tabellen und Grafiken;
- Literaturverwaltung und Einbinden von Referenzen („vgl. [Meier 2010]")

Es gibt leider immer noch Leute, die anfangen, ihre Arbeit zu schreiben, jede Überschrift einzeln fett und größer gestalten, die den Menüpunkt „Blocksatz" nicht finden, das Inhaltsverzeichnis am Schluss von Hand anlegen – und sich dann kurz vor dem Abgabetermin doch aufregen müssen, weil alles nicht so wird, wie sie es sich vorgestellt haben. Mit viel Glück finden sie dann jemanden, der sich auskennt und alles irgendwie richtet – und wieder denkt man an das Gleichnis des Menschen, der keine Zeit hat, seine Axt zu schärfen, weil er so viele Bäume zu fällen hat. Die sauberste Methode, eine auch optisch ansprechende Abschlussarbeit anzufertigen, ist, sich vor dem Beginn ein Formatierungsgerüst zu machen, und zwar unter Berücksichtigung der Vorgaben, z. B. Seitenbeschränkung, erlaubte Zeichen pro Seite und so weiter.

Ausgesprochen zeitsparend ist es, das Zehnfingersystem zu beherrschen und Tastenkombinationen zu lernen (bzw. selbst zu definieren), die das Klicken mit der Maus ersparen. Strg-F, Strg-X, Strg-C und Strg-V sind unentbehrlich. Tastenbefehle am besten auf einen gut sichtbaren Merkzettel notieren, bis sie Ihnen geläufig sind.

12.3 Rechnen und Tabellenkalkulation

Mit einem Tabellenkalkulationsprogramm können Sie, wie der
Name schon sagt, Tabellen anlegen und verwalten. Das kann eine Literaturliste, eine Todo-Liste, eine Rechnung, ein Kalender
oder eine Adressliste sein. Von der einfachen Liste bis hin zu
hochkomplizierten Berechnungen und Diagrammdarstellungen
ist Excel einsetzbar. *Excel*–Kenntnisse gehören inzwischen zum
Standard; viele Leute kennen aber nur eine Bruchteil der Möglichkeiten des Programms.

Der versierte Umgang mit Tabellen ist ein wünschenswerter
Nebeneffekt des Studiums. Schnell mal eine Aufstellung über
anfallende Kosten machen, eine Projektplanung anlegen oder ein
Diagramm zur Visualisierung eines Sachverhalts zeichnen: Gut,
wenn man das beherrscht.

Es gibt unzählige Online-Tutorials zum Erlernen von Excel
und natürlich Literatur, Videotrainings und Kurse bei der Volks-
hochschule. Eine Mustermappe zur Studienorganisation finden
Sie als Download auf meiner Homepage.[4]

12.4 Präsentationssoftware

Die Präsentation von Seminaren mit Hilfe von Powerpoint-
Folien ist inzwischen Standard. Ein guter Foliensatz nimmt die
Zuhörer für Sie ein, unterstützt Ihren Vortrag und hilft Ihnen,
den roten Faden zu behalten. Man sieht den Folien aber sofort an, ob sich jemand mit dem Programm auskennt oder nur,
mehr oder weniger dilettantisch, etwas zusammengestoppelt hat

---

[4] Natürlich können Sie ebenso gut OpenOffice benutzen. Aber in der Praxis
ist nun mal das Microsoft-Office-Paket das am meisten verbreitete. Daher
nutze ich den Begriff *Excel* als Synonym für Tabellenkalkulation, so wie
man *Tesafilm* als Synonym für Klebestreifen benutzt. Dasselbe gilt für *Powerpoint*.

(„Titel durch Klicken hinzufügen" sieht man dann auf den Seminarfolien – sofort ist erkennbar, womit man gearbeitet hat).

Gute Foliensätze erkennt man am einheitlichen Layout, einer guten Strukturierung, übersichtlichen Textblöcken, schönen Übergängen und gezielt platzierten Abbildungen. Zu viel „bunt" lenkt nur ab. Machen Sie sich auf jeden Fall mit dem Folienmaster vertraut, damit Sie das Design Ihrer Folien selbst ändern können.

Powerpoint ist auch nützlich, um rasch eine Zeichnung, zum Beispiel ein Flussdiagramm, zu produzieren. Man kann die Folie auch im jpg.-Format speichern und in andere Anwendungen einbinden. Auch Übersichten zur Vorbereitung auf Prüfungen kann man gut mit Powerpoint anfertigen.

Wer LATEXverwendet, kann seine Folien mit der Beamer-Klasse anfertigen, sie sehen toll aus.[5]

12.5 Datensicherung

Nichts, was auf Ihrer Festplatte ist, ist dort wirklich sicher. Ihre Daten können verloren gehen, wenn eine Festplatte stirbt, wenn Ihr kleiner Neffe sich unbeaufsichtigt in Ihrem Arbeitszimmer vergnügt, wenn plötzlich der Strom ausfällt oder – gar nicht selten – wenn Sie selber aus einer spontanen Eingebung heraus Ihren Rechner aufräumen und Ihnen dabei ein *fatal error* unterläuft. Oder ein Virus legt den Rechner lahm. Speichern Sie wichtige Daten immer – immer! – an einem weiteren Ort. Das kann eine Diskette sein, eine CD-ROM, ein USB-Stick (besonders handlich) oder die Fernübertragung (z. B. via ftp) auf einen anderen Rechner. Kleinere Dateien kann man sich auch selbst per E-Mail schicken, wenn diese beim Server aufgehoben werden (achten Sie auf die eingestellte Vorbehaltszeit).

---

[5] Geben Sie „Beispiel Beamer Klasse" in eine Suchmaschine ein und überzeugen Sie sich selbst.

Machen Sie sich die Mühe, ein Verfahren zu entwickeln, nach dem Sie Ihre Daten verwalten. Überlegen Sie also, wie und wie oft Sie sichern müssen, wo Sie Ihre Sicherungskopien aufbewahren und wie Sie verlorene Daten wiederherstellen können. Sie können zum Beispiel für jeden Tag in der Woche eine Sicherungskopie anfertigen. Dann haben Sie immer die Versionen der letzten Tage bereit, was oft nützlich ist, wenn man größere Teile ändert. Zusätzlich können Sie einmal in der Woche eine Sicherung machen und so eine Bibliothek fortlaufender Versionen anlegen. Wenn Sie mit Disketten oder CD-ROMs sichern: Bewahren Sie diese nicht alle am selben Ort auf, sondern geben Sie sie einer Freundin oder schicken Sie sie zu Ihren Eltern (die elektronische Form des Versendens ist bequemer und vermutlich auch sicherer). Achten Sie darauf, oft genug auszudrucken, was Sie geschrieben haben. Falls Sie an einem Tag aus irgendwelchen Gründen nicht an den gewohnten Rechner können, so haben Sie dann wenigstens Ihren Ausdruck, an dem Sie weiterarbeiten können.

Und wenn doch einmal etwas verloren geht: nicht verzweifeln. Wenn Sie einen Abschnitt ein zweites Mal schreiben, geht das in der Regel deutlich schneller. Vielleicht ist der Datenverlust auch ein Wink des Schicksals und Sie stellen eine viel bessere Version auf die Beine.

12.6 Der Computerarbeitsplatz

Während des Studiums ist es aus Platz- und Geldgründen oft nicht möglich, sich einen optimalen Computerarbeitsplatz zu schaffen. Versuchen Sie aber, wenigstens ein paar Dinge richtig zu machen. Kritische Punkte bei der Arbeit am Computer sind Rücken und Nacken, Augen und Unterarme. Auf dem Stuhl sollten Sie gerade und flexibel sitzen können, Ober- und Unterarme sollten einen 90-Grad-Winkel bilden, ebenso Unter- und Oberschenkel. Verdrehen und verknoten Sie sich nicht. Die Tastatur gehört vor den Bildschirm, nicht daneben (wie man es oft in Ämtern oder Bibliotheken sehen kann, wo gleichzeitig Kunde und die EDV bedient werden).

Besetzen Sie die ganze Fläche des Stuhls; verändern Sie immer wieder Ihre Sitzposition und stehen Sie zwischendurch auf! Dehnen Sie dann besonders den Schulter- und Nackenbereich und lockern Sie die Handgelenke. Das Licht sollte von der Seite kommen. Ein Bildschirm vor dem Fenster ist sehr anstrengend für die Augen, haben Sie das Fenster im Rücken, treten störende Reflexe auf. Vermeiden Sie auch, dass sich die Deckenbeleuchtung am Bildschirm spiegelt. Schauen Sie zwischendurch immer einmal wieder zum Fenster hinaus und stellen Sie so Ihre Augen auf Fernsicht. Spezielle Augenübungen helfen, wenn es anfängt zu flimmern (mit den Augen den Fensterrahmen verfolgen; die Hände warmreiben und damit die Augen für eine Minute abdecken). Bei Problemen, die durch langes Tippen und Klicken entstehen, benutzen Sie eine ergonomische Tastatur und ein Mousepad mit Handballenauflage (zur Not einfach ein Buch darunterlegen).

Auch ein ergonomischer Computerarbeitsplatz ist eine gesundheitliche Belastung; gleichen Sie sie mit viel Bewegung aus. Die Sauerstoffzufuhr sorgt außerdem dafür, dass Sie wieder klarer denken können. Wenn Sie die Signale Ihres Körpers dauerhaft missachten, kann sich das mit Kopf- und Rückenschmerzen rächen – oft auch abends und am Wochenende, wenn Sie sich eigentlich erholen wollen.

12.7 Ablenkung, Multitasking und Disziplinprobleme

Facebook-Nutzer erbringen laut einer Studie der Ohio State University schlechtere Studienleistungen, sehen aber selbst keinen Zusammenhang zwischen der Nutzung der sozialen Netzwerke und ihrem verminderten Studienerfolg.[6] Natürlich muss man mit allzu einfach gestrickten Schlussfolgerungen vorsichtig sein – aber wirklich verwundern kann dieses Ergebnis natürlich nicht. Vermutlich neigen Menschen, die im Internet kommunikativ unterwegs sind, eher zu Disziplinschwäche und Prokrastination – dies ist der Fachbegriff für das ständige Aufschieben unangenehmer Tätigkeiten.

Der dauerhafte Aufenthalt vor dem PC fördert, was Linda Stone *continuous partial attention* nannte: Eine Aufmerksamkeit, die auf längere Strecken hinweg auf verschiedene Tätigkeiten verteilt ist. Dieser Begriff beschreibt noch besser als das oft beklagte „Multitasking" einen Geistes- und Gemütszustand, der ein effizientes, fokussiertes Arbeiten behindert. Von „Multitasking" kann man nicht sprechen, wenn man in Wirklichkeit keine Aufgaben erledigt, sondern einfach nur alles Mögliche gleichzeitig macht. Dass die Konzentration und die Qualität der Ergebnisse leidet, wenn man abgelenkt ist, wurde in vielen Studien belegt. Der Psychologe und Hirnforscher Ernst Pöppel prophezeit „Konzentrationsstörungen und den Verlust des Kurzzeitgedächtnisses". Daraus resultiere ein „unzusammenhängender, schizoider Denkstil". „Wir können keinen Kontext mehr verinnerlichen. Alles wird sofort wieder gelöscht, nichts bleibt dauerhaft im Gedächtnis."

Auch der Hirnforscher Manfred Spitzer warnt eindringlich vor den schädlichen Folgen von Fernseher und Computer auf das Gehirn und besonders auf die Gehirnentwicklung bei Kindern (seinen Vortrag „Vorsicht Bildschirm" können Sie als Video ergoogeln). „Payback" von Frank Schirrmacher ist die reinste Anklageschrift gegen die Macht der Computer, so wie das Josef Weizenbaum schon in den 1980er Jahren beklagte („Die Macht der Computer und die Ohnmacht der Vernunft"). Beschäftigt man sich mit diesen Werken, fühlt man sich ertappt und betroffen, wie weit unser Leben von Computern beeinflusst wird. Die technische Entwicklung lässt sich aber nicht aufhalten, unser

---

[6] http://researchnews.osu.edu/archive/facebookusers.htm.

Medienkonsum wird vermutlich dauerhaft bleibend „zu hoch" bleiben. Längst gibt es Therapien für Online-Spielsucht und eine Art Online-Supervision, mit der man die Zeit im Internet beschränken kann – so ähnlich, als würde man ein von einer Zeitschaltuhr gesteuertes Schloss an den Kühlschrank machen, damit man nicht so viel isst. Und ähnlich wie bei Essen ist es ja auch: Der Computer wird gebraucht und sinnvoll genutzt – die Dosis ist das Problem.

Dem Computersog entgehen

Computerfreien Arbeitsplatz benutzen
Wenn man einen schwierigen Text verstehen will, muss man alle Störfaktoren beseitigen. Dann sucht man sich am besten einen Platz frei von elektronischen Störfaktoren.

Früh anfangen
Früh morgens sind noch nicht so viele Leute online – das ist eine gute Zeit, am PC zu arbeiten.

Wecker stellen
Wenn Sie schon zwischendurch daddeln müssen – stellen Sie sich einen Wecker oder Timer. Vermutlich ist Ihnen nicht klar, wie viel Zeit ein paar Einträge in einem Blog oder Forum fressen.

Zeit begrenzen
Lieber drei Stunden intensiv arbeiten als den ganzen Tag mit 50% Einsatz. Aber die drei Stunden ist Ihr Status dann auch *offline*.

In den Offline-Modus wechseln
Verbinden Sie Ihren Router mit einer Zeitschaltuhr, so dass Sie zu bestimmten Zeiten offline sind (speziell spät abends). Die Zeitschaltuhr befindet sich idealerweise hinter einem Regal, schwer zugänglich.

Genug schlafen

Oft führen Konzentrationsschwierigkeiten und Antriebs-
schwäche dazu, dass man irgendetwas zu seiner Zerstreu-
ung sucht – und allzu schnell auch findet. Wenn man müde
ist, ist jedoch Schlafen die geeignete Therapie, und wenn
man unkonzentriert ist, braucht man eine Bewegungs-
pause. Ziellos vor PC oder Fernseher abhängen verschärft
das Problem nur.

Sich professionelle Hilfe suchen

Die angeführten Selbstdisziplinierungsmaßnahmen sind
für leichtere Fälle gedacht. Hinter einem wirklich krank-
haftem Umgang mit dem Computer (wie Spiel- oder Onlinesucht) stecken oft ernsthafte Probleme, die man nicht
mit einer Zeitschaltuhr lösen kann. Suchen Sie gegebenenfalls eine Beratungsstelle auf. Wie Sie beim Googeln z. B.
nach „Onlinesucht" leicht feststellen können, sind Sie mit
den Problemen nicht allein und es gibt eine Menge Exper-
tinnen und Experten, die Ihnen weiterhelfen können.

Kapitel 13
Seminarvorträge

Eine der wichtigen Prüfungsleistungen, die Sie während Ihres Studiums erbringen müssen, ist ein Vortrag im Seminar. Neben der Möglichkeit zum Scheinerwerb erfüllt das Seminar weitere wesentliche Funktionen: Sie können sich in einem Teilgebiet Ihres Fachs vertiefende Kenntnisse verschaffen, Sie lernen den Professor besser kennen und üben sich darin, wissenschaftlich zu arbeiten. Ein Vortrag im Seminar ist ein möglicher Weg, an das Thema für eine Abschlussarbeit zu kommen.

In einem Seminarvortrag sollen Sie ein Stückchen Wissenschaft für andere aufbereiten und zum Vortrag bringen. Sie bekommen als Vorbereitung einige Literaturangaben und ein Zeitlimit. Es wird von Ihnen erwartet, dass Sie sich dann selbstständig einarbeiten.

13.1 Vorbereitung

Ihre Vorbereitung besteht in erster Linie darin, den vorgegebenen Stoff vollständig zu durchdringen. Auch wenn Sie später nur über Teile berichten können, müssen Sie doch das Ganze begriffen haben.

Ihre Lektüre ist von den Betreuern sorgfältig ausgewählt worden. Sie hinterlassen keinen guten Eindruck, wenn Sie schon

B. Messing, *Das Studium: Vom Start zum Ziel*, 2. Aufl.,
DOI 10.1007/978-3-642-20651-1_13,
© Springer-Verlag Berlin Heidelberg 2012

in der Vorbereitungsphase durchblicken lassen, dass Sie finden,
der betreffende Ansatz gebe nicht viel her. Sie sollen natürlich eigenständig denken und auch durchaus Ihre Kritikfähig-
keit strapazieren, aber Verstehen bedeutet zunächst einmal eine Vorschuss-Zustimmung zu geben. Bevor Sie nicht verstanden
haben, worum es den Autoren wirklich geht, halten Sie Ihre Kritik zurück.

Wenn Sie Teile Ihrer Literaturvorgaben nicht verstanden haben: Fragen Sie! Es ist besser, Sie fallen vor dem Seminar ein
wenig lästig, als wenn Sie nachher dastehen und nicht weiter
wissen. Das ist nicht nur für Sie eine unangenehme Situation,
sondern für alle anderen auch. Die Betreuer haben nicht als erstes Ziel, Sie zu prüfen, sondern möchten gern einen schönen
Vortrag hören. Niemand erwartet von Ihnen, dass Sie alles auf
Anhieb verstehen (siehe auch Kap. 9). Tragen Sie nichts vor,
was Sie nicht wirklich verstanden haben!

13.1.1 Die Gliederung

Die Gliederung ist das A und O eines gelungenen Vortrags. Für
Sie ist sie das Gerüst, an das Sie sich halten und auf das Sie
sich stützen können. Ihre Zuhörerschaft wird sich ebenfalls daran orientieren. In der Regel wird Ihr Stoff schon in einer Form
vorliegen, bei der klar ist, was der Kernpunkt ist, was man zur
Vorbereitung braucht und worauf es letztendlich hinauslaufen
soll. Oder Sie haben einen Ausgangspunkt, der sich etwa aus
vorangehenden Vorträgen ergibt.

Notieren Sie sich zuerst die zentralen Stichworte Ihres Themas, stellen Sie die Zusammenhänge zwischen den einzelnen
Punkten her und bringen Sie das Ganze dann in eine logische
Reihenfolge. Mindmap und Co mögen helfen, die Struktur zu
erfassen, aber was Sie letztendlich brauchen, ist eine streng lineare Abfolge, die in den Zeitplan passt. Ich hörte einmal einen

Studenten sagen: „Bei diesem Vortrag hatte ich besonders Probleme mit der Reihenfolge." Tatsächlich ist die richtige Abfolge eine der wesentlichen Leistungen bei der Vorbereitung eines Vortrags.

Eine Gliederung kann etwa das folgende Muster haben:

1. Einleitung
2. Problem
3. Lösungsansatz
4. Ergebnisse und Erfahrungen
5. Zusammenfassung und Ausblick

Hier liegt der Fokus auf der Vorstellung einer neuen Methode, um ein (bekanntes) Problem zu lösen. Beispielsweise könnten Sie ein Computerprogramm vorstellen, das anhand raffinierter Mechanismen Gesetzestexte untersucht und auf Lücken überprüft. Das Problem ist ein typischer *Immermehrismus*: Es gibt *immer mehr* Gesetze und es wird *immer schwieriger*, mit der Vielzahl der Regelungen zurechtzukommen. Im nächsten Schritt wird dann der Ansatz vorgestellt, mit dem man hofft, das Problem zu lösen. Schließlich muss evaluiert werden, welche (Teil-) Probleme man lösen konnte und ob weitere Schwierigkeiten existieren (oder neue aufgetaucht sind). Schließlich werden Für und Wider gegeneinander abgewogen, so dass man zu einem (vorläufigen) Urteil kommt.

Nicht alle Themen sind in dieser Weise problemorientiert. Mathematische Vorträge bewegen sich nicht selten weit weg von einer konkreten Anwendung; jedoch ergibt sich hier die Gliederung häufig nahezu zwangsläufig:

1. Einleitung
2. Definitionen
3. Hilfssätze
4. Das wichtige Theorem
5. Folgerungen und Anwendungen

Geht es darum, Thesen zu diskutieren, kann die Gliederung auch anders strukturiert sein:

1. Einleitung
2. These 1 (die alte These)
3. Warum die alte These umstritten/widersprüchlich/überholt ist
4. These 2 (die neue These)
5. Was für die neue These spricht
6. Folgerungen und Anwendungen

So mag es um die Erklärung von Gewaltbereitschaft gehen oder die Ursachen von Allergien. Es kann auch sein, dass man keiner Position den Vorrang geben kann.

Gleichgültig, wie die Gliederung sich im Einzelnen gestaltet, zu Anfang steht immer die Frage: Warum beschäftigen wir uns mit diesem Thema? Der Schluss sollte sich so gestalten, dass sich niemand im Publikum fragen kann: Na und, was soll das Ganze? Am Schluss muss klar werden: Welche Erkenntnisse haben wir gewonnen? Oder anders: Was hat das gebracht? Oder auch: Was ist nun zu tun? Richten Sie Ihren Vortrag nach diesem Abschluss aus, Leitmotiv: Hinterher sind wir schlauer als vorher.

13.1.2 Tafelanschrieb und Folien

Die Tafel wird immer mehr vom Projektor und Beamer verdrängt; mancherorts gibt es gar keine mehr, jedenfalls nicht die grünen, an die man mit Kreide schreibt. Das gänsehauterzeugende Gequietsche abgebrochener Kreidestückchen auf der Wandtafel ist damit aus der Welt, aber die Tafel hat durchaus ihre Vorzüge. Wer wichtige Dinge an die Tafel schreibt, kann nicht so durch den Vortrag hetzen wie das bei der Verwendung der allzu schnell wechselnden Folien leider oft der Fall ist. Er kann auch flexibler auf Zwischenfragen oder aktuelle Ereignisse reagieren. Allerdings wird auf Folien oft auch präsentiert, was nicht an die Tafel gekommen wäre. Nicht jeder verfügt über eine leserliche

Handschrift; ausdrucken oder kopieren kann man die Tafel auch nicht.

Tafelanschrieb

Überlegen Sie vorher genau, wie Ihr Tafelbild aussehen soll. Die Struktur Ihres Vortrags soll im Tafelbild dargestellt werden; die Strukturierung in Punkte/Unterpunkte muss stimmig sein. An die Tafel kommt nur das Wichtigste. Nutzen Sie den Vorteil der Tafel, dass Sie die Dinge nach und nach entwickeln können, auch in einer eher grafisch orientierten Darstellung. Ansonsten gilt im Wesentlichen dasselbe wie für die Folien.

Folien

Folien bieten eine gute Vorbereitungsmöglichkeit, weil sie den Vortrag strukturieren: ein Gedankengang – eine Folie. Folien stellen das, was Sie vortragen, optisch dar und sind für die Zuhörer ein Halt. Nutzen Sie diese Möglichkeit, Ihr Publikum für sich einzunehmen.

- Gestalten Sie die Folien übersichtlich: Fünf bis sieben Punkte gelten als Obergrenze für das, was auf einer Folie dargestellt werden kann. Machen Sie kurze, unverschachtelte Sätze oder einfach nur Stichpunkte. Ausnahme: Zitate, wenn sie passen. Für diese spendieren Sie am besten eine ganze Folie.
- Wählen Sie eine ausreichend große Schriftgröße (ab 16 pt aufwärts) in einer schnörkellosen, gut lesbaren Schriftart ohne Serifen (Serifen sind kleine Füßchen an den Buchstaben). Solche Schriften (z. B. *Arial*) werden für kurze Texte und Überschriften empfohlen. (Für längere Texte sind Serifenschriften empfehlenswert, etwa *Times*.)
- Stellen Sie die Gliederung und den Ablauf Ihres Vortrags in den Folien dar. Das können Sie durch ein fortlaufendes Inhaltsverzeichnis erreichen. Hübsch ist auch eine Art Perlenschnur, die zeigt, wie weit Sie sind.

- Verwenden Sie möglichst oft Abbildungen. „Ein Bild sagt mehr als tausend Worte" heißt es so schön. Denken Sie an Vorträge, die Sie gehört haben und überlegen Sie, was Sie dabei behalten haben. In den meisten Fällen sind das entweder provokante Formulierungen oder ansprechende Bilder.
- Als Schlussfolie den Satz „Danke für Ihre Aufmerksamkeit" aufzulegen, wirkt freundlich und kundenorientiert.

Manchmal wird der Rat gegeben, das Inhaltsverzeichnis auf keinen Fall zu präsentieren; die Struktur sollte im Kopf sein, aber es sollte nicht darüber gesprochen werden. Als Grund wird angegeben, dass die Zuhörer sonst abschalten, weil die Spannung weg ist. Ich halte dieses Argument nicht für überzeugend. Ein Seminarvortrag ist weder eine Wahlkampfveranstaltung noch eine Tupper-Party. Als Zuhörerin entscheide ich selbst, ob und wann ich dem Vortrag folge. Mir ist es lieber, ich weiß, wo ich dran bin; wenn ich Spannung will, gehe ich ins Kino. Eine Inhaltsübersicht hilft sehr, den Fokus des Vortrags herauszustellen. Man kann gleich am Anfang erklären, wo die Schwerpunkte liegen und damit auch manche Diskussion um Dinge vermeiden, die für das Anliegen eher nebensächlich sind. Wecken Sie Interesse durch einen ansprechenden Vortragsstil, nicht durch Überraschungseffekte!

Erläutern Sie alles, was auf Ihren Folien steht, denn Ihr Vortrag ist kein Stummfilm. Zitate etwa sollten Sie stets auch vorlesen. Denken Sie daran, Ihre Zuhörer sehen dies zum ersten Mal und es ist Ihre Aufgabe, Ihnen den Stoff nahe zu bringen. Lassen Sie dem Publikum Zeit zum Nachvollziehen dessen, was Sie vorführen.

13.1.3 Vortragsnotizen

Wie detailliert Ihre Unterlagen sind, hängt von der Komplexität der dargestellten Materie und von Ihrer Übung im freien Reden ab. Je formaler der Stoff, desto weniger Freiheit haben Sie.

Während Sie sich auf Ihren Vortrag vorbereiten, arbeiten Sie im „Denkmodus". Wenn Sie vortragen, sind Sie im „Redemodus". Es ist nicht ganz einfach, zwischen diesen Modi hin- und herzuschalten. Sie müssen sich bei der Vorbereitung Ihres Vortrags darauf einrichten, dass Sie in der Situation vorne an der Tafel nur eingeschränkt denkfähig sind. Das gilt je mehr, desto mathematischer Ihr Vortrag ist. Niemand hält einen mathematischen Vortrag aus dem Stegreif. Man verliert ganz schnell den Faden, wenn man versucht, auch nur einen einfachen Beweis „aus dem Ärmel" zu schütteln. Das ist kein Zeichen für mangelnde Begabung, sondern liegt an der Vortragssituation selbst und auch an der eingeschränkten Sicht, die man hat, wenn man an der Tafel steht. Technische Formalitäten muss man bis ins Detail ausarbeiten und sich hinschreiben, sonst ist man verloren. Es kommt einem selbst vielleicht lächerlich vor, wenn man „eine Kleinigkeit" vergessen hat, die einem „ganz klar" erschien. Aber für die Zuhörer ist das sehr verwirrend und es gibt kein gutes Bild ab.

Abgesehen davon versuchen Sie, Ihren Vortrag so frei wie möglich zu halten. Wenn Sie Angst haben, stecken zu bleiben, notieren Sie sich für jede Folie eine Einstiegshilfe in Form eines Satzes, den Sie dann einfach ablesen. Ansonsten versuchen Sie, mit möglichst wenig „Zettelwirtschaft" auszukommen. Die Gefahr, dass Ihre Unterlagen durcheinander geraten, ist viel zu groß. Nummerieren Sie Ihre Notizzettel für den Fall der Fälle. Üben Sie den Vortrag und den Umgang mit Ihren Notizen mehrfach, und ändern Sie nach der „Generalprobe" nichts mehr ohne zwingenden Grund.

13.1.4 Highlights setzen

Der *worst case* im Seminar ist für Sie vielleicht ein Steckenbleiben, ein nachweisbarer Fehler oder ein unauflösbarer Disput mit dem Professor. Erfahrungsgemäß ist das wahre Schreckgespenst des Seminars die Langeweile. Das ist Qual pur: Wenn alle nur dasitzen und es über sich ergehen lassen. Zuhören müssen ohne bei der Sache zu sein macht unerträglich müde. Wie vermeidet man Langeweile und Unaufmerksamkeit? Überlegen Sie sich vorher einige „Glanzpunkte": Gelingt es Ihnen, an einigen Stellen die Aufmerksamkeit zu fesseln, so können Sie sich damit durch den ganzen Vortrag hangeln, ohne dass die Zuhörer auf der Strecke bleiben.

Vorschläge:

- Unerwartete Bezüge herstellen: Das kann ein Bild von James Bond sein, wenn man über „Multiagentensysteme" spricht, das kann ein Zitat aus einem bekannten Film oder von einem Politiker sein. Hier sind Findigkeit und Phantasie gefragt.
- Biographische Notizen: Wissenschaftler haben häufig einen interessanten, manchmal auch tragischen Lebenslauf. Einige Sätze über die Person, über deren Werk Sie referieren, kommen immer gut an. Bei verstorbenen Personen hat das den Charakter einer historischen Notiz, bei lebenden Personen liegt der Schwerpunkt auf den aktuellen Aktivitäten.
- Experimente, die Zuhörer zum Mitmachen auffordern: Wenn es die Möglichkeit gibt, ergreifen Sie sie. „Denken Sie jetzt nicht an ein Auto!" zeigt, dass es nicht möglich ist, aktiv *nicht* an etwas zu denken. Solche Mitmach-Übungen bleiben am ehesten im Gedächtnis. Sie können auch einmal Fragen an Ihr Publikum richten oder über etwas abstimmen lassen.
- Animierte Folien: Man darf es nicht übertreiben, aber ein paar Effekte dürfen Sie ruhig einbauen, um die Sache etwas aufzulockern. Gerade in wissenschaftlichen Vorträgen ist ein bisschen Entertainment eine willkommene Abwechslung.
- Beispiele, Bilder, Erklärungen: Alles ist besser, als seinen Stoff ohne Rücksicht auf Verluste abzuspulen. Erwähnen Sie ruhig, an welcher Stelle es bei Ihnen anfänglich gehakt hat. Das sind während Ihres Vortrags wahrscheinlich auch Fußangeln.

Diese Glanzlichter müssen sparsam dosiert werden, damit Ihr Vortrag nicht sein Ziel verfehlt.

13.2 Die Vortragssituation

Halten Sie Ihren Vortrag nicht ausschließlich für den Professor und die Assistentin. Ihr Publikum sind Ihre Kommilitonen und Kommilitoninnen. Erklären Sie also Begriffe, von denen Sie glauben, dass sie nicht jeder parat hat, und mäßigen Sie Ihr Tempo. Das ist nur dann möglich, wenn der Stoff sinnvoll eingegrenzt wird. Über die Art der Eingrenzung kann es verschiedene Ansichten geben. Besprechen Sie dies zunächst mit Ihrem Betreuer, am besten, indem Sie selbst einen Vorschlag für eine Gliederung machen. Fragen Sie sich immer: Würde mich das interessieren, wenn ich zuhören müsste?

13.2.1 Lampenfieber besiegen

Ein wenig Nervosität vor dem Vortrag ist normal und der Konzentration und Leistungsfähigkeit durchaus förderlich. Es geht ja auch nicht nur darum, dass man allein vor einer Gruppe steht und reden muss. Das würde Ihnen bei einer Rede zum Geburtstag Ihrer Großtante vielleicht nicht viel ausmachen. Im Seminar kommt es aber vor allem darauf an, dass der Vortrag inhaltlich stimmig ist und diese Inhalte auch transportiert werden. Rhetorische Winkelzüge sind nicht gefragt. Niemand findet etwas dabei, wenn Sie Ihren Vortrag etwas stockend beginnen und anfangs vielleicht ein paar Mal schlucken müssen, bis Sie „in Fahrt" sind. Nach kurzer Zeit legt sich die Sprechangst in der Regel von selbst, vorausgesetzt, Sie sind gut vorbereitet und wissen, wovon Sie reden. Sie dürfen sich auch einmal versprechen, ohne dass gleich ein vernichtendes Urteil über Sie gefällt wird.

Schriftliche Wort-für-Wort-Ausformulierungen können helfen, den Einstieg in einen neuen Abschnitt zu finden. Auf jeden Fall machen Sie einen „Probelauf" vor dem „Ernstfall". Das ist die beste Versicherung gegen Steckenbleiben und vermindert Lampenfieber.

Sie müssen etwas tun, wenn Sie feststellen, dass die Rede-
angst Sie so hemmt, dass Sie die Situation „Seminarvortrag"
(und schlimmer: die Abschlussprüfung) vermeiden. Nehmen Sie
in diesem Fall – der Ihren Studienabschluss gefährdet – Beratungsangebote in Anspruch oder besuchen Sie einen Rhetorikkurs. Letzteres ist ohnehin empfehlenswert, auch um Rückmeldung zum eigenen Vortragsstil zu bekommen, der oftmals nicht
so schlecht ist, wie man annimmt.

13.2.2 Stimme und Körpersprache

Stehen Sie aufrecht und mit beiden Füßen fest auf dem Boden.
Achten Sie darauf, während Ihres Vortrags nicht unruhig vor-
und zurückzuwippen, herumzulaufen, aus dem Fenster zu schau-
en oder die Hände in die Hosentaschen zu stecken. Vermeiden
Sie den oberlehrerhaft erhobenen Zeigefinger – Ausnahme: Sie
zeigen tatsächlich etwas.

Vermeiden Sie alle Signale, die Mühseligkeit oder Lustlosigkeit verkünden wie Seufzen, längere Pausen oder extremes
Langsamsprechen. Demonstratives Angestrengtsein ist eine Plage für die, die zuhören. Eine Primaballerina verbirgt ihre enorme Anstrengung stets hinter einem Lächeln! Spaß an der Sache
wirkt dagegen ansteckend und nimmt die Zuhörer für Sie ein.

Versuchen Sie, in den Bauch zu atmen, um Ihrer Stimme mehr
Volumen zu geben. Räuspern Sie sich nicht, sondern schlucken
Sie, wenn Sie das Gefühl haben, einen „Frosch im Hals" zu
haben.

13.2.3 Das Publikum anreden

Viele Vortragende, nicht nur Studenten, sondern auch aus-
gewachsene Wissenschaftler, reden am Publikum vorbei. Sie
sind konzentriert auf Ihre Unterlagen oder ihren Tafelanschrieb
und könnten ebenso gut mit der Wand reden. Für die Zuschauer

dieser Veranstaltung ist das trostlos und sehr langweilig und sie werden auch leicht sauer.

Wer im Eiltempo durch ein kompliziertes Thema jettet, vermittelt eine Botschaft, die niemand gerne hört: Wer jetzt nicht mitkommt, muss wohl dumm sein, denn das hier ist doch alles offensichtlich. Vielleicht denkt er auch: Das hier kann nicht schwer sein, denn ich hab es kapiert und ich bin nun wirklich nicht der Hellste. Unsicherheit kann sich auch in Arroganz äußern.

Es kostet anfangs einige Überwindung, aber: Schauen Sie Ihre Zuhörer an! Suchen Sie sich zwei, drei freundlich dreinschauende Gesichter, die Sie jeweils für einige Sekunden fixieren. Es ist ermutigend zu sehen, wenn da jemand nickt oder lächelt oder auf andere Weise Zustimmung signalisiert, und ein Stirnrunzeln beantworten Sie am besten mit einigen erklärenden Worten oder der Frage, was unklar sei. Wer die Zuhörer anschaut, wird sein Tempo automatisch mäßigen. Eine Pause einzulegen ist gleichfalls gewöhnungsbedürftig, aber notwendig. Lassen Sie wichtige Aussagen einige Sekunden im Raum verhallen, damit sie den Weg zur Zuhörerschaft auch finden können.

13.2.4 Unterbrechungen und Zwischenfragen

Einige Unterbrechungen haben mit dem Vortrag nichts zu tun. Vielleicht kommt jemand zu spät oder ein Teilnehmer verlässt den Raum. Vielleicht ist irgendwo Baulärm oder eine andere Störquelle. Führen einige Zuhörer Privatgespräche, kann man sie ruhig darauf hinweisen, dass das störend ist. Meist verstummen solche Gespräche sofort, wenn der Vortragende aufhört zu reden.

Kritischer sind Zwischenfragen an Stellen, an denen man sie nicht erwartet hat. Manchmal entspringen sie der puren Ungeduld, weil Sie ohnehin in den nächsten Minuten auf den Punkt zu sprechen kommen. Manchmal entfernen sie sich auch sehr vom Thema. Eine allzu ausführliche Antwort würde Ihren Zeitplan durcheinanderbringen. Allerdings können Sie den Professor kaum „abwürgen". Leider gibt es auch unangenehme Zeitgenossen, die es darauf anlegen, Schwächen in Ihrem Vortrag bloßzulegen oder Ihnen die Schau zu stehlen, indem sie ihr eigenes Wissen, gefragt oder nicht, ausbreiten und sich an ihren wohlgesetzten Formulierungen ergötzen.

Am besten ist es natürlich, wenn man fachlich so sicher im Sattel sitzt, dass man um keine Antwort verlegen ist. Aber als Studentin oder Student haben Sie gar keine Chance, das Themengebiet so umfassend abzudecken. Sie sind ja wahrscheinlich über Ihren Vortrag erstmalig mit der Fragestellung konfrontiert worden. Was also tun, wenn man wirklich nicht weiter weiß?

Ein Politiker, das kann man täglich in Fernsehinterviews und -diskussionen beobachten, hat gelernt, das zu sagen, was er sagen will, egal, ob er gerade danach gefragt wird oder nicht. Das ist sehr störend für einen Zuschauer, der die Antwort auf die Frage gern erfahren hätte. Andererseits sind die Fragen auch manchmal dumm gestellt, suggestiv oder unbeantwortbar. Bevor ein Politiker gar nichts sagt, sondert er lieber „warme Luft" ab und hofft, dass die Frage während seines Redeschwalls vergessen wird. Darauf können Sie bei Ihrem Seminarvortrag kaum hoffen. Vielleicht schweigt der Frager, nachdem Sie ausweichend geantwortet haben – aber nicht, weil er zufrieden ist, sondern weil er nicht noch mehr Zeit verlieren will oder die Sache letztlich nicht so wichtig fand. Je mehr Mathematik in Ihrem Vortrag ist, desto weniger Chancen haben Sie, sich mit rhetorischen Tricks aus der Affäre zu ziehen. Konzentrieren Sie sich nicht so sehr darauf, als glänzender Redner dazustehen, sondern bleiben Sie natürlich und ehrlich.

Vorschläge und Warnhinweise:

- Stellen Sie sich schon vor dem Vortrag innerlich darauf ein, dass Fragen kommen, und machen Sie sich klar, dass die Fragen kein Angriff auf Sie sind. Wer in jeder Zwischenbemerkung eine Attacke sieht, bringt sich in eine Kampfstellung, in der klares Denken, nun ja, zumindest stark erschwert wird.

- Nehmen Sie sich Zeit. Wiederholen Sie die Frage oder formulieren Sie sie um und fragen zurück, ob Sie das so richtig verstanden haben. Nicken Sie, sagen Sie „hmm ..., nun ja ... ", um zu signalisieren, dass Sie sich mit der Frage beschäftigen, und legen Sie sich in dieser Zeit Ihre Antwort zurecht. Vielleicht möchte auch jemand aus dem Publikum auf die Frage antworten. Bei souveränen Rednern kann man beobachten, dass sie sich die Zeit nehmen, nichts zu tun außer zu denken, und sich erst wieder ans Publikum zu wenden, wenn sie die Antwort flüssig formulieren können. Die Stille muss man aushalten lernen. Wenn Sie antworten, schauen Sie nicht nur den Fragesteller an, sondern auch die anderen.

- Seien Sie ehrlich, aber machen Sie sich nicht zu klein. Sagen Sie nicht „Ich weiß es nicht", wenn die Frage auch in der Literatur, die Sie bekommen haben, nicht geklärt wurde. Sagen Sie dann lieber: „Das geht aus den Unterlagen nicht hervor" oder „Das ist nicht abschließend geklärt." Oder aber, positiv formuliert: „Da besteht offenbar noch Forschungsbedarf."

- Ungeschickt ist die Antwort „Das habe ich auch nicht verstanden." Damit geben Sie nämlich zu, dass Ihnen bei der Vorbereitung des Vortrags Fragen begegnet sind, die Sie nicht beantworten konnten und die Sie nicht zu klären versucht haben. Und gerade das war eigentlich Ihr Job! Es ist trügerisch zu hoffen, dass die Unklarheiten, die bei der Vorbereitung aufgetaucht sind, beim Vortrag nicht auffallen. Man kann sogar ziemlich sicher sein, dass die Stellen, an denen man nicht zurechtkam, auch für andere unklar sind.

- Dem Autor, dessen Arbeit Sie vorstellen, Versäumnisse vorzuwerfen, kommt ebenfalls nicht gut an. Natürlich haben viele Arbeiten Schwächen, aber es ist allerhöchste Vorsicht geboten, wenn man etwas kritisiert, was man kaum verstanden hat. Versuchen Sie nicht, auf diesem Wege Ihre Schwierigkeiten zu vertuschen.

- Im Zweifelsfall ist es in einem wissenschaftlichen Vortrag besser, Schwächen bei der Vorbereitung zuzugeben als sich in einem Redeschwall zu verstecken. Denn es geht im Seminar

nicht um Wählerstimmen, sondern um die Sache. Sicher lassen sich auch wissenschaftlich geschulte Menschen von schöner Rhetorik beeindrucken. Die Gefahr, dass Ablenkungsmanöver durchschaut werden, ist aber viel zu groß.

- Wenn eine Frage echt unangenehm war, provozieren Sie nach
  Ihrer Antwort kein weiteres Nachhaken, indem Sie sich nochmals an den Fragesteller wenden: „Ist die Frage damit beantwortet?" Wenden Sie vielmehr den Blick vom „Feind" ab und
  gehen Sie zum nächsten Punkt über. Auf diese Weise haben
  Sie immerhin eine gewisse Chance, ein weiteres Schlagloch
  zu umgehen.

Die Ratschläge, die für Diskussionen innerhalb der Geistes-
und Gesellschaftswissenschaften gegeben werden (vgl. etwa
[Fra04, Wag04]), lassen sich für die Natur- und Ingenieurwissenschaften oft so nicht anwenden. Meta-Diskussionen und Grund-
satzzweifel sind hier eher selten, dafür spielt die Frage nach
kommerzieller Verwertbarkeit eine größere Rolle. Allerdings
gibt es auch in diesen Bereichen einige Standardeinwände. In
der Informatik beispielsweise ist es sehr beliebt, zu behaupten,
es gäbe eine universelle Methode: „Kann man das nicht alles viel
einfacher mit neuronalen Netzen machen?"

Wenn man nun überhaupt keine Ahnung von dem angespro-
chenen Thema hat, lässt man sich von solchen Einwänden
schnell einschüchtern. Solche Einwände sind aber nichts anderes als das so genannte *name dropping*: Ein Schlagwort (oder
eben der Name einer Person) soll beeindrucken, Substanz ist
nicht vorhanden. In der anfänglichen Euphorie gab es sicher viele Leute, die behaupteten, mit den neuronalen Netzen könnte
man „alles" machen. Aber hätte sich das nicht längst herum-
gesprochen? Kann man wirklich annehmen, diejenigen, die mit
anderen Methoden arbeiten, verschwendeten ihre Zeit? Gezieltes Zurückfragen („Wie würden Sie denn in diesem konkreten
Fall vorgehen? Können Sie den Inhalt dieser Veröffentlichung
zusammenfassen?") sind die „Waffen" gegen derartige Globa-
langriffe. Paul Feyerabend (1924–1994), berühmt-berüchtigter

Wissenschaftstheoretiker, beschreibt in seiner Autobiographie die Geschehnisse bei einem Probevortrag, den er in Zürich hielt:

> Die Leute sagten ziemlich viel, um zum Teil waren sie recht aggressiv. Ich reagierte entsprechend. Ein Mann, der wie ein Professor aussah, warf mir vor, ich wolle ins Mittelalter zurückkehren. „Was wissen Sie über das Mittelalter?", fragte ich. „Kennen Sie das Werk von Buridan oder von Oresme? Wie viele Zeilen vom heiligen Thomas haben Sie gelesen?" Er lief wütend davon und knallte die Tür hinter sich zu.[1]

Wenn man sich nicht so schlagfertig wehren kann, kann man sich unter Umständen mit Kurzantworten aus der Affäre ziehen: Mit „Ach was!", „Ach so!" oder „Was Sie nicht sagen!" kann man unqualifizierte Einwände gelegentlich gut abbügeln. Fragen, die die Wendung „ganz einfach" enthalten, könnte man universell beantworten mit dem Satz: *Ganz einfach geht gar nichts.* Jeder, der einmal eine Bahnfahrkarte gelöst oder eine Steuererklärung angefertigt hat, wird Ihnen zustimmen.

---

[1] Paul Feyerabend. Zeitverschwendung. Suhrkamp, Frankfurt 1997.

Kapitel 14
Die Abschlussarbeit

Mit Ihrer Abschlussarbeit dokumentieren Sie, dass Sie das wissenschaftliche Arbeiten in Ihrem Studium erlernt haben. Im besten Falle liefern Sie einen Erkenntnisfortschritt für einen Teilbereich Ihrer Disziplin. Nehmen Sie nicht nur den Erwartungsdruck wahr, der auf Ihnen lastet, sondern auch die Möglichkeit, sich selbstständig mit einem Thema zu befassen.

14.1 Was wird erwartet?

Schauen Sie in der Prüfungsordnung nach, als was sich Ihre Arbeit versteht. In der Regel heißt es in etwa, die Master- oder Diplomarbeit sei eine Prüfungsarbeit, die zeigt, dass innerhalb einer vorgegebenen Frist ein Problem aus dem Fach selbstständig nach wissenschaftlichen Methoden bearbeitet und fachgerecht dokumentiert werden kann.

Sie sollen also beweisen, dass Sie die Fachsprache beherrschen, dass Sie in der Lage sind, sich selbst relevante Literatur zu besorgen, dass Sie geplant vorgehen und sich selbstständig in ein Spezialgebiet einarbeiten können und dass Sie in der Lage sind, Ihre Arbeit den Vorgaben entsprechend zu gestalten.

Die Arbeit muss eine Eigenleistung sein, aber wie weit die Selbstständigkeit in der Praxis geht, ist unterschiedlich. Ich

B. Messing, *Das Studium: Vom Start zum Ziel*, 2. Aufl.,
DOI 10.1007/978-3-642-20651-1_14,
© Springer-Verlag Berlin Heidelberg 2012

erlebe es selbst, dass einige Arbeiten intensiver zu betreuen sind als andere. Das bedeutet nicht unbedingt, dass der Student allzu unselbstständig ist, das hat auch mit dem Thema, den Vorkenntnissen, dem Fach und der Zielsetzung der Arbeit zu tun. Regelmäßiger Kontakt zur Betreuungsperson ist jedenfalls zweckmäßig. Ein 14-Tage-Rhythmus ist dabei ein guter Richtwert. Am besten fragen Sie noch vor Annahme des Themas, wie sich die Betreuung gestalten wird, in manchen Bereichen ist dies stark formalisiert, anderswo eher individuell.

Eine Abschlussarbeit ist ein Fulltime-Job, den man nicht nebenbei erledigen kann. Es wird erwartet, dass Sie Ihre Energie ungebremst auf dieses Projekt richten. Allzu viel Rücksicht auf Nebenjobs können Sie nicht verlangen. Bewertet werden kann nur das Ergebnis, das dann auch tatsächlich vorliegt – nicht das, das Sie noch hätten hinzufügen können, wenn Sie mehr Zeit gehabt hätten.

14.2 Fristen und Formalia

In der Regel wird über das Thema vor der Anmeldung gesprochen und danach offiziell vergeben; dann läuft auch die Frist von 3, 4 oder 6 Monaten. Welche Bedingungen Sie erfüllen müssen, um eine Abschlussarbeit anzumelden, entnehmen Sie der Prüfungsordnung.

Diese entnehmen Sie auch weitere Randbedingungen wie Seitenbeschränkung und Formatvorgaben. Solche Vorgaben sind ein weiterer Grund dafür, die Formatierung der Abschlussarbeit gleich am Anfang in Angriff zu nehmen, siehe Kap. 11 und 12.

14.3 Das Thema der Abschlussarbeit

Wenn Sie nach einem Thema fragen, stellt man Ihnen vielleicht zunächst Gegenfragen: Sie sollen sagen, was Sie bisher im Studium gemacht haben, ob Sie weitere Qualifikationen besitzen und was Sie denn interessieren würde. Hintergrund dieser Fragen ist, dass man versucht, ein Thema für Sie zu finden, zu dem Sie etwas Nützliches beitragen können. Vielleicht haben Sie keine rechte Idee, wie Ihr Thema aussehen könnte. Versuchen Sie dennoch, in etwa einzukreisen, was Ihnen liegt und was weniger. Haben Sie auch den Mut zu sagen, wenn Ihnen etwas nicht gefällt oder wenn Sie merken, dass Sie mit dem Thema nichts anfangen können.

Eher selten ist das Thema schon fertig ausformuliert vorhanden; vielleicht dauert es aber auch eine Weile, es zu entwickeln, und oftmals ist das die Aufgabe des Kandidaten. Auf vorgefertigte Aufgabenstellungen haben Sie wenig Einfluss. Sollte sich das Thema als unergiebig oder unerfreulich herausstellen, haben Sie wenig Spielraum. Ist das Thema weniger präzise formuliert, können Sie Ihre eigenen Ideen besser einbringen. Wichtig ist aber eine klare Zieldefinition: Worin soll der Beitrag Ihrer Arbeit bestehen? Ohne eine präzise Zielbeschreibung kann man die Frage, ob das Ziel erreicht wurde, nicht beantworten. Im Idealfall bekommen Sie ein Exposé Ihrer Arbeit, aus dem hervorgeht, welche Fragestellung Sie bearbeiten sollen, von welcher Voraussetzung Sie ausgehen können und auf welchem Wege Sie sich Ihrem Ziel nähern sollen. Ist das Thema, das Ihnen angeboten wurde, eher vage formuliert, nehmen Sie sich Zeit, es in Absprache mit der Betreuerin zu konkretisieren.

14.3.1 Themen im Anschluss an eine Veranstaltung

Manche Themen für Abschlussarbeiten werden im Anschluss an Seminare am Fachbereich vergeben. Ein Seminar ist auch deshalb eine gute Möglichkeit, sich an ein Thema „heranzuschleichen", weil Sie im Seminar Ihren Betreuer und seine fachlichen Schwerpunkte kennen lernen können. Es geht ja nicht nur darum, dass Sie eine interessante Aufgabe bekommen, sondern auch darum, dass Sie sich mit dem Betreuer verstehen und mit ihm reden können.

14.3.2 Externe Abschlussarbeiten

Abschlussarbeiten werden auch in Kooperation mit Firmen vergeben. Beispielsweise kann sich ein Thema während eines Praktikums ergeben, das Sie bei einem Unternehmen absolvieren. Dann brauchen Sie einen Partner an der Hochschule, der die Arbeit begleitet und begutachtet. Eine solche Arbeit hat viele Vorteile: Sie intensiviert Ihre Bindung an das betreffende Unternehmen und orientiert sich an der Berufspraxis. Es ist aber nicht immer einfach, an der Hochschule jemanden zu finden, der das Thema betreuen möchte, denn es muss sich in das jeweilige fachliche Umfeld einfügen. Eine in der Industrie angefertigte wissenschaftliche Arbeit wirft eine Reihe von Verfahrensfragen auf. Wenn im Zusammenhang mit der Abschlussarbeit Verträge mit dem Arbeitgeber abgeschlossen werden, heißt es aufpassen. Wenden Sie sich gegebenenfalls an die Rechtsabteilung im Prüfungsamt. Auch eine externe Abschlussarbeit ist eine universitäre Prüfungsleistung, die den entsprechenden Regelungen (z. B. Fristen) unterliegt.

14.4 Die Rolle des Betreuers

Unlösbare Aufgaben zu stellen ist einfach. Doch er formulierte eine Aufgabe so, dass sie dich weiterbrachte, dass du, sofern du sie lösen konntest, hinterher schlauer warst als vorher und die Tür sich für dich ein Stück weiter öffnete. Wie wenn man einen Berg besteigt und froh ist, einen weiteren Kletterhaken einschlagen zu können, damit man weiter hinaufklettern kann.
Ron Graham über Paul Erdös[1]

Unter „Betreuer" verstehe ich hier den Professor, die Professorin, die Assistentin oder den Assistenten, der oder die für die

---

[1] Gefunden in: Paul Hoffmann. Der Mann, der die Zahlen liebte. Ullstein, Berlin, 1998.

Aufgabenstellung und Bewertung Ihrer Arbeit zuständig ist. Es kann sein, dass der Professor ein Thema stellt und Ihnen einen Assistenten als Ansprechpartner nennt.

Ihre Betreuer sind nicht so allwissend, wie Sie das aus der Studentenperspektive vielleicht wahrnehmen. Im Gegenteil, oft wollen sie aus Ihrer Arbeit etwas lernen, interessieren sich für spezielle Fragen, die sie selbst aus Zeitgründen nicht detailliert untersuchen können. Ein guter Betreuer sagt Ihnen weniger, was Sie machen und schreiben sollen, sondern stellt Ihnen zur rechten Zeit die rechten Fragen. Leider beherrschen nicht alle diese Kunst des oben beschriebenen „Kletterhaken-Werfens", aber die Hochschullehrer und ihre Assistenten sind doch erfahren darin, wissenschaftliche Probleme zu bearbeiten. Versuchen Sie, von diesem Vorsprung zu profitieren.

Bereiten Sie die Treffen mit Ihrem Betreuer gut vor und notieren Sie sich Fragen. Betreiben Sie eigenständig Literaturrecherche und lassen Sie sich nicht zu jedem Schritt extra auffordern. Aber wenn Sie Schwierigkeiten irgendeiner Art haben, die Sie am Fortkommen hindern, sollten Sie diese äußern. Oft treffen Sie auf mehr Verständnis als erwartet. Oft unterscheiden sich Selbst- und Fremdwahrnehmung stark: Manche Kandidaten arbeiten sorgfältig und genau und fühlen sich dennoch immer unzulänglich, andere sind eher oberflächlich und reagieren beleidigt, wenn man mehr von ihnen erwartet.

Melden Sie sich rechtzeitig, wenn Sie mit dem Gedanken spielen, die Sache hinzuwerfen, und zwar aus mehreren Gründen: Ihre Betreuerin hat ein Interesse am Thema und würde es im Fall der Fälle wahrscheinlich gern anderweitig vergeben. Andererseits ist sie froh über jedes „angeknabberte" Thema, aus dem sich noch etwas machen lässt, ohne bei Null anzufangen. Und, auch wenn es Ihnen vielleicht schwer fällt, das zu glauben: Womöglich war Ihr Thema auch eine Nummer zu groß für eine Masterarbeit oder war einfach schlecht formuliert. Auch erfahrene Wissenschaftler haben nicht immer ein Augenmaß für die Dimension einer Fragestellung. Wie auch immer: Wenn Sie ihre

Schwierigkeiten ansprechen, haben Sie eine Chance, die Sache doch noch irgendwie in den Griff zu bekommen. Diese Chance sollten Sie auf keinen Fall vertun.

Es ist sicher auch sinnvoll, persönliche Belastungen, die Sie am Fortkommen hindern (Trennung von Freund/Freundin, Krankheit in der Familie etc.) anzusprechen, denn sonst kann Ihr Betreuer nicht verstehen, warum Sie unkonzentriert sind. Auch formale Fristen können in bestimmten Fällen verlängert werden. Ansonsten halten Sie sich besser zurück mit Ausflüchten, warum Sie nicht geschafft haben, was Sie schaffen sollten; private Belastungen, die jeder hat, sind von von beruflichen Aufgaben nun einmal zu trennen; üben Sie das am besten frühzeitig.

14.5 Die Adressaten der Abschlussarbeit

14.5.1 Adressat Prüfer

In einigen Studienratgebern ist zu lesen, dass einzig der Prüfer Adressat einer Prüfungsarbeit sei. Ihre Masterarbeit wird vielleicht keinen besonders großen Leserkreis haben, wenn Sie aber beispielsweise in ein Projekt des Fachbereichs eingebunden sind, ist Ihre Arbeit sehr wohl von allgemeinerem Interesse, nämlich mindestens für die anderen Projektmitarbeiter. Man könnte auch ketzerisch fragen, welchen Sinn denn eine Arbeit haben soll, deren Inhalt niemanden wirklich interessiert – soll das eine Art wissenschaftliche Gymnastikübung für Sie, und eine Beschäftigungstherapie für die Professorenschaft sein? Kann das angehen, wo es doch so viele ungelöste Probleme auf der Welt gibt?

Gleichwohl: Sie müssen sich auf die speziellen Eigenarten desjenigen, der Ihre Arbeit bewertet, einstellen. Beherzigen Sie seine Weisungen und Ratschläge und fragen Sie, wenn Sie sich nicht sicher sind, an welche Standards Sie sich halten sollen. Hier gibt es sehr große Unterschiede.

14.5.2 Adressat Öffentlichkeit

Es gibt eine Reihe von Möglichkeiten, die Ergebnisse der Diplom- oder Masterarbeit zu veröffentlichen, womöglich auch mit finanziellem Gewinn. Unter www.diplom.de und www.vdd-online.com werden Abschlussarbeiten vermarktet, auch www.study-boy.com stellt Arbeiten online, größtenteils ohne Kosten für den Nutzer. Der Gedanke, die Ergebnisse der doch oft sehr mühseligen und aufwendigen Abschlussarbeiten auch für andere zugänglich zu machen, ist eigentlich naheliegend, aber die Veröffentlichung kann rechtlich problematisch sein; klären Sie zunächst die rechtlichen Randbedingungen.

Sie müssen mit der Veröffentlichung bis zum Abschluss des Prüfungsverfahrens warten. Insbesondere dürfen Sie natürlich nicht ohne Erlaubnis Firmeninterna publizieren, mit denen Sie sich vielleicht im Laufe Ihrer Arbeit befasst haben. Grundsätzlich haben Sie jedoch das ausschließliche Urheber- und Nutzungsrecht. Die Universität darf Ihre Arbeit nicht ungefragt kommerziell nutzen und auch nicht publizieren. Erst bei der Doktorarbeit gilt die Publikationspflicht – auch dann publiziert der Verfasser der Arbeit selbst. Im Zweifel wenden Sie sich an die Rechtsabteilung des Prüfungsamtes.

Wenn eine Veröffentlichung Ihrer Arbeit auch nur angedacht ist – sicher eine attraktive Option –, müssen Sie sich schon beim Schreiben darauf einstellen. Das heißt, Sie müssen im Zweifel die Basis dessen, was Sie voraussetzen, etwas allgemeiner definieren. Dadurch kann Ihre Arbeit natürlich länger werden; sie muss aber dennoch den Vorgaben entsprechen.

Alternativ dazu können Sie wesentliche Ergebnisse Ihrer Arbeit auf einer Konferenz oder einem Workshop einer breiteren Öffentlichkeit zugänglich machen oder in einer Zeitschrift zu publizieren, vielleicht auch mit anderen zusammen. Aber das gehen Sie erst nach Abschluss der Arbeit an.

14.6 Management der Abschlussarbeit

Sie müssen während dieser Phase Ihres Studiums mehr als sonst
mit Zeiten rechnen, in denen Ihnen die Arbeit nicht leicht von
der Hand geht, in denen Sie von Müdigkeit, Lustlosigkeit und
Niedergeschlagenheit angefallen werden.

Umso wichtiger ist es, die äußeren Rahmenbedingungen für
das Gelingen zu schaffen. Vor allem bedeutet das, Strukturen zu
schaffen:

- die Strukturierung des Stoffs: Unterteilen Sie Ihre Arbeit in
  thematische Teilblöcke. Fixieren Sie diese Struktur auf jeden
  Fall schriftlich. Das können anfangs einzelne Begriffe sein,
  die Sie zu klären haben, später wissenschaftliche Arbeiten,
  die Sie lesen müssen, und schließlich die Kapitel Ihrer Arbeit.
  Lassen Sie die Struktur „atmen": Sie kann sich ändern und
  ausdehnen oder aber auch vereinfachen.
- die Strukturierung der Aufgaben: Machen Sie sich Ihre
  unterschiedlichen Arbeitsschritte wie Literaturrecherche,
  Programmieren, Experimente, Schreiben klar und stellen Sie
  dafür einen Plan auf. Auch so ein Plan muss atmen können:
  Immer wieder können sich andere Arbeitsschritte ergeben.
  Grundsätzlich gilt aber: Tun Sie nur eine Sache auf einmal, reservieren Sie sich zum Beispiel einen Vormittag für
  einen Fachartikel, statt die Lektüre über mehrere kurze Zeit-
  abschnitte zu zerfasern.
- die Strukturierung der Zeit: Das war schon im Kap. 6 das
  Thema. Eine „künstliche" Tagesstruktur für einen Tag, den
  Sie im Prinzip natürlich verbringen können, wie Sie wollen,
  hilft sehr, sich nicht zu vertrödeln. Vor allem ein vordefinier-
  tes Ende (Joggingtreff um 17.30 h) kann sehr helfen, nicht vor
  Beginn der Arbeit allerlei nebenbei zu erledigen.

Es ist auf jeden Fall ratsam, rechtzeitig eine Gliederung aufzustellen und diese mit dem Betreuer abzustimmen. Auch regelmäßige Treffen helfen sehr, die Sache nicht in die Länge zu ziehen.
Sehr empfehlenswert ist es, ein „Logbuch" zu führen, in dem

Aufgaben und ihre Bearbeitung, Probleme und ihre Lösungen, Literaturstellen und Ähnliches dokumentiert werden. Dies kann man alles in einer Datei verwalten.

14.6.1 Die Gliederung

Die Gliederung ist das A und O einer längeren Arbeit. Die Gliederung hilft allen Beteiligten. Ihnen hilft sie, Ihre Arbeit in Abschnitte zu unterteilen, die in einem überschaubaren Zeitraum bearbeitet werden können oder als „erledigt" betrachtet werden. Sie hilft Ihnen, neue Erkenntnisse, die Ihnen während des Schreibens gekommen sind, passend einzuordnen. Sie hilft, Inhaltsverzeichnis und Zusammenfassung anzufertigen. Und natürlich hilft sie dem Leser, sich zurechtzufinden.

Die Gliederung sollte *nicht* so aussehen:

1. Einleitung
2. Die ganze Arbeit
3. Zusammenfassung
4. Anhang

Es gibt keine festen Vorgaben für die Länge, die einzelne Kapitel haben sollten. Versuchen Sie, den Stoff einigermaßen gleichmäßig und inhaltlich stimmig aufzuteilen. Manchmal wird der Stoff eher lose gereiht, oftmals müssen Sie, um zum Kern Ihrer Arbeit zu kommen, zunächst eine ganze Reihe von Resultaten, Denkansätzen und Forschungsschwerpunkten abhandeln. Wie weit man hier ausholt, ist Ansichtssache. Einerseits sollte der Leser in der Lage sein, Ihre Arbeit zu verstehen, ohne zehn weitere Bücher hinzuzuziehen. Andererseits soll klar zu erkennen sein, wo Sie aufhören, „nachzukauen", und wo Ihr Eigenanteil – das, was Sie erarbeitet haben – anfängt. Eine rechtzeitige und klare Absprache mit der Betreuerin ist dabei wichtig.

Für eine gute Gliederung und ein gutes Inhaltsverzeichnis, das sich daraus ergibt, bekommen Sie am besten ein Gefühl, wenn Sie in die Bibliothek gehen und querbeet Bücher in die Hand nehmen. Die detaillierteren Gliederungen (am Inhaltsverzeichnis abzulesen) sind in aller Regel lesefreundlicher. Und auch beim Anfertigen der Arbeit gibt ein detailliertes Inhaltsverzeichnis den aktuellen Stand recht gut wieder.

14.6.2 Korrekturlesen und Überarbeiten

Abstand zum Thema und zum Text ist ein unschätzbarer Vorteil. Sie lesen sich an Ihren eigenen Texten „blind" – Unstimmigkeiten und Tippfehler fallen Ihnen nicht mehr auf. Deshalb tun Sie, was eigentlich alle tun, die professionell schriftliche Arbeiten anfertigen: Lassen Sie Ihre Arbeit liegen, bevor Sie sie endgültig abschließen oder abgeben. Ein paar Tage (besonders geeignet ist ein arbeitsfreies Wochenende) reichen schon. Versuchen Sie dann, den Text zu lesen, als ob es nicht Ihrer sei. Bei diesem erneuten Lesen wird Ihnen vielleicht auffallen, dass die Arbeit schon sehr gut ist, was im Entstehensprozess oft bezweifelt wird; oder aber Sie bemerken Brüche in der Argumentation und verstehen selbst nicht mehr, was Sie geschrieben haben.

Vor allem, wenn Sie sich unsicher fühlen und wenn von der Arbeit viel abhängt, sollten Sie Ihre Arbeit jemandem zum Lesen geben. Allerdings sind geeignete Testleser rar. Soll Ihr Testleser auf den Inhalt oder auf die Form achten? Geht es um den Inhalt, ist es nicht einfach, jemanden zu finden, der kompetent ist. Geht es nur um die Form, suchen Sie am Besten jemand Fachfremdes. Denn nur der ist auch unbefangen und achtet wirklich nur auf Tippfehler und Ähnliches.

Wenn Sie selber eine Arbeit korrekturlesen sollen, achten Sie darauf, dass Sie dem anderen nicht Ihren Stil aufdrängen. Das ist oft gar nicht so einfach. Globale Kritik wie „Ich finde das unmöglich, was du da geschrieben hast" ist nicht sinnvoll. Sagen Sie konkret, was geändert werden soll („An dieser Stelle fehlt eine Erklärung"). Ihre Argumentation und den Gesamteindruck müssen Sie in jedem Falle selber prüfen. Machen

Sie beim überarbeitenden Lesen mindestens zwei Durchgänge, wobei Sie beim ersten auf die inhaltlichen Aspekte achten und beim zweiten auf stilistische. Führen Sie Ihre Verbesserungen durch und lesen Sie erneut. Sie müssen das so lange machen, bis Sie zufrieden sind. Es genügt nicht, die Fehler am Computer zu verbessern – kontrollieren Sie auch den neuen Ausdruck. Auf dem Bildschirm entdeckt man erwiesenermaßen weniger Fehler als auf dem Papier. Dieser Prozess ist mühsam und Sie werden vielleicht fluchen, weil Sie immer wieder eine Unschönheit entdecken. Planen Sie daher genug Zeit für die Überarbeitung ein.

14.7 Die äußere Form der Abschlussarbeit

Die äußere Form einer wissenschaftlichen Arbeit unterliegt allgemeinen Regeln. Es gibt dafür auch DIN-Normen. Diese werden vom Deutsches Institut für Normung e.V. erarbeitet und haben Empfehlungscharakter. Man kann sie sich nicht im Internet, sondern nur an den Normenauslegestellen anschauen oder sie über die Hochschulbibliothek beziehen. Informationen gibt es beim Beuth-Verlag: www.beuth.de.

Aber auch hier gibt es unterschiedliche Auffassungen und nicht jeder schert sich überhaupt um diese Normen; erkundigen Sie sich nach den in Ihrem Bereich üblichen Standards. Auch ein Durchstöbern der Bibliothek unter diesen Gesichtspunkten ist hilfreich.

14.7.1 Inhaltsverzeichnis

Das Inhaltsverzeichnis steht am Anfang und dient außer der gezielten Suche dem umfassenden Überblick über das, was geboten wird. Gute Kapitelüberschriften zu finden ist gar nicht so einfach und auch erst dann möglich, wenn die inhaltlichen Fragen geklärt sind. Überschriften haben verschiedene Ebenen,

die nummeriert sein können (wie in diesem Buch); die Nummerierung übernimmt das Textverarbeitungsprogramm (siehe
Kap. 12). Ihre Aufgabe ist es, für jede Überschrift und Zwi-
schenüberschrift die geeignete Ebene zu definieren, so dass das
Ganze in sich logisch ist. Da diese Strukturierung ohnehin zu
Ihren Hauptaufgaben gehört, ergibt sich das Inhaltsverzeichnis
mehr oder weniger aus den anderen Arbeitsschritten. Sinnvoll ist
es, gleich von Anfang an das Material zu verschiedenen Teilbe-
reichen getrennt zu verwalten (etwa in einem mit einem Register
unterteilten Aktenordner). Wachsen die Stapel dann zu sehr an,
ist eine erneute Unterteilung angebracht.

14.7.2 Einleitung

Die Einleitung wird in der Regel erst geschrieben, wenn die
eigentliche Arbeit schon fertig ist, denn erst dann weiß man genau, worauf man seine Leser vorbereiten muss. Zu dieser Vorbereitung gehören Motivation, Problemstellungen, Einordnung
und Aufbau der Arbeit. Die Einleitung soll das Wie, Was und
Warum der Arbeit klären, sie soll Interesse wecken, darf aber
keine Versprechen machen, die später nicht eingelöst werden.
Die Einleitung dient als Orientierung – viele Leser beschränken
die Lektüre auf Einleitung, Schlusswort und das Literaturverzeichnis – und sollte deshalb nicht zu kurz ausfallen. Schreiben
Sie die Einleitung trotz der erwähnten zeitlichen Abfolge nicht
zu spät und lesen Sie sie besonders sorgfältig und wiederholt
durch. Das Feilen an der Einleitung hilft auch, das Ziel und die
Ausrichtung der Arbeit zu beschreiben.

14.7.3 Vorwort, Widmung und Danksagung

Das Vorwort ist im Gegensatz zur Einleitung eher eine persönliche Notiz. Hier kann man sagen, in welchem Rahmen man die
Arbeit angefertigt hat und wer einen dabei unterstützt hat. Häufig

findet man hier auch eine Danksagung, die sich an Betreuer, Freunde, Eltern oder wen auch immer richtet (die Danksagung wird manchmal auch an das Ende der Arbeit gestellt). Aber hier gelten unterschiedliche Gepflogenheiten. Der BWL-Professor Manuel R. Theisen deutet eine Danksagung an den Prüfer in einer Abschlussarbeit sogar als möglichen Bestechungsversuch: „Ein Dank an den Prüfer oder den die Arbeit betreuenden Dozenten wirkt anbiedernd und kann sogar als Versuch, dessen Urteil beeinflussen zu wollen, missverstanden werden" [The05]. Das klingt für mich befremdlich, da ich es völlig anders kenne und auch nie auf die Idee gekommen wäre, eine Danksagung so zu interpretieren, doch diese und ähnliche Formulierungen findet man inzwischen in einigen Leitfäden zu Abschlussarbeiten.

Wenn für Ihre Arbeit kein Leitfaden existiert, der diese Frage klärt, erkundigen Sie sich am besten, wie es an Ihrem Fachbereich üblich ist und machen es ebenso. Dank und Vorwort, wenn man sie denn einfügt, darf man ruhig ein wenig originell formulieren, aber man sollte in der euphorischen Stimmung, die sich kurz vor dem Ziel einstellt, vorsichtig mit allzu viel Geplauder aus dem Privatleben sein. Entsprechendes gilt für eine Widmung.

14.7.4 Fußnoten und Anmerkungen

Fußnoten können die im Text angeführten Argumente durch bibliographische Angaben unterstützen, sie können Verweise, wörtliche Zitate und Hinweise auf Rechtssprechung oder Gesetze enthalten. In einigen Fächern ist recht klar definiert, was in Fußnoten gehört und was in den laufenden Text, andere Disziplinen sind da nicht so dogmatisch und man kann aus dem Bauch beziehungsweise nach dem Prinzip der Zweckmäßigkeit entscheiden.

Fußnoten werden mit hochgestellten Ziffern, Sternchen oder Kreuzchen gekennzeichnet; die Ziffern sind laut Duden [Dud01] geeigneter. Bezieht sich die Erläuterung auf ein einzelnes Wort, wird die Fußnote dort angefügt,[2] bezieht sie sich auf den ganzen Satz, steht die Ziffer erst nach dem Satzzeichen.[3]

Anmerkungen unterscheiden sich durch Fußnoten dadurch, dass sie erst am Ende des gesamten Dokumentes aufgeführt werden. Dort werden sie oft nach Kapiteln sortiert und sind recht schlecht auffindbar. Man sollte also seine Gründe haben, wenn man diese Form wählt.

Weder in Fußnoten noch in Anmerkungen sollte das geäußert werden, was Sie zuvor vergessen hatten. Dinge, die wichtig sind, gehören in den Haupttext, gleichgültig, zu welchem Zeitpunkt sie hinzugenommen wurden. Manchmal macht das Umformulierungen notwendig, aber das ist mit der modernen Textverarbeitung kein Aufwand, den man scheuen muss.

Fußnoten oder Anmerkungen, die über Quellenangaben und Verweise hinausgehen, sollten nur sehr überlegt eingefügt werden, denn sie unterbrechen den Lesefluss und können womöglich etwas geschwätzig wirken.

Zu Zitaten und Quellenangaben siehe Kap. 11.

14.7.5 Abkürzungen

Sie brauchen Abkürzungen wie „z. B." nicht zu erklären, wohl aber solche, die nicht in der allgemein gebräuchlichen Schriftsprache, sondern nur in Ihrem Fach verwendet werden. Erklären Sie Abkürzungen und Akronyme[4] an der Stelle, an der Sie sie

---

[2] Beachten Sie das Vorgehen Ihres Textverarbeitungssystem.

[3] Fußnoten kann man als Auslassungssätze auffassen und einen Schlusspunkt setzen, umfassen sie nur einige Wörter, kann man den Schlusspunkt auch weglassen; hier sollte man sich aber auf eine Vorgehensweise festlegen.

[4] Ein Akronym ist ein „Buchstabenwort" wie zum Beispiel NASA für *National Aeronautics and Space Administration*.

zum ersten Mal verwenden. Wenn viele Abkürzungen verwendet werden, ist eine gesonderte Übersicht mit Erklärungen sinnvoll.

14.7.6 Anhang

Ein Anhang kann eine gute Lösung sein, wenn man sich bei einigen Begriffen nicht sicher ist, ob man sie einführen soll oder nicht. Dann kann man diese Begriffe in einem Extra-Kapitel am Schluss zusammenfassen. Das könnte man mit entsprechenden Hinweisen jedoch auch zu Beginn der Arbeit machen, ich persönlich finde das besser.

Im Anhang kann auch der Programmcode stehen – wenn er nicht so lang ist, dass er zweckmäßigerweise extra gebunden wird. Außerdem kann ein Anhang Dokumentationen, Statistiken und Tabellen enthalten, die Sie bei Ihrer Arbeit verwendet haben.

14.7.7 Literatur- und Stichwortverzeichnis

Das vollständige Literaturverzeichnis gehört an den Schluss der Arbeit (siehe Abschnitt 11.3.3). Ein Stichwortverzeichnis lässt sich mit dem Textverarbeitungssystem ohne großen Aufwand erstellen und gehört schon mehr oder weniger zum Standard. Üblich, wenn auch sicher nicht unentbehrlich, ist auch ein Abbildungsverzeichnis.

Kapitel 15
Prüfungen bestehen

Ich gestehe alles!

Lange Lernphasen sind eine wahre Belastungsprobe für Selbst-
bewusstsein, Disziplin und die innere Bindung zum Studienfach.
In der Rückschau erscheint die Zeit vor einer Prüfung als eine
Phase des Sich-Ausklinkens: Die Mailbox bedient das Telefon,
Hobbys und Freundschaften werden auf Eis gelegt, der Rest der
Welt wird höchstens am Rande wahrgenommen. Ernährungs-
und Schlafgewohnheiten können sich verändern und die Zeit
wird in „davor" und „danach" eingeteilt. Und man hat es so-
gar gut, wenn man sich derart ausklinken kann. Wer neben dem
Beruf studiert oder eine Familie zu versorgen hat, ist dagegen

doppelt belastet. Wie übersteht man diese Zeit am besten? Und
was muss man sonst noch beachten?

15.1 Klausuren

Welche Klausuren Sie schreiben müssen und welche Bedingungen dafür gelten, ist in der Prüfungsordnung geregelt. Machen
Sie sich rechtzeitig schlau, damit Sie keine Fristen versäumen.

Es schadet nicht, mit seinen Energien auch einmal etwas
zu haushalten. Sich für eine Klausur zu verausgaben, die man
nur bestehen muss und die man beliebig oft wiederholen kann,
hat wenig Sinn. Man muss auch nicht überall eine Eins erwirtschaften. Es gehört allerdings ein gewisses Augenmaß dazu, den
Einsatz für die verschiedenen Prüfungen aufzuteilen. Das gilt
auch, wenn Sie einen so genannten Freiversuch unternehmen,
das heißt, eine Klausur vor Ablauf der Regelstudienzeit schreiben, um Ihr Studium abzukürzen (was der Sinn dieser Regelung
ist). „Freiversuch" heißt: Wenn Sie nicht bestehen, zählt der Versuch nicht, es ist, als hätten Sie nicht teilgenommen. Ob man
seine Note im Fall des Bestehens noch verbessern kann, regelt
wiederum die Prüfungsordnung.

Die Klausuren der Anfangssemester sind einigermaßen berechenbar: Meist hat die Fachschaft Musterklausuren und auch
die Form der Aufgaben sind immer gleich. Bei den großen
Veranstaltungen werden auch oft Multiple-Choice-Aufgaben gestellt. Das ist nicht unbedingt einfacher, aber man kann sich
darauf einstellen. Außerdem gibt es für die Bewertung weniger
Spielraum.

Achten Sie während der Klausur unbedingt darauf, alle Formalia einzuhalten, lesen Sie also die organisatorischen Hinweise
und füllen Sie gegebenenfalls Deckblätter und Ähnliches vor
dem eigentlichen Beginn aus, auch wenn Sie aufgeregt sind. Lesen Sie dann als Erstes die ganze Aufgabenstellung. Machen Sie
sich dann zuerst an die Aufgaben, die Sie glauben, schnell und
sicher erledigen zu können.

Einige Klausuren werden an die Studenten zurückgegeben, manchmal gibt es auch nur einen Klausureinsichtstermin. Sie können sich dann Ihre Arbeit anschauen und sich eventuell sogar um die Note streiten. Manche Studenten machen sich einen Sport daraus, den Korrektoren noch ein paar Punkte aus dem Kreuz zu leiern. Nutzen Sie den Klausureinsichtstermin, auch wenn Sie nicht so sehr aufs Schachern und Streiten aus sind. Gerade wenn die Note nicht so üppig ist, nehmen Sie die Gelegenheit wahr, aus Fehlern zu lernen.

15.2 Mündliche Prüfungen

Mündliche Prüfungen sind nicht so vorhersehbar wie Klausuren, bei denen es, je nachdem wie „abgehangen" der Stoff ist, einen Stapel von Musterklausuren gibt, anhand derer man sich orientieren kann. Selbst die Protokolle von mündlichen Prüfungen haben nicht die Aussagekraft von schriftlichen Klausuren. Manche Professoren haben Standardfragen, bei anderen hängt es mehr von der Tagesform ab, welches Thema sie sich herausgreifen. Man könnte sagen, dass man für eine Klausur eher aufgabenorientiert lernt, während man sich für eine mündliche Prüfung eher an Ideen orientiert. In einer mündlichen Prüfung müssen Sie auf „offene" Fragen gefasst sein wie

- Was hat Ihnen an der Vorlesung gefallen/nicht gefallen?
- Mit welchem Thema würden Sie denn gern anfangen?
- Welche Bedeutung hat . . . ?
- Warum macht man . . . ?
- Wozu hat man diesen Begriff eingeführt?
- Welche Verbindung besteht zwischen A und B?
- Was können Sie zum Thema . . . sagen?

Wenn Sie eine mündliche Prüfung nur bestehen müssen, d. h. keine Note bekommen, lernen Sie am besten eher in die Breite, versuchen Sie also, zu jedem Teilgebiet etwas parat zu haben und die grundlegenden Begriffe sicher zu beherrschen. Eine Klausur bestehen Sie, wenn Sie einen Teil der Aufgaben schaffen und einige nicht bearbeiten. Bei einer mündlichen Prüfung wird nicht so sehr in die Tiefe gebohrt, wenn es nur um das Bestehen geht. Wenn Sie bei einer benoteten Prüfung den Eindruck haben, die Fragen werden immer bohrender und spezieller, dann werden Sie vielleicht gerade auf eine 1 geprüft.

Setzen Sie bei Ihrem Prüfer zunächst einmal Wohlwollen voraus. Professoren, die sich in Prüfungen als Scharfrichter betätigen, sind selten und solche Exemplare sind am Fachbereich dann auch bekannt. Ansonsten möchte sich Ihr Gegenüber gern ersparen, Ihnen zu sagen, dass Sie durchgefallen sind. Er möchte vielmehr sehen, dass Sie in seiner Veranstaltung etwas gelernt haben, denn das ist auch für ihn eine Bestätigung. Schlimm ist es, wenn die Basisbegriffe nicht da sind. Wenn Sie eine Vorlesung über relationale Datenbanken besucht haben und wissen später nicht, was eine Relation ist, können Sie nicht erwarten, durch die Prüfung zu kommen, auch wenn Sie die Syntax von SQL aus dem Effeff beherrschen. Bei einer Klausur wäre diese Lücke vielleicht gar nicht aufgefallen.

Die beste Vorbereitung für eine mündliche Prüfung ist, über den Stoff möglichst oft zu *sprechen*. Wenn Sie keine Lerngruppe haben, suchen Sie sich ein anderes „Opfer", dem Sie erzählen können, was an dem, was Sie gerade lernen, wichtig ist. Versuchen Sie, zu zentralen Stichworten zusammenhängend zu antworten. Sie können so auch versuchen, an benachbarte Themen anzuknüpfen. Stellen Sie sich die Prüfungssituation nicht so vor, dass Sie Fragen bekommen und nur mit ja oder nein – oder ähnlich einsilbig – antworten. Stellen Sie sich eher ein Gespräch vor, das Sie wesentlich mitbestimmen können.

Eine Studie zum Kommunikationsverhalten in Prüfungen, das in der Dissertation von Dorothee Meer [Mee01] dokumentiert wurde, zeigte, etwas zugespitzt formuliert: In den guten Prüfungen redet der Prüfling – in den schlechten der Prüfer. Als Prüfling sind Sie während der Prüfung der Mittelpunkt des Interesses und der Prüfer nimmt eine gewährende Haltung ein, solange er mit dem, was er zu hört, zufrieden ist. Erst wenn die Ausführungen stocken, beginnt der Prüfer zu reden, manchmal erklärt er, manchmal bohrt er nach, manchmal versucht er, den Prüfling wieder auf den richtigen Weg zu bringen oder wechselt (wenn er wohlwollend ist) das Thema. Das entspricht meinen Erfahrungen aus Prüfungen: Wenn der Prüfer das Gespräch an sich reißt, nimmt das Verhängnis seinen Lauf.

Ihre Selbstständigkeit ist während der mündlichen Prüfung durchaus gefragt. Achten Sie jedoch auf die Signale des Prüfenden, „zugequatscht" will er natürlich auch nicht werden. Prüferinnen und Prüfer gehen bei der Wahl der Themen oft nach freien Assoziationen. Wenn Sie geschickt Stichworte geben, können Sie hier durchaus Einfluss nehmen. Eine mündliche Prüfung ist jedoch nicht die Gelegenheit, wissenschaftliche Dispute auszutragen. Man kann seine eigene abweichende Meinungen auch in Wendungen verpacken wie „Nun könnte man aber sagen . . ." oder „Es wird aber auch argumentiert, dass . . .". Damit kommen die eigenen Einwände zur Sprache, ohne dass man auf eine offene Konfrontation zusteuert.

Eine Krisensituation entsteht, wenn Sie während des Prüfungsgesprächs das Gefühl haben, den Boden unter den Füßen zu verlieren, oder sogar in akute Panik ausbrechen. Manche Prüfungen werden aus diesem Grund abgebrochen oder verschoben. Die Angst vor einem „Blackout" ist groß, aber tatsächlich geschieht das nur sehr selten. Es gibt dann allerdings kaum eine Alternative zur Unterbrechung des Gesprächs. Sagen Sie auf jeden Fall, was mit Ihnen los ist. Vielleicht können Sie nach einer kurzen Pause weitermachen.

15.3 Lernen und sich vorbereiten

Use it or lose it: Wer niemals seine Französischkenntnisse anwendet, vergisst sie schnell, und noch mehr gilt das für die Syntax einer Programmiersprache. Das Wissen ist zwar nicht ganz weg, jedoch auch nicht präsent, und genau diese Präsenz wird von Ihnen erwartet, wenn Sie in einer Prüfung zeigen sollen, dass Sie den Stoff beherrschen. Dafür müssen Sie ihn in der Zeit vor der Prüfung immer wieder durchgehen, drehen und wenden. Häufige Wiederholungen sind unentbehrlich, aber ebenso wichtig ist, dass Sie sich den Stoff immer wieder selbst erarbeiten.

Der Lehrer Martin Wagenschein schrieb einmal:

> Wie sollte es sein? So, wie beim Suchen von Versteinerungen, von Kristallen. Man geht langsam im Steinbruch umher, nicht im Museum, und plötzlich blitzt etwas auf. Es ergreift einen und deshalb ergreift man es. Man kniet nieder und hebt es auf. Man hat es selbst gesucht und gefunden. Deshalb vergisst man es nie mehr. So könnte es auch in der Schule sein, wenn sie nicht Schüler und Studenten in die Lage eines Menschen versetzen, der durch einen Hagel von Steinen gehen muss. Edelsteine mitunter, die aber eher verletzen als verzücken. Der Wissenshagel wirkt verwirrend und ablenkend, und die Gesten des Abwehrens überwiegen allmählich die ursprüngliche und natürliche Haltung des Suchens.[1]

Die Vorstellung, suchend umherzugehen und sich wertvolle Erfahrungen zusammenzusuchen, scheint das glatte Gegenteil von dem zu sein, was man tut, wenn man vor seinem Stapel Vorlesungunterlagen nebst Begleitliteratur sitzt: „Wissenshagel kann zur Denklähmung führen", schreibt Horst Rumpf[2]. Diese Denklähmung gilt es zu verhindern, auch wenn die Resultate scheinbar fertig vor einem liegen und nur noch „geschluckt" werden müssen. Lernen ist nicht einfach ein Transfer von einer Mitschrift in einen Kopf, sondern stets auch eine Auseinandersetzung, die eigenes aktives Nach-Denken erfordert.

---

[1] Martin Wagenschein. Zur Klärung des Unterrichtsprinzips des exemplarischen Lehrens. *Die deutsche Schule*, 9, S. 393–404, 1959.

[2] „Erstickt das Wissen an sich selbst?", Forschung und Lehre, Oktober 2003.

15.3.1 Den Stoff sichten

Wenn es sich um den Inhalt einer Vorlesung handelt, werden Sie mit dem Lernstoff schon vertraut sein. Sie wissen dann in etwa, was auf Sie zukommt. Möglicherweise gibt es Zusatzliteratur. Verschaffen Sie sich zunächst einen Überblick über das, was Sie sich erarbeiten müssen. Stellen Sie sich immer wieder die Frage: Wovon handelt das? Was sind die zentralen Begriffe? Was ist wichtig, was wird nur hilfsweise eingeführt, was ist eher marginal? Was gehört zwingend dazu, was könnte man auch weglassen?

Markieren Sie die fundamentalen Erkenntnisse, die die Vorlesung vermittelt, und gruppieren Sie das Übrige um diese Resultate herum. Die Bezeichnung „Theorem" signalisiert: Hier ist was wichtig. Ein mathematischer Satz, schon gar ein wichtiger, steht niemals einfach so im Raum, sondern setzt auf eine Anzahl von Definitionen und vorbereitende Sätzen. Ein Lernziel kann also sein, das Theorem mit all seinen Voraussetzungen (und auch Folgerungen) zu verstehen.

Nicht immer sind die Wegweiser so deutlich wie bei der Bezeichnung „Theorem". Der Stoff scheint manchmal kapitelweise vor sich hinzuplätschern und es ist nicht einfach, herauszufinden, was man sich davon wirklich, wirklich merken muss. Der Misserfolg mancher Prüfungen liegt darin, dass Studenten die elementaren Begriffe nicht beherrschen, weil sie sich auf die komplizierten Dinge konzentriert haben. Das ist ungefähr so, als hätten Sie alle Vorfahrtsregeln für den Straßenverkehr parat, wüssten aber nicht, wo in Ihrem Wagen die Bremse ist. Die Prüfer legen aber größten Wert darauf, dass jemand mit den Basisbegriffen sicher umgehen kann.

Wenn Sie sich nicht sicher sind, welches die *Essentials* sind, können Sie das in Ihrer Arbeitsgruppe diskutieren, Ihre Tutoren fragen oder die Prüfungsprotokolle und Musterklausuren in der Fachschaft studieren; diese gibt es zum Teil auch schon online und sie sind in jedem Fall eine gute Übungsmöglichkeit und Orientierungshilfe.

Sie können auch in die Bibliothek gehen und Literatur zum Thema sichten: Welche Begriffe tauchen überall auf? Wie wird das Stoffgebiet zusammengefasst? Was wird dabei hervorgehoben? Auch Vorlesungsbeschreibungen, die Sie im Internet finden, können der Orientierung dienen.

Manche Dozenten sind so freundlich, schon in der Vorlesung entsprechende Hinweise zu geben. *Wenn man Sie nachts um 3 aus dem Tiefschlaf holt und fragt, was ein Eigenwert ist, dann müssen Sie das auf Anhieb wissen.*[3] Markieren Sie sich diese Stellen umgehend in Ihrer Mitschrift. Wenn eine Frage mit der Bemerkung „Das ist eine beliebte Prüfungsfrage!" präsentiert wurde, prägen Sie sich die Antwort unbedingt ein. Prüfer haben tatsächlich ein gewisses Standardrepertoire an Fragen und einige Fragen sind besonders gut geeignet, das Verständnis abzuprüfen.

15.3.2 Päckchen schnüren

Sie werden immer wieder darauf hingewiesen, wie wichtig eine Gliederung ist. Bei der Vorlesung, deren Stoff die Grundlage für Ihre Prüfung bildet, können Sie davon profitieren. Der Stoff ist in aller Regel schon in Häppchen aufgeteilt. Nutzen Sie diese Aufteilung, um sich den Weg zur Prüfung zu erleichtern. Wenn Sie nach zwei Wochen die ersten drei Kapitel bearbeitet haben, sieht der Rest schon gar nicht mehr so schlimm aus. Die Größe der Päckchen hängt von der zeitlichen Nähe der Prüfung ab. Ihr Zeitplan sollte deutlich vor der Prüfung ein Bearbeitungsende vorsehen. Also: Wenn Sie sechs Wochen lernen, sollten Sie nach fünf Wochen den ganzen Stoff bearbeitet haben. Sie haben dann eine Woche Sicherheitsabstand (falls Sie den Zeitplan nicht einhalten können) oder können sich in der letzten Woche auf besondere Punkte konzentrieren, die Sie noch einmal wiederholen.

---

[3] Auf etwa diesem Weg hat sich der Begriff „Mitternachtsformel" für das Lösen einer quadratischen Gleichung etabliert.

Den Stoff in Blöcke aufzuteilen hilft auch, ihn zu sortieren. Man kann beispielsweise verschiedene Ansätze miteinander vergleichen oder zeigen, wie einzelne Abschnitte aufeinander aufbauen. Eine grafische Übersicht hilft dem Gedächtnis auf die Sprünge.

15.3.3 Lerngruppen bilden

Wohl jeder empfindet eine Lerngruppe als hilfreich. Sie kann einem zwar nicht alles abnehmen, aber die Gruppe hilft, sich gegenseitig zu motivieren, Etappen abzustecken, sich mit anderen zu vergleichen, Verständnisprobleme zu lösen, sich zu disziplinieren und sich nicht allein zu fühlen. Vor allem hält sie wach.

Man muss mit den Leuten, mit denen man lernt, nicht unbedingt eng befreundet sein, aber es sollte sich eine gemeinsame Basis für die Prüfungsvorbereitung finden lassen. Man sollte in etwa gleiche Start- und Zielbedingungen haben und zumindest eine ähnliche Vorstellung von der Zusammenarbeit, siehe Kap. 8.

Die Lerngruppe braucht ein wenig Zeit, um sich warmzulaufen. Meist ergibt sich der Ablauf der Treffen nach einiger Zeit aber von selbst. Beispielsweise blättert man gemeinsam über die vereinbarte Literatur und jeder sagt, was ihm dabei wichtig erschien, aufgefallen ist oder unklar blieb. So kommt man schnell ins Gespräch. Eine andere Möglichkeit ist, dass einer für die anderen einen kleinen Vortrag vorbereitet oder sich Aufgaben oder Fragen überlegt. Außerdem kann man gemeinsam Prüfungsprotokolle durchgehen.

15.3.4 Sich in Form halten

Wie stark die Anspannung in der Zeit vor der Prüfung ist, merken Prüflinge oft erst, wenn alles vorbei ist und die Welt um sie

herum auf einmal wieder Konturen bekommt. In der Prüfungs-
vorbereitungsphase ist es besonders wichtig, sich fit zu halten,
damit man auch „funktionieren" kann. Dazu gehören regelmäßige Pausen. Pausen sind beim Lernen vielleicht überhaupt das
Wichtigste. Sie brauchen regelmäßige Unterbrechungen, damit
Sie Ihren Körper mit Sauerstoff versorgen können (etwa durch
einen kurzen Spaziergang), damit sich das Gelernte festigt und
damit Sie bei Kräften bleiben. Und natürlich genügend Nacht-
schlaf. Einstein brauchte zehn Stunden Schlaf, um denken zu
können!

Ein kurzer Mittagsschlaf ist auch sehr empfehlenswert, vor
allem, wenn man morgens eher früh dran ist und nachts nicht
so lange schlafen kann. Winston Churchill soll einmal gesagt
haben: „Denken Sie bloß nicht, dass man dadurch weniger leistet, wenn man während des Tages schläft. Das ist eine törichte
Vermutung von Leuten ohne Phantasie. Sie werden im Gegenteil
mehr zuwege bringen. Sie werden zwei Tage in einen packen –
zumindest eineinhalb, da bin ich ganz sicher." Die Schlaffor-
schung bestätigt das Ritual vom Lehrbuch unter dem Kopfkis-
sen: Was man kurz vor einer Schlafpause lernt oder wiederholt,
prägt sich im Schlaf ein.

Ein Zwischendurch-Nickerchen gehört zum Luxus, den man
sich während des Studiums eher leisten kann als später im Berufsleben. Und dieser Luxus kostet noch nicht einmal etwas.
Wem es schwer fällt abzuschalten, hilft vielleicht eine Audio-
CD mit einer geleiteten Entspannungsübung; eine beruhigende
Musik, die Sie mögen, kann auch funktionieren. Mixen Sie sich
doch ein MP3-File mit mehreren entspannenden Musikstücken,
einer Ruhephase und einer flotteren Musik zum Aufwachen.
Häufig benutzt, gewöhnt man sich an die Entspannungsphase der
gewünschten Länge und wird auch von selbst wieder wach. Auf
jeden Fall ist eine Entspannungsphase dem ungezügelten Kof-
feinkonsum, sprich, einer Tasse Kaffee nach der anderen, vorzuziehen.

Auch wenn die Zeit vor der Prüfung knapp zu werden droht:
Achten Sie auf eine ausgewogene Ernährung und verschaffen Sie

sich genug Bewegung. Das sind Selbstverständlichkeiten, aber in der verkrampften Davor-Danach-Denke vergisst man es leicht oder hat ein schlechtes Gewissen dabei. Es ist *wirklich* effektiver, wenn man regelmäßig Erholungsphasen einplant, statt sich nichts zu erlauben außer als Lernen und Ravioli aus der Dose.

15.3.5 Prüfungsangst

Nervosität vor einer Prüfung ist ganz normal; ein wenig Anspannung steigert die Konzentration. Prüfungsangst wird erst zum Problem, wenn sie Ihnen schon Wochen vor der Prüfung den Schlaf raubt, dazu führt, dass Sie Termine verschieben oder absagen oder Ihre Examensarbeit erst dann abgeben, wenn Ihnen ein wohlmeinender Mensch Gewalt androht. Große Angst mindert Ihre Leistung und führt womöglich zu dem, wovor Sie sich am meisten fürchten, nämlich dass Sie nicht bestehen. Dass die intellektuelle Leistung nach Tagesform schwankt, können Sie durch das Selbstexperiment „ein Wasserglas Wodka trinken und anschließend eine Dreisatzaufgabe lösen" nachprüfen, aber vermutlich wissen Sie ja längst, dass es manchmal leichter und manchmal schwerer ist, sich zu bewähren.

Prüfungsangst ist nicht immer die Folge eines Kindheitstraumas, auch den Lehrern kann man nicht immer die Schuld geben. Die Angst vor dem Durchfallen hat manchmal auch handfeste ökonomische Gründe. Denn eine versiebte Prüfung kann ganz schön teuer werden, wenn sich der Studienabschluss dadurch um ein oder mehrere Semester hinauszögert.

Und dann ist da natürlich auch noch die *berechtigte Prüfungsangst*. Berechtigt nicht, weil die Folgen so fürchterlich wären, sondern weil man schlecht vorbereitet ist und das Bestehen mehr Glückssache als Können ist. Gegen diese Art der Befürchtung kann auch eine psychologische Beratung nichts ausrichten, man muss sich entweder hinter die Bücher klemmen oder sein Schicksal ergeben erwarten und sich gegebenenfalls einsichtig mit dem Ergebnis abfinden.

Ansonsten hilft es, das Ausmaß der Katastrophe, die da naht, auf ein realistisches Maß zurechtzustutzen. Sie hätten die Ängste vor dem Durchfallen nicht, wenn Sie diese Herausforderung nicht angenommen hätten, also sehen Sie es positiv. Anders als einem Wirbelsturm oder einer Krankheit könnten Sie der Prüfung ausweichen, wenn Sie wollten – aber Sie wollen ja gar nicht. Nähren Sie Ihre Ängste nicht; die Welt wird nicht untergehen, wenn Sie nicht bestehen.

Wenn Sie sich selbst durch gutes Zureden nicht helfen können und auch durch Gespräche mit Kollegen keine Erleichterung finden, Entspannungsübungen nichts nutzen und Sie sich nur noch blockiert fühlen, suchen Sie sich Hilfe. Nehmen Sie Beratungsangebote der Hochschule in Anspruch, besorgen Sie sich Literatur zum Thema oder belegen Sie einen entsprechenden Kurs. Auch ein Rhetorik- oder ein Yogakurs (oder autogenes Training) können hilfreich sein.

Nutzen Sie die Gelegenheiten, die sich Ihnen bieten, die Prüfungssituation zu üben. Ein Seminarvortrag oder eine Meldung in einer Veranstaltung sind eine sehr gute Vorbereitung. Versuchen Sie, mit den Dozentinnen und Dozenten ins Gespräch zu kommen, auch dadurch baut sich die Angst ab. Wenn es heißt: „Freiwillige vor", dann melden Sie sich, um die Aufgabe an der Tafel vorzurechnen oder das Protokoll zu schreiben.

15.3.6 Der Tag vor der Prüfung

Lernen Sie nicht bis zur letzten Minute vor der Prüfung. Das macht nervös und nimmt Ihnen zu viel Kraft, die Sie für die Prüfungssituation brauchen. Optimal ist, einen Tag vor der Prüfung zu pausieren. Das lässt sich nicht immer realisieren, aber versuchen Sie auf jeden Fall, eine Entspannungsphase einzuplanen. Denken Sie an etwas anderes und nicht nur an den Lernstoff, der bis dahin ohnehin sitzen muss. Wie warnt der Handwerker vor dem Überdrehen einer Schraube: „Nach fest kommt ab." Das Wissen ordnet sich mit der Zeit selbst, bringen Sie es nicht kurz

vor knapp noch durcheinander. In der Nervosität noch schnell
etwas zu lesen, macht nur verrückt. Viel besser ist ein Spaziergang, ein Besuch im Schwimmbad oder in der Sauna – etwas,
das richtig müde macht.

Die meisten Leute schlafen eine Nacht vor einer wichtigen
Prüfung nicht besonders gut. Das macht nichts! Wenn man nicht
gerade von einer langen Krankheit ausgezehrt ist oder wochenlang die Nacht zum Tag gemacht hat, steckt man eine schlechte Nacht gut weg. Die Müdigkeit kommt dann ein paar Tage
später. Viel schlimmer ist es, sich einzureden, man könne nicht
bestehen, wenn man nicht mindestens acht Stunden geschlafen
hätte. Gehen Sie am Tag vor der Prüfung lieber nicht zu früh
ins Bett und experimentieren Sie nicht mit Schlafmitteln oder
Alkohol.

15.4 Noten

Wie überall sind auch an der Hochschule Noten immer nur begrenzt gerecht und vergleichbar. Oft hängen sie davon ab, wie
gut oder schlecht die anderen waren. Je nachdem wie die Konkurrenz war, fällt die Einzelnote dann gut oder schlecht aus.
Auch bei Klausuren gibt es einen gewissen Spielraum: Steht zu
befürchten, dass die Klausur extrem schlecht ausfällt, wird vielleicht eher etwas großzügiger korrigiert, umgekehrt wird man
bei Klausuren, die im Nachhinein „zu leicht" erscheinen, es eher
etwas genauer nehmen. Aber es gibt natürlich auch Klausuren,
die insgesamt sehr schlecht ausfallen. In mündlichen Prüfungen ist der Ermessensspielraum noch etwas größer. Hier können
durchaus auch Aspekte eine Rolle spielen, die mit der in der
Prüfung gebrachten Leistung eigentlich nichts zu tun haben –
und das in beiden Richtungen.

Immer wieder machen Berichte über die Inflation der guten Noten die Runde. In den Naturwissenschaften und in der
Mathematik werden generell bessere Noten vergeben als in Jura und BWL. Dass in Bachelor- und Masterstudiengängen alle

Leistungen zählen und nicht nur Abschlussprüfungen, macht die
Sache vielleicht ein wenig transparente – aber man muss sich
auch klar machen, dass Noten immer nur eine Momentaufnahme
sind, immer von subjektiven Faktoren, Tagesform und Zufällen
beeinflusst sind und dass es sich nicht lohnt, sich über eine Zwei
zu ärgern.

Die guten Noten sind nur am Anfang der beruflichen Laufbahn wichtig. Selbst bei der ersten Bewerbung sind nicht allein
die Noten ausschlaggebend. Anerkennung im Beruf erwirbt man
sich später auf andere Weise.

15.5 Anfechten von Prüfungsentscheidungen

Die Gerichte räumen Professoren ein erhebliches Maß an Beur-
teilungsspielraum ein. Mit Hilfe eines Anwaltes eine Prüfungs-
entscheidung anzufechten oder eine Wiederholungsprüfung zu
erzwingen, ist schwierig (ohne Anwalt so gut wie aussichtslos).
Als Gründe können ein beleidigendes Verhalten des Prüfers gelten, eine der Prüfung vorausgegangene sexuelle Belästigung des
Prüflings durch einen Prüfer oder das Heranziehen unzulässigen
Prüfungsstoffs (Beispiele aus [Bau97]).

Klar geregelt sind Abgabefristen und -modalitäten und die
Situation im Krankheitsfall. Beachten Sie die Vorschriften in
der Prüfungsordnung, hier kann beispielsweise ein amtsärztli-
ches Attest im Krankheitsfall gefordert sein. Der sehr restriktive
Umgang mit Abgabefristen sorgt für eine Gleichbehandlung aller. Man sollte diese Fristen ohnehin nie ganz ausreizen. Wenn
man merkt, dass man es nicht rechtzeitig schafft, kann man sich
frühzeitig um eine Verlängerung bemühen.

Kapitel 16
Gleichstellung, Frauenreferat & Co

Vielleicht wurden Sie schon im Erstsemesterinfo auf das Frauenreferat, den Frauenrechnerraum oder den Frauen-AK am Fachbereich aufmerksam gemacht. Vielleicht sind Sie schon über den Begriff *Gender Studies* gestolpert oder wurden ins „Autonome FrauenLesbenreferat" eingeladen. Vielleicht haben Sie sich gefragt: Warum das Getue um die Frauen, als seien sie eine aussterbende Spezies? Sind Frauen nicht längst gleichberechtigt? Sie haben dieselben Rechte wie ihre männlichen Mitstreiter. Diese Fürsorglichkeit und das Helfenwollen wirken gluckenhaft und erdrückend. Gesonderte Veranstaltungen und sogar ganze Studiengänge nur für Frauen? Was soll das werden, Nachhilfe und Minderheitenschutz? Vielleicht wollte Sie schon jemand überzeugen, dass Gender Mainstreaming jetzt aber allmählich auch an der Uni implementiert werden muss, und Sie haben die weiteren Ausführungen ebenso wenig verstanden wie die benutzte Terminologie. Und fragen sich womöglich: Hat das was mit mir zu tun?

Dieses Kapitel soll einige Begriffe klären und darauf aufmerksam machen, dass das Frausein mit einigen Problemen im Studium durchaus etwas zu tun hat, und warum das so ist. Denn viele Studentinnen plagen sich mit Problemen herum, die sie für ihre ureigenen halten und deren Herkunft sie nicht entziffern

B. Messing, *Das Studium: Vom Start zum Ziel*, 2. Aufl.,
DOI 10.1007/978-3-642-20651-1_16,
© Springer-Verlag Berlin Heidelberg 2012

können. Und die männlichen Kommilitonen können sich nicht recht vorstellen, wo da überhaupt ein Problem sein könnte.

16.1 Frauen, Bildung und Beruf – ein harter Kampf

Ob wir es wollen oder nicht, nicht nur unsere individuelle Erziehung, auch die Tradition, in der wir aufgewachsen sind, prägen unser Denken. Und es lässt sich nun einmal nicht leugnen, dass Bildung den Frauen lange vorenthalten wurde und in vielen Teilen der Erde auch heute noch vorenthalten wird. Es gab Zeiten, in denen man fand, dass Frauen keine Seele haben. Es hat Zeiten gegeben, in denen ein Mädchen nicht lesen lernen durfte. Bücher galten, zuerst für alle, dann nur noch für den weiblichen Teil der Bevölkerung, als der direkte Weg ins Verderben.

Bertrand Russell schildert die Trübsal des Frauenlebens in früheren Zeiten:

> In alten Tagen saß die ganze Familie, nachdem Frau und Töchter abgeräumt hatten, um den Esstisch herum, um sich der „gemütlichen Abendstunde" hinzugeben, die meist so aussah: der Vater nickte ein, Mutter strickte, und die Töchter wünschten, sie wären tot oder wo der Pfeffer wächst. Lesen durften sie nicht, das Zimmer verlassen auch nicht, weil es hieß, dies sei die Stunde, wo der Vater „etwas von ihnen haben wollte". Hatten sie Glück, dann verheirateten sie sich endlich und konnten ihren Kindern eine ebenso trübselige Jugend bereiten, wie sie sie selbst gehabt hatten. Kam das Glück nicht, so wurden alte Jungfern oder schließlich alterschwache Dämchen aus ihnen – ein Los, wie es schrecklicher kein wilder Volksstamm seinen Opfern bereitet.[1]

Sehr beeindruckend ist der den Mädchen verbotene Lesehunger und die Ausgrenzung von Frauen von allem Intellektuellen in

---

[1] Bertrand Russell: Die Eroberung des Glücks (1930). Suhrkamp, Frankfurt, 10. Auflage 1995.

dem Roman „Die Päpstin" von Donna W. Cross beschrieben. Es gibt auch in der Wissenschaft Beispiele von Frauen, die sich (wie die „Päpstin") als Männer ausgaben, um an der Wissenschaft teilzuhaben. Noch Max Planck (1858–1947) war ein erklärter Gegner des Frauenstudiums. Er war davon überzeugt, dass „die Natur selbst der Frau ihren Beruf als Mutter und als Hausfrau vorgeschrieben hat". An die Hochschulen durften die Frauen auch erst sehr spät: Noch vor hundert Jahren war es die große Ausnahme, dass eine Studentin zu einer Vorlesung zugelassen war. Und noch in der Generation meiner Eltern war es überhaupt keine Frage, dass die Ausbildung oder Berufstätigkeit einer Frau mit ihrer Verheiratung endete (wohlgemerkt: mit der Verheiratung. Nicht mit dem ersten Kind). Dass das eine enorme Ressourcenverschwendung war, die mit zunehmender Qualifikation immer größer wurde, das wusste man, weshalb auch in meiner Jugendzeit der Spruch „Was soll sie denn groß lernen, sie heiratet ja doch" noch allgegenwärtig war.

Einem juristischen Ratgeber zum Familienrecht, der 1979 erschien, ist auch noch ganz deutlich zu entnehmen, wie frau ihre Prioritäten zu setzen hat (Hervorhebungen durch den Autor):

> Viele Männer sehen es nicht gern, wenn ihre Frauen berufstätig sind. Sie meinen, die Frau habe ihren Platz in der Familie. [...] Jetzt ist jeder Ehegatte *berechtigt*, in kinderloser Ehe sogar u. U. verpflichtet, *einer Erwerbstätigkeit nachzugehen*. Auch die Frau benötigt dazu nicht mehr wie früher die Erlaubnis ihres Mannes, der bis 1953 sogar Dienstverträge seiner Frau kündigen durfte. Nur muss die Erwerbstätigkeit mit den Pflichten in Ehe und Familie zu vereinbaren sein. Deswegen bleibt vor allem Müttern kaum etwas anderes übrig, als doch am häuslichen Herd zu walten, wenn sich der Gatte nicht zum Hausmann „degradieren" lassen will.
>
> Bevor die Frau eine Erwerbstätigkeit aufnimmt, sollte sie sich jedenfalls mit ihrem Mann sehr gründlich *absprechen*. Sie kann den Konflikt zwischen Beruf und Familie nicht nach ihren persönlichen Wünschen und Neigungen entscheiden. [...]
>
> Lässt sich die Frau unter Vernachlässigung ihrer häuslichen Pflichten trotzdem nicht davon abhalten, einen Beruf auszuüben, so kann der Ehemann versuchen, seine unhäusliche Gattin durch eine

„Klage auf Herstellung der ehelichen Gemeinschaft" an den heimi-
schen Herd zurückbringen.[2]

Lassen Sie sich die *Degradierung zum Hausmann*, die *häus-
lichen Pflichten der Frau* und die *Herstellung der ehelichen Gemeinschaft* auf der Zunge zergehen. Unterhalten Sie sich mit Ihren Großmüttern darüber. Es hat sich vieles verändert, aber die
Traditionen lassen sich nicht über Nacht und auch nicht durch
Gesetzesänderungen abschütteln; die Fortschritte sind langsam
und mühselig. Erst in jüngster Zeit ist man überhaupt so weit, die
Vereinbarkeit von Familie und Beruf als gesellschaftliches Problem und nicht als „Frauensache" zu begreifen. Und von einer
„Lösung" dieses Konflikts auf einer partnerschaftlichen Ebene
kann noch lange keine Rede sein. Viele studierte Frauen wollen
sich auf den Spagat zwischen Beruf und Familie nicht einlassen
und bekommen deshalb erst gar keine Kinder. Die Frage nach
der Vereinbarkeit von Beruf und Familie spielt für Männer dagegen in der Regel keine große Rolle. Obwohl Väter sich mehr
für die Erziehung ihrer Kinder zuständig fühlen als früher und
auch mitunter in Elternzeit gehen, sind sie immer noch meist
„Hauptverdiener" – eine Rolle, der sich manch einer gar nicht
gewachsen fühlt und der manch einer die Unwilligkeit, sich fest
zu binden, entgegen setzt.

16.2 Neue Rollen – alte Klischees

Im Zuge der formalen Gleichstellung haben sich die Mechanismen, mit denen die freie Entfaltung von Frauen ausgebremst
wird, verändert. Die Attacken auf das weibliche Selbstwertge-
fühl sind vielfältig, zum Teil offen, aber auch sehr subtil. Von
frauenverachtenden Witzen und sexistischer Werbung will ich
gar nicht reden; der Fokus wird auch mit Diäten und dem Schön-
heitswahn immer wieder auf die äußere Erscheinung von Frauen

---

[2] Volker Pohl: Familienrecht. Ein juristischer Ratgeber. Ullstein Verlag,
Frankfurt a.M./Berlin/Wien, 1979.

gerichtet. Es kostet viel Energie, sich von diesen Zwängen zu lösen, und das ist Energie, die Männer in aller Regel nicht aufzuwenden haben, die also anderen, erfreulicheren Projekten zur Verfügung stehen.

In jüngster Zeit besonders aggressiv sind die vielfach (auch von Frauen) breitgetretenen, sich wissenschaftlich gebärdenden Zuschreibungen, nach denen Frauen sich zwanghaft Schuhe kaufen müssen, sich in einer Telefonzelle verirren, in Multitasking und in Sprachen ganz groß, dafür in Mathe hoffnungslos sind. Es spielt keine Rolle, ob diese Etiketten positiv oder negativ sind. Das Infame daran ist, dass sie plump simplifizieren und die Unterschiede zwischen den Menschen auf den einen, den offensichtlichen reduzieren, und das ausschließlich mit dem Hinweis auf die genetische Disposition. Von den wissenschaftlichen Erkenntnissen, die sich dahinter verbergen, ist nicht mehr viel übrig, übrig bleiben nur der Unterhaltungswert und die Verkaufszahlen der entsprechenden Publikationen. Das Argument, Männer fänden die Butter im Kühlschrank nicht, weil sie in der Steinzeit den Horizont nach Feinden absuchen mussten und daher mehr auf Fernsicht genormt seien, ist in etwa so überzeugend wie die Behauptung, es sei widernatürlich zu lesen, weil Adam und Eva im Paradies das schließlich auch nicht konnten. Der Blick auf die wirklichen, nämlich die gesellschaftlichen Probleme wird komplett verstellt. Wenn es in den Genen liegt, dass Männer nicht zuhören können – dann muss man sich wohl damit abfinden?!

Eine Dissertation an der Uni Bochum zeigte, dass auch die Wissenschaft selbst an den Stereotypen mitstrickt: Barbara Schmenk stellt fest, die Forschungsarbeiten, die angeblich zeigen, dass Mädchen und Frauen schneller und besser Fremdsprachen lernen, eine Reihe von Ungereimtheiten und Widersprüchen zeigen und wohl mehr von der tradierten Zuschreibung bestimmt sind als von empirischen Befunden.[3]

---

[3] Barbara Schmenk. Zur Konstruktion geschlechtstypischer Lerner- und Lernbilder in der Fremdsprachenforschung. Forum Sprachlehrforschung Bd.4, Stauffenburg, Tübingen, 2002.

Dr. Carmen Boxler, ehemalige Frauenbeauftragte der Universität Karlsruhe und selbst Biologin, ärgert sich:

> Menschen sind anders, Menschen auch. So müsste es heißen. Wenn schon Schubladen, dann bitte große, mit niedrigem Rand und anderen Etiketten, aus denen man aus- und umsteigen kann ohne gleich zur Außenseiterin oder zum Außenseiter zu werden. Wie soll ein Mädchen, dass unter solchen Umständen aufgewachsen ist denn überhaupt auf die Idee kommen, Ingenieurin zu werden?[4]

Wenn man meint, sich in allgemeinen Beschreibungen, etwa im Horoskop, wiederzuerkennen, beruht das auf dem so genannten Barnum-Effekt, den man in der Psychologie kennt. Benannt wurde er nach dem Zirkusgründer Barnum, der „für jeden etwas" bot.[5] Der Erfolg der Männer-sind-anders-Frauen-auch-Publikationen beruht sicher zum Teil auf einer solchen Täuschung: Jeder findet etwas, was er aus eigener Erfahrung kennt, und über die Dinge, die nicht so passen, geht man rasch hinweg.

16.3 Die Machos sterben nicht aus

Ob es nun genetisch festgelegt oder früh eingeübt wird: Männliche Verhaltensweisen können ganz schön lästig sein. Der Möchtegern-Manager, der seine Führungskraft-Allüren schon mit an die Uni bringt, der Computerfreak, der keine Götter (schon gar keine weiblichen) neben sich duldet, der Vielredner, der An-die-Wand-Quatscher: Solche Leute starten den Generalangriff auf Ihr Selbstbewusstsein. Umso mehr gilt das, wenn Sie selbst eher bescheiden sind und wenn Sie ein intellektuelles Umfeld nicht gewöhnt sind, weil Mama und Papa eben nicht Ärztin und Richter, sondern Sekretärin und Dachdecker sind. Leider reichen ein paar wenige, um ein Klima zu verbreiten, in dem man

---

[4] Vortrag im Zonta-Club Karlsruhe, 11.4.2004.

[5] Vgl. www.odoq.de/271/barnum-effekt.htm; dort kann man auch einen Selbsttest machen.

sich nicht mehr traut, Unsicherheit, Nichtwissen oder Selbst-
zweifel zuzugeben und darüber zu sprechen. Es ist erst schon
schwer genug, diese Mechanismen überhaupt erst zu erkennen.

Sehr eindrucksvoll werden in dem von Senta Trömel-Plötz
herausgegebenen Buch „Gewalt durch Sprache" [TP04] die Mechanismen beschrieben, die dafür sorgen, dass Frauen in vielen
Gesprächssituationen nicht zum Zuge kommen, benachteiligt,
überhört, unterbrochen werden und sich trotz guter Ideen nicht
durchsetzen können. Geschwätzigkeit, die so gern als weibliche
Untugend angesehen wird, ist ein von Männern viel benutztes
Machtmittel. Männer nehmen mehr Platz ein und Frauen lassen
sich verdrängen.

Dass Studentinnen ihre Fähigkeiten unterschätzen und weniger selbstbewusst auftreten, war Ergebnis einer Studie der Uni
Bochum. „Erschreckt" zeigte sich Vera Zegers, die sich im Rahmen ihrer Promotion mit dem Verhalten von Studentinnen in
Sprechstunden beschäftigte.[6] Studentinnen weisen oft noch auf
Kenntnislücken hin, statt sich auf die Präsentation des vorhandenen Wissens zu konzentrieren. Die Studenten treten viel selbst-
bewusster auf.

Es gibt junge Männer, die höflich und bescheiden oder sogar schüchtern sind, obwohl sie ihre Fähigkeiten durchaus nicht
verstecken müssen. Leider fallen die aufgeblasenen Wichtigtu-
er immer am meisten auf. Dahinter verbergen sich häufig Unsicherheit und Unreife; je qualifizierter und erfahrener Menschen
sind, desto weniger haben sie Schaumschlägerei nötig. Ich glaube, dass Frauen in ihrem Fortkommen eher von gleichaltrigen
Männern beeinträchtigt werden als von Professoren oder Vorgesetzten.

---

[6] Vera Zegers. Man(n) macht Sprechstunde: eine Studie zum Ge-
sprächsverhalten von Hochschullehrenden und Studierenden. Dissertation,
Ruhr-Universität Bochum, 2004. http://www-brs.ub.ruhr-uni-bochum.de/
netahtml/HSS/Diss/ZegersVera/diss.pdf.

16.4 Gleichstellung an der Uni

Auf welchen Ebenen welche Frauen- oder Gleichstellungsbeauftragte eingesetzt werden, regeln die Hochschulgesetze. Die
Frauen- oder Gleichstellungsbeauftragte ist eine Anlaufstelle für
Belange der Frauen, achtet auf die Einhaltung von Gesetzen etwa
bei Bewerbungen, sitzt in Gremien, organisiert Veranstaltungen
wie die Schülerinnentage oder Ringvorlesungen, berät über Stipendien und mögliche Unterstützung für junge Mütter und hortet
Informationsmaterial.

Im AStA oder UStA gibt es Frauenreferat oder das „autonome Frauenreferat". „Autonom" bedeutet nicht „militant", sondern „unabhängig". Das heißt, dass das Frauenreferat zwar
Bestandteil des AStA ist, aber nicht von der AStA-bildenden
Koalition besetzt wird. Die Referentin wird von der Frauenvoll-
versammlung direkt gewählt. Die Frauenreferate geben Zeitungen heraus, organisieren Veranstaltungen und sind ein Ort, an
dem viel diskutiert wird.

16.5 Was ist „Gender Mainstreaming"?

Unter „Gender Mainstreaming" versteht man eine geschlechter-
sensible Sichtweise, die sich auf alle Politikbereiche bezieht.
Der Grundgedanke dabei ist, dass politische Entscheidungen
immer auch Auswirkungen auf die verschiedenen Rollen der
Geschlechter haben. Beispiel: Wenn Frauen nach der Geburt
eines Kindes drei Jahre lang zu Hause bleiben „dürfen", ist
das vordergründig „frauenfreundlich"; tatsächlich aber ist damit der Karriereknick programmiert. Betreuungsangebote sind
zwar wichtig, ändern aber nichts an der Familienfeindlichkeit
der Arbeitswelt. Erst allmählich rückt die Tatsache ins Blick-
feld, dass davon auch die Väter betroffen sind. Die langwieri-
gen Diskussionen innerhalb und außerhalb der Frauenbewegung
hatten also zumindest dieses Ergebnis: Es geht nicht mehr so

sehr um den „Kampf" und auch nicht um die „Förderung" von Frauen (die ja ohne Zweifel genauso qualifiziert und talentiert sind wie die Männer), sondern um den Blick aufs Ganze. Man beachte den Unterschied: Ist der Mann im Haushalt „eine große Hilfe" oder ist er ebenso zuständig wie seine Partnerin? Wird die berufstätige Frau „unterstützt" oder möchte man eine familienfreundliche Unternehmenspolitik? Gender Mainstreaming ist streng zu trennen von Frauenförderung und ist auch nicht der Job der Frauenbeauftragten, das würde dieser Idee im Grundsatz zuwider laufen.

16.6 Was sind „Gender Studies"?

Als interdisziplinäre, aber auch als eigenständige Disziplin beschäftigt sich die „Frauen- und Geschlechterforschung" mit den Rollen- und Machtverhältnissen der Geschlechter. Dieser Studiengang wird meist als Nebenfach angeboten, zum Beispiel an der Universität Freiburg. Da kann es beispielsweise um die Rolle des Geschlechts in der Gehirnforschung oder der Theoriebildung der Biologie gehen, um religiöse Frauengemeinschaften im Mittelalter oder den Zusammenhang zwischen Geschlechterrollen und Kriminalität. Das Angebot gilt natürlich auch für Männer; spätere Betätigungsfelder für in dieser Richtung Qualifizierte sind etwa Bildungseinrichtungen.

16.7 Frauentutorien und Sommerschulen

In einigen Fächern sind Frauen chronisch unterrepräsentiert. In diesen Fächern gibt viele einzelne Veranstaltungen und sogar ganze Studiengänge nur für Frauen (z. B. Wirtschaftsinformatik in Furtwangen oder Informatik in Bremen). Die Idee dabei ist, die Energien von Studentinnen zu bündeln, die in solchen Studiengängen nicht dem „Geschlechterkampf" ausgesetzt sind.

Anders gesagt: Frauen können in aller Ruhe studieren, ohne sich am Machogehabe ihrer Kommilitonen abzuarbeiten.

Diese Angebote behagen nicht allen. Es ist ungewohnt, klingt nach Schonraum und abgespecktem Niveau. Auch heißt es, Frauen könnten den besagten „Kampf" nicht früh genug aufnehmen. Und die Frauen werden aus den gemischten Veranstaltungen gezogen, die verbliebenen fühlen sich dann erst recht allein gelassen.

Man kann über diese Dinge lange diskutieren, und die Argumente sind alles andere als neu. Ich kann nur empfehlen, solche Veranstaltungen selbst zu testen. Einfach nur schauen, wie es sich anfühlt. Ein Beispiel ist die Informatica Feminale, eine sehr erfolgreiche Blockveranstaltung („Sommeruniversität"), die seit 1997 stattfindet und inzwischen auch in Furtwangen angeboten wird. Dies ist ein breit gefächertes Angebot an Lehrveranstaltungen mit interdisziplinärem Charakter. Entsprechendes gibt es beispielsweise auch für Ingenieurinnen[7] und Physikerinnen. Solche „Camps" sind ohnehin ein starker Motivationsschub, ganz etwas anderes als der übliche Semestertrott, schon deshalb, weil man aus der Heimatuni einmal herauskommt. Das wohl stärkste Aha-Erlebnis ist jedoch die veränderte Atmosphäre, wenn die Männer fehlen. Mit Nachhilfe oder gemeinsamer Jammerei hat das nichts zu tun, die Teilnehmerinnen fahren erschöpft, aber gestärkt und hochmotiviert an ihren Studienort zurück.

In kleinerem Rahmen ist diese Erfahrung auch am Fachbereich zu haben. Etwa im Frauen-AK – wenn es einen gibt oder Sie Lust haben, einen zu gründen. Wo die Männer den Fachbereich in der Überzahl sind, ist das ganz bestimmt eine gute Idee.

---

[7] www.ingenieurinnen-sommeruni.de.

16.8 Abschließende Tipps

Worauf sollten Frauen vor und während des Studiums achten?

- Haben Sie schon bei der Studienfachwahl den Mut, gegen den Strom zu schwimmen. Überlegen Sie, ob Sie Alternativen zu den typischen „Frauenfächern" finden. Schaffen Sie sich Startvorteile für den Beruf mit einer ausgefallenen Fächerkombination, mit Praxiserfahrungen, vielleicht mit Auslandsaufenthalten und Zusatzqualifikationen. Überlegen Sie ganz genau, wo Ihnen festgefahrene Rollenvorstellungen einen Streich spielen, etwa weil Sie sich einen Beruf im pädagogischen Bereich einfach am leichtesten vorstellen können oder weil Ihnen ein Maschinenbaustudium zu fremd erscheint. Es muss nicht unbedingt das Lehramt sein! Das soll nicht heißen, dass der Lehrberuf ein schlechter Beruf wäre. Aber ihn nur aus Phantasielosigkeit zu ergreifen ist traurig.

- Nutzen Sie schon vor Studienbeginn möglichst viele Informationsangebote. Die „Schülerinnentechniktage" und ähnliche Veranstaltungen der Hochschulen und anderer Organisationen wollen Sie geradezu ködern! Vielleicht entdecken Sie dabei, dass Forschung und Technik interessanter und vielseitiger sind als Sie bisher dachten.

- Wenn Sie, wie viele andere, Probleme mit dem Sprechen vor größeren Gruppen haben: Setzen Sie auf die schriftliche Form. Vielleicht fällt es Ihnen schwer, im Plenum zu reden. Aber die Abschlussnote entscheidet sich nicht während der schlauen Reden im Seminar, sondern ergibt sich aus den Resultaten Ihrer schriftlichen Arbeiten. Auch in der mündlichen Prüfung muss man Ihnen zuhören, da müssen Sie gegen niemanden kämpfen, und Geschwafel kommt nicht gut an. Der Rat, sich gut zu verkaufen, wird zwar immer wieder großzügig erteilt. Aber letztlich kommt es auf die fachliche Leistung an.

- Beschäftigen Sie sich mit Rhetorik. Auch wenn Sie gar nicht den Ehrgeiz haben, eine brillante Rednerin zu werden, lohnt

es sich, das rhetorische Trickrepertoire kennen zu lernen,
denn dann durchschaut man sie bei anderen und lässt sich weit
weniger von glatten Floskeln einschüchtern. Viele einfache
Hinweise helfen, den Seminarvortrag besser hinzukriegen, indem man Lampenfieber abbaut und sich besser vorbereitet.
Über selbstsicheres Auftreten finden Sie auch viel in [Ber95].

- Lassen Sie sich nicht demoralisieren. Schon skeptische Fragen von Kommilitonen können einen aus dem Gleichgewicht
  bringen. Sehen Sie lieber die Herausforderung: Denen werde
  ich es zeigen! „Ich habe es schwerer, weil ich eine Frau bin"
  ist eine unzweckmäßige Programmierung. Sagen Sie sich lieber: Ich schaffe es, und bei Problemen hole ich mir Hilfe.

- Machen Sie sich nicht klein. Relativieren Sie Ihre Aussagen
  nicht durch Wendungen wie „oder?", „Ich mein ja nur" oder
  „Das ist vielleicht ganz unwichtig". Leider sind das typische Frauen-Wendungen, aber auch hier hilft eine Rhetorik-
  Schulung. Verbeißen Sie sich Hinweise auf Ihre dünnen
  Haare und Ihre furchtbare Figur und schon sowieso auf Ihre unterbelichtete Intelligenz. Man könnte Ihnen am Ende
  glauben!

- Unterbrechen Sie Ihr Studium nicht. Wenn Sie während des
  Studiums ein Kind bekommen, machen Sie die Pause so kurz
  wie möglich. Der Wiedereinstieg ist mit ganz erheblichem
  Aufwand und mit möglichen Nachteilen verbunden. Auch
  wenn es phasenweise anstrengend ist, ist es besser, das Studium in eingeschränktem Umfang fortzusetzen, als den Kontakt
  völlig abreißen zu lassen – und das einige Jahre später bit-
  ter zu bereuen. Ein Studium lässt sich mit einem Kind besser
  organisieren als eine Berufstätigkeit mit festen Arbeitszeiten!
  Wenn man dagegen erst einmal ein paar Jahre „weg vom
  Fenster" ist, ist es sehr schwer, wieder Fuß zu fassen. Holen
  Sie sich Rückendeckung, sprechen Sie mit anderen, auch im
  WWW. In den Foren der Online-Ausgabe von Eltern gibt es
  beispielsweise auch eine Gruppe mit dem Titel „Studentin –
  und ein Baby?"

16.9 Extra: Spuren von Wissenschaftlerinnen

Überraschend viele Begriffe in der Wissenschaft wurden von Frauen geprägt oder nach ihnen benannt. Hier eine kleine Auswahl:

- *Noetherscher Ring*: Dieser wurde benannt nach Emmy Noether, geboren 1882. Sie war eine deutsche Mathematikerin und leistete Bahnbrechendes im Gebiet der Algebra. 1919 habilitierte sie sich als erste Frau an der Universität Göttingen, arbeitete trotz international anerkannter Leistungen jedoch meist ohne feste Anstellung. 1933 emigrierte sie in die USA, wo sie 1935 starb.

- *Polonium* nannte Marie Curie (1867–1934) ein von ihr entdecktes chemisches Element nach ihrer Heimat Polen. Übrigens wurde auch der Begriff „Radioaktivität" von Marie Curie geprägt.

- Die Programmiersprache ADA verdankt ihren Namen der „Computerpionierin" Augusta Ada Countess of Lovelace, geborene Byron (1815–1852). Sie entwarf Konstruktionspläne für verschiedene Maschinen und entwarf Programme für die von Charles Babbage konzipierten ersten Rechenmaschinen. Mit ihrem Argument, Maschinen könnten „nie etwas wirklich Neues ausführen" setzt sich Alan Turing in seinem wegweisenden Aufsatz „Kann eine Maschine denken?" (1950) auseinander.

- Der Begriff der „primitiv-rekursiven Funktionen" geht auf die Logikerin Rózsa Péter (1905–1966) zurück. Aus ihren Überlegungen zur Berechenbarkeit von Funktionen entwickelte sich die Komplexitätstheorie. Rózsa Péter war die erste Frau, die in Ungarn den Doktortitel erhielt.

- Das erste große Umweltbuch, das die Begriffe „Umwelt" und „Ökologie" populär machte, stammt von der amerikanischen Biologin Rachel Louise Carson (1907–1964). Es heißt „Silent Spring" (dt. „Der stumme Frühling") und schildert die ökologischen Folgen der chemischen Pflanzenschutzmittel.

- *Lucretia* ist ein Asteroid des inneren Asteroiden-Hauptgürtels, 1888 entdeckt. Er wurde nach der Astronomin *Caroline Lucretia Herschel* (1750–1838) benannt. Sie entdeckte am 1. August 1786 zum ersten Mal einen Kometen; weitere acht folgten. Sie wirkte an vielen Publikationen mit, ohne dass ihr Name genannt wurde, und stand immer ein wenig im Schatten ihres Bruders. C. Herschel wurde auch ein Mondkrater im Sinus Iridum benannt.

- Den immer wieder zitierten Leitspruch „Vorbeugen ist besser als Heilen" verdanken wir der Engländerin Elizabeth Blackwell (1821–1910), die mit 27 Jahren als erste Frau in den USA das Doktorexamen ablegte. Sie praktizierte in New York, da man ihren Abschluss weder in Frankreich noch in England anerkannte. Gemeinsam mit ihrer Schwester Emily setzte sie sich für die Verbesserung hygienischer Verhältnisse und den Ausbau der Krankenversicherung ein.

Die erste deutsche Forscherin, die den Nobelpreis für Medizin erhielt, ist die Biologin Christiane Nüsslein-Volhard aus Tübingen, geboren 1942. Mit der hohen Auszeichnung würdigte man 1995 ihre Entdeckung über die grundlegenden genetischen Steuerungsmechanismen der Embryonalentwicklung. Der Nobelpreis wurde ihr zusammen mit den amerikanischen Entwicklungsbiologen Edward B. Lewis und Eric Wieschaus verliehen. Nüsslein-Volhard hat sich auch mit der Karriere von Frauen in der Wissenschaft beschäftigt, nachzulesen auf ihrer Homepage.[8]

---

[8] http://www.eb.tuebingen.mpg.de/abteilungen/3-genetik/christiane-nusslein-volhard/frauen-in-fuhrungspositionen-in-der-wissenschaft.

16.10 Randnotiz: Die Sehnsucht nach dem Happy End

Diese Zeilen entstanden in der Zeit, in der ich Glossen für die Broschüre der Karlsruher Gleichstellungsbeauftragten schrieb – und nachdem ich zum gefühlt hundertsten Mal *Titanic* geschaut hatte. Sie sollen Sie daran erinnern, dass Ratschläge immer nur als Angebote, niemals als Maßgaben zu verstehen sind. Das gilt natürlich auch für dieses Buch.

Sie sitzt schon im Rettungsboot, und es ist die Liebe, deretwegen sie sich wieder in die Gefahr begibt. Als Rose wieder mit Jack vereint an Bord der Titanic ist, beginnt die atemberaubende Rettungsaktion. Rose rettet Jack und Jack rettet Rose, aber es ist Jack, der sagt, was zu tun ist. Jack ist der edle Held, der Rose, ihren eigenen Worten nach, „in jeder Hinsicht gerettet" hat.

Es ist das vertraute Muster alter und moderner Märchen. Aschenputtel erlebt immer wieder ihr Comeback, und immer wieder packt uns die Sehnsucht nach dem Happy End. Selbst wenn wir nicht davon träumen, von Dieter Bohlen zum Superstar gekürt zu werden – auch die Vorstellung, mit einem Studienabschluss, einer unbefristeten Stelle oder gar mit einer Verheiratung wären unsere Existenzsorgen beendet, ist ebenso utopisch wie die Idee, sich durch einen gründlichen Frühjahrsputz aller Hausarbeit entledigen zu können.

Wenn wir uns selber die Tür zum Restaurant öffnen und uns den Mantel selbst ausziehen wollen, dann müssen wir langfristig wohl auch auf das *Titanic-Prinzip* – Frauen und Kinder zuerst – verzichten. Die vielen Wahlmöglichkeiten machen uns das Leben schwer. Niemand kann und will uns sagen, was wir am besten als nächstes tun. So ein Jack, der einem sagt, in welchem Moment man vom sinkenden Schiff springt, gehört in die Kategorie Märchenprinz. Wir müssen uns auf die temporären Wegmarken beschränken, die wir auf unserer Reise antreffen: Eltern, Freunde, Ratgeber, Fachliteratur, die Frauenbeauftragte ...

Und alle, alle können sich irren! Das Glück ist so trügerisch und flüchtig wie eh und je. Jack hätte noch viele Jahre leben können, wenn er nicht beim Kartenspiel die Schiffspassage auf der Titanic gewonnen hätte. Allerdings hätte sich Rose dann noch über Jahre hinweg in ihr Korsett gezwängt und diesen Fiesling geheiratet.

Gewissensfrage: Hätte ich es geschafft, mich aus eigener Kraft zu befreien?

Kapitel 17
Abbrechen oder durchhalten?

Love it or leave it.
Love it, *change it* or leave it.

Manche Leute sind stolz darauf, das, was sie tun, dann auch gründlich zu tun – und beißen sich auf einem Weg fest, der, wie sich später herausstellt, der falsche ist. Die goldene Regel des Zeit- und Selbstmanagements besagt, dass es nicht darauf ankommt, die Dinge *richtig zu tun* – sondern darauf, *die richtigen Dinge* zu tun. Ist das Studium dieses Fachs an diesem Ort mit diesem Abschlussziel das Richtige? Rund ein Viertel der Studienanfänger beantworten diese Frage im Laufe ihres Studiums irgendwann mit Nein. Nicht alle geben auf, weil sie ihre Prüfungen nicht schaffen. Viele sind enttäuscht von ihrem Studium, hatten sich etwas anderes erhofft oder können sich nicht mehr für ihr Fach begeistern. Sie fühlen sich unbehaglich an der Universität, können mit der „Denke" dort nichts anfangen – oder sie finden andere Möglichkeiten, ihr Berufsleben zu gestalten, attraktiver.

Die Ursachen von Studienabbrüchen werden in einer Studie des Hochschulinformationssystems HIS dargestellt. [1] Häufig

---

[1] www.his.de/pdf/21/studienabbruch_ursachen.pdf.

B. Messing, *Das Studium: Vom Start zum Ziel*, 2. Aufl.,
DOI 10.1007/978-3-642-20651-1_17,
© Springer-Verlag Berlin Heidelberg 2012

sind Überforderung, enttäuschte Erwartungen oder finanzielle Probleme. Studierende, die aufgeben, haben sich auch oft zu wenig Unterstützung und Beratung gesucht. Eine fatale Kombination besteht aus mangelnden Vorkenntnissen und einer Motivation, die sich nur auf den Abschluss, nicht aber auf die Inhalte des Studiums bezieht („extrinsisch": nur von außen gesteuert). Man kann es nicht oft genug wiederholen: Gelingen kann nur, was man gerne tut. Übersteigt das ungeliebte Pflichtpensum, das jeder Studiengang mit sich bringt, das Maß dessen, was man in Kauf nimmt, dann ist das Scheitern fast unausweichlich. Haben Sie aber den Bachelorabschluss endgültig nicht bestanden, dann werden Sie für dieses Fach in der Regel nicht mehr zugelassen.

Anders als erwartet und gewünscht hat die Abbruchquote sich durch Einführung der neuen Studiengänge nicht verringert. An den Universitäten sank die Abbruchquote zwar etwas, hat dafür aber an den Fachhochschulen deutlich zugenommen, vor allem im Bereich der Ingenieurwissenschaften. Früher war es häufig die fehlende Struktur und Orientierung, die zum Abbruch führte. Heute sind es eher die sehr engmaschigen Leistungskontrollen und eine Struktur, die wenig Wahlmöglichkeiten lassen. Schnell stellt sich ein Gefühl der Überforderung ein, wenn man sich von Prüfungsterminen gehetzt fühlt und dabei eigentlich Zeit bräuchte, um sich in Ruhe in sein Fach einzufinden.

Wenn das Studium völlig anders aussieht, als man es erwartet hat, liegt das sicher auch daran, dass man sich vorher nicht genügend informiert hat. Verglichen mit anderen Fächern sind in der Medizin Inhalte und Berufsbild sehr klar umrissen. Andere Fächer sind in ihrer Struktur und ihren Inhalten weit schwerer zu durchschauen, zudem ist das Berufsbild diffus und die Anforderungen werden eher undeutlich formuliert. Dies den Hochschulen anzulasten wäre zu kurz gegriffen.

Andererseits gehören Fehlentscheidungen zu den unvermeidlichen Lebenserfahrungen, die jeder machen muss. Durchhalten und leiden ist keine Leistung und bringt auch nichts: Ein lustlos abgelegter Abschluss auf Biegen und Brechen ist keine gute Voraussetzung für eine berufliche Karriere. Zum einen verzögert sich der Abschluss durch den Widerwillen, den man dem Studium entgegenbringt, zum anderen merkt man es den Absolventen an, wenn sie nicht mit dem Herzen bei der Sache waren und sind. Von daher sollte man auch selbst keine unüberlegten Durchhalteparolen ausgeben. Durchhalten allein ist keine Lösung.

Es kann sein, dass man nach einem eher enttäuschenden Studium dennoch in ein interessantes und erfolgreiches Berufsleben einsteigen kann. Die Inhalte und die Art des Studiums unterscheiden sich sehr von dem, was einem später im Unternehmen begegnet. Hier hängt alles davon ab, ob es gelingt, nach dem Studium die Weichen richtig zu stellen. Das Berufsleben ist viel länger als das Studium. Wenn man nach einem Studium, das einem im Grund nicht lag, einen Job annimmt, der einem eigentlich nicht gefällt, wird man auf Dauer unglücklich oder krank – oder beides.

Wer sich mit dem Gedanken an einen Studienabbruch trägt, sollte also überlegen: Kann ich das Fach noch lieben – und mit Begeisterung zu Ende studieren? Kann ich Kompromisse schließen für die Zeit des Studiums, weil ich eine Option auf eine interessantere Zeit „danach" habe? Was muss ich ändern, um weitermachen zu können? Oder wäre doch ein mutiger Schnitt die beste Lösung?

17.1 Die Geschichte einer Krise: Ein Erfahrungsbericht

In meinem Studium gab es mehrere Punkte, an denen ich am liebsten aufgehört hätte und an denen mir nur die Entschlusskraft fehlte, zu sagen: Das ist es nicht.

Das erste Mal kam ich im ersten Semester an einen solchen Punkt. Ich hatte mir, wie das vielen ergeht, in meinem anfänglichen Enthusiasmus viel zu viel vorgenommen. Neben meinen Mathematikveranstaltungen wollte ich auch noch eine Veranstaltung an der philosophischen Fakultät besuchen und zudem Griechisch lernen und Gitarrenunterricht nehmen. Griechisch begann um halb 8 morgens – das ging ungefähr drei Wochen gut. Es dauerte nicht sehr lang, bis ich mein Pensum auf das Allernötigste zusammengestrichen hatte, und selbst dann noch fiel es mir sehr schwer, mit dem Tempo der Vorlesung Schritt zu halten. Ich saß eines Sonntags allein über einer Übungsaufgabe, die leicht aussah, die ich aber trotz großer Anstrengung nicht bewältigen konnte. Es war, als hätte mir jemand einen irrwitzig verknoteten Schnürsenkel hingehalten und ich hätte beim Versuch, ihn zu entwirren, nur noch mehr Knoten erzeugt und immer mehr die Idee verloren, wie ich den Knoten lösen könnte. Ich war zornig und frustriert. Zufälligerweise wohnte im Zimmer gegenüber ein Mathematikstudent im höheren Semester. Als der mir einen Tipp gab, war ich schnell fertig, aber immer noch frustriert – eigentlich noch mehr: So einfach war das! Und beim nächsten Mal war es doch wieder dasselbe.

Freundliche, motivierende Übungsleiter und eine Arbeitsgruppe hielten mich dann doch irgendwie bis zum Semesterende über Wasser, und in den Semesterferien gelang es mir mit Hilfe eines Ferienkurses, der von der Uni angeboten wurde, meine Wissenslücken zu schließen und erste Erfolgserlebnisse zu verbuchen. Im zweiten Semester hatte ich mich an den Ablauf Vorlesung – Übung – Arbeitsgruppe gewöhnt, aber aus irgend einem Grund löste sich die Arbeitsgruppe zu Beginn des dritten Semesters auf und ich fand mich allein in einer Vorlesung wieder, die mich binnen einiger Wochen völig abgehängt hatte. Ich begann die Putzfrau zu beneiden, die zwischendurch die Tafel wischte und sich um all diese Hieroglyphen, die ich nicht verstand und die mich zutiefst verschreckten, nicht kümmern musste. Ich fühlte mich nicht nur in meinem Studium, sondern auch als Mensch völlig orientierungslos und verloren in einer feindlichen Welt. Es war schrecklich, aber es war schon mein drittes Semester und ein Ausstieg wäre für mich das klare Eingeständnis meines Scheiterns gewesen, und das wollte ich, nachdem ich mich voller Selbstbewusstsein auf diesen Studium gestürzt hatte, vor meiner Umwelt nicht eingestehen.

Eigentlich war es die Erfahrung einer mündlichen Nachprüfung nach einer versiebten Klausur, die mich wieder auf den Weg brachte. Im Gespräch mit dem Professor merkte ich, welche Fehler ich bei der Vorbereitung gemacht hatte und welche Fragen ich mir hätte stellen sollen, bevor sie mir gestellt wurden. Ein Semester später hatte ich den Bogen raus. Ich saß den Sommer über täglich sechs Stunden in der Bibliothek und lernte. Vor allem studierte ich die Literatur, und ich stieß auf ein paar Bücher, in denen die Dinge wirklich gut erklärt waren. Zwischen den Formeln gab es Text und Motivation, und die Dinge begannen mich zu interessieren. Die zweite mündliche Prüfung in meinem Studium, in deren Genuss ich auch nur durch eine nicht bestandene Klausur kam, war eines der wichtigen Erfolgserlebnisse – weil ich endlich gelernt hatte, wie man sich vorbereitet und dass man sich immer wieder Motivation holen muss, um durchzuhalten.

Die Schonzeit, die ich brauchte, um meine ausgemacht schlechten fachlichen Voraussetzungen (Grundkurs Mathematik auf sehr niedrigem Niveau) auszugleichen und mir einen disziplinierten Arbeitsstil anzugewöhnen, wird heute kaum mehr zugestanden, da in den meisten Studiengängen Zeitbeschränkungen gelten. Aber die Erfahrung, die ich gewann, konnte ich auf meinem künftigen Lebensweg noch oft machen: Auf jedem Weg gibt es Hindernisse, und manchmal gibt es lange, mühevolle Phasen, die überwunden werden können.

17.2 Scheitern oder Abschied nehmen?

*„Er missfällt mir." – „Ich bin ihm nicht gewachsen." – Hat je ein
Mensch so geantwortet?*
– NIETZSCHE Jenseits von Gut und Böse, Viertes Hauptstück, 185

Wenn man erkennt, dass das Studium einem nicht das bietet, was man erwartet hat, dann ist es eine logische Folge, sich zu trennen. Wie bei Freundschaften und Liebesbeziehungen muss man unterscheiden zwischen einem *Ende* und einem *Scheitern*. Ein Studienabbruch während der ersten Semester kann man nicht als Misserfolg interpretieren, wenn man in dieser Zeit gar keine Prüfungen absolviert hat und somit gar nicht „scheitern" konnte. Viele Studienabbrecher beschreiben ihre Beweggründe mit einem Prozess der Entfremdung. Das Fach, das Umfeld, die Zielsetzung stimmen nicht. Es ist wie beim Sport: Wenn man sich die falsche Sportart sucht, klappt nichts. Ein Fahrrad muss den eigenen Körperproportionen angepasst sein, nur dann stimmt die Kraftübertragung und nur dann ist man auch bereit, sich abzustrampeln. Alles andere ist Quälerei und vermittelt einem das Gefühl des Versagens.

Ist eine Abschlussarbeit auch im zweiten Anlauf nicht akzeptiert worden und gibt es keine Wiederholungsmöglichkeit, ist zumindest der Abschluss des Studiums verfehlt worden und das muss man wohl als ein Scheitern verstehen. Da ist ein zeitiger Schnitt am Anfang wesentlich leichter zu verschmerzen. Wer merkt, dass er sich vergriffen hat, sollte rechtzeitig die Notbremse ziehen, mit Versagen hat das nichts zu tun. Es ist diese Art von Entschlusskraft, die auch später geschätzt wird, nicht der Abbruch selbst.

Mit den konsekutiven Studiengängen, die mit Bachelor und Master abschließen, ist die Sache heute leichter als zuvor. Der Bachelor ist ein Abschluss, während ein Vordiplom nur eine Zwischenstation ist, die zwar viel Aufwand erfordert, aber nur die Zulassung zum Hauptstudium ist. Man hat nach wenigen Jahren die Möglichkeit, sich zu entscheiden, ob man auf dem wissenschaftlichen Weg weitergehen oder die Hochschule verlassen und sich eher praktisch orientieren will.

Wenn Sie merken, dass es alles nicht so läuft, wie Sie sich das vorgestellt haben, können Sie auch die Uni wechseln. Sie können an eine kleinere Uni wechseln, wenn Sie den Eindruck haben, in der Masse unterzugehen. Sie können an eine größere Uni wechseln, wenn Sie glauben, dort mehr geboten zu bekommen. Sie können auch an eine Fachhochschule wechseln, wenn Sie lieber ein bisschen „behüteter", ein bisschen schneller und ein bisschen praxisorientierter studieren wollen. Verwechseln Sie aber nicht „zu theoretisch" mit „zu schwer"! Mathematik kommt vielen Studienanfängern zu theoretisch vor, aber dennoch wird ein nicht erheblicher Anteil natürlich auch in Fachhochschulstudiengängen gelehrt und geprüft. Zum Beispiel in der Informatik können Sie sich davor auch an der Fachhochschule nicht drücken. Der Wechsel in einen anderen Studiengang oder an die Fachhochschule ist jedoch eine Option, wenn alle Versuche, einen Abschluss zu machen, gescheitert sind („endgültig nicht bestanden").

Die Strategie, mit der wir uns durchs World Wide Web klicken – ähnlich wie das Zappen durch die Fernsehprogramme – ist nicht die richtige Strategie, mit Sinnkrisen während des Studiums umzugehen. Ein Wechsel oder Abbruch sollte erst nach reiflicher Überlegung erfolgen und nachdem Sie zumindest mit einigen kompetenten Personen gesprochen haben, etwa mit Ihrem Mentor (wenn Sie einen haben), mit Kommilitonen, eventuell mit der Studienberatung der Universität oder mit Studenten der höheren Semester, die vielleicht Ähnliches erlebt haben wie Sie. Häufig geht ein berufliches Scheitern mit der vielzitierten Beratungsresistenz einher. Die sollten Sie sich nicht nachsagen lassen.

Zusammengefasst: Bevor Sie aufgeben,

- überlegen Sie, ob es eine Möglichkeit gibt, etwas zu verändern (Wechsel des Schwerpunktes, des Ortes, der Abschlussart);
- überlegen Sie, ob es wirklich das Fach ist, mit dem Sie nicht klar kommen, oder ob es vielleicht nur eine Klippe ist, die zu umschiffen ist;
- tauschen Sie sich mit anderen aus: Vergleichen Sie die Beziehung, die andere zu ihrem Studienfach haben, mit dem, was Sie denken. Sind Sie wirklich distanzierter oder sind Ihre Empfindungen „normal"?

Ein guter Grund, das Studium abzubrechen oder das Fach zu wechseln, ist der, dass man merkt, dass man etwas nur deshalb studiert, weil Eltern oder die Freundin/der Freund das wollten. Eine Beziehungskrise oder eine ungeplante Schwangerschaft können das Leben auf den Kopf stellen, sind aber keine guten Beweggründe für den Studienabbruch. Trennungsschmerz vergeht und Kinder werden größer, auch wenn man das im ersten Schock nicht so sieht. Ein Studium nach einer jahrelangen Unterbrechung wieder aufzunehmen ist mühsam, es gehen möglicherweise auch Zugangsberechtigungen verloren und Scheine werden nicht mehr anerkannt. Wenn man eine gewisse Zeit, auch etwa wegen einer Krankheit, nicht studieren kann, ist es besser, ein Urlaubssemester zu nehmen und dann weiterzumachen. Oder Sie studieren in eingeschränktem Tempo und machen eben nur einen Schein im Semester statt dreien. Sie können sich mit ein paar Suchanfragen im WWW davon überzeugen, dass Sie nicht allein sind mit Ihren Problemen: Sie finden ganz bestimmt ein Forum, in dem Sie sich über Ihre Krise mit anderen austauschen können.

17.3 Das endgültige Aus?

Wenn Sie Ihre Abschlussprüfung endgültig nicht bestanden haben, sind Sie für diesen Studiengang in der Regel auch länderübergreifend „gesperrt". Mit einem endgültig nicht bestandenen Staatsexamen können Sie die Ausbildung nicht einfach noch einmal neu beginnen.

Das klingt hart, andererseits ist verständlich, dass man Ausbildungen nicht bis in alle Ewigkeiten finanzieren kann. Wem bescheinigt wurde, dass er z. B. für den Lehrerberuf nicht die entsprechende persönliche Eignung mitbringt, der muss sich einen anderen Beruf suchen.

Findige Studierende wählen einen ähnlichen Studiengang und versuchen, bisher erbrachte Studienleistungen anerkennen zu lassen und so doch noch zu einem ähnlichen Abschluss zu gelangen.

17.4 Der Mythos vom erfolgreichen Abbrecher

Hin und wieder kann man von überaus erfolgreichen Studienabbrechern lesen, das Paradebeispiel ist Bill Gates. Wenn Sie ein Studium in den ersten beiden Jahren abgebrochen haben, wird Ihnen das wohl auf dem Arbeitsmarkt niemand übel nehmen. Aber es ist etwas ganz anderes, ob Sie nach zehn Semestern Studium ohne Abschluss und ohne jegliche Berufserfahrung auf Jobsuche gehen, oder ob Sie das Studium beenden, weil Ihr Studentenjob in der Softwarefirma in ein unbefristetes Arbeitsverhältnis umgewandelt wurde und Sie nicht recht wissen, was Ihnen Ihr Abschluss in Germanistik unter diesen Umständen noch bringen soll. Wer eine wirklich clevere Geschäftsidee hat, ist kein „erfolgreicher Studienabbrecher", sondern eben clever und geschäftstüchtig und das wäre er wohl auch ohne ein „angeknabbertes" Studium. Wenn es nur darum geht, die Zeit irgendwie auszufüllen, dann sollte man, statt zu studieren, vielleicht lieber durch Australien trampen.

Es wird auch argumentiert, dass einige Firmen besonders gern Abbrecher einstellen, weil diese besonders motiviert seien und auch nicht so schnell abwandern wie ehrgeizige Akademiker. Das mag sein, und der Grund ist auch klar: Man muss Sie dann nicht so gut bezahlen – Ihre Fachkenntnisse aus den Anfangssemestern kann man aber dennoch nutzen. Möglicherweise wird der Einkommensunterschied nach einiger Zeit ausgeglichen sein. Denn man muss ja auch miteinbeziehen, dass ein Studium den Eintritt in das Erwerbsleben verzögert. Es ist eine triviale Feststellung, dass man auch ohne abgeschlossenes Studium erfolgreich sein und viel Geld verdienen kann. Man kann schließlich auch ganz ohne Studium auskommen. Aber daraus die Empfehlung zu folgern, man möge doch mal ein paar Semesterchen studieren, entbehrt jeder Logik.

Vielleicht ist ja sogar ein attraktives Jobangebot der Überlegung, das Studium abzubrechen, zuvorgekommen. Natürlich ist es verlockend, gleich auf eine gut bezahlte Stelle zu wechseln, ohne die Mühen der Masterarbeit noch auf sich zu nehmen. Aber auch dieser Schritt will gut überlegt sein. Die Zeiten ändern sich schnell, und wer heute noch begehrt war, kann morgen schon arbeitslos werden. Im Zweifelsfall ist ein eine höhere Qualifikation doch eine bessere Grundlage.

Studienabbrecher gehen wohl selten mit dem Geständnis hausieren, dass sie ihren Entschluss bereuen, es sei denn, es ging aus persönlichen Gründen nicht anders. Es wäre ja auch eine sinnlose Denkbewegung, denn die Vergangenheit lässt sich nicht ändern. Überlegen Sie dennoch: Kann es sein, dass es Sie später „wurmen" wird, dass andere sich Diplom-Irgendwas nennen dürfen und Sie nicht? Sind Sie sicher, dass Sie ein Gebiet finden werden, auf dem Sie Ihre Fähigkeiten besser einsetzen können? Haben Sie das Selbstbewusstsein, auch nach Jahren noch zu sagen: „Ich habe mein Studium geschmissen?"

Vielleicht möchten Sie Ihr Studium gar nicht aufgeben, aber Sie sehen keinen Weg, es fortzusetzen? Wenden Sie sich unbedingt an eine Beratungsstelle und lassen Sie nichts unversucht (siehe oben). Prüfen Sie genau, wie „zerrüttet" Ihr Verhältnis zu Ihrem Studienfach ist und ob es nicht doch einen Weg gibt, die Sache durchzuziehen.

17.5 Später könnte es weiter gehen

In manchen Menschen erwacht nach Jahren im Berufsleben der Wunsch nach Weiterbildung und intellektueller Herausforderung. Vielleicht erscheint Ihnen Ihr Studium „zu theoretisch" – die andere Variante gibt es aber auch. Sie heißt nicht „zu praktisch" sondern eher „zu banal", „zu einfach", „einseitig" oder schlicht „langweilig". In späteren Jahren können höhere Lebensstandards, eine Familiengründung und finanzielle Verpflichtungen ein Studium erschweren. Möglichkeiten gibt es durchaus, beispielsweise durch ein Fernstudium. Aber das ist doch etwas völlig anderes als ein Erststudium, das direkt nach dem Abitur beginnt. Direkt nach der Schule haben Sie zwar noch keine praktischen Erfahrungen, aber in jungen Jahren haben Sie

den Kopf ungleich freier als später. Andererseits bekommt Fort-
bildung mit steigendem Alter eine andere Qualität. Das neue
Wissen lässt sich nämlich dann auf vielerlei Art mit dem verbinden, was man früher gelernt hat, vor allem aber mit der beruflichen und privaten Lebenserfahrung. Sich mit pädagogischen
und psychologischen Theorien zu beschäftigen, ist mit Mitte 40
und eigenen Kindern etwas ganz anderes als als Single Anfang
zwanzig.

Kapitel 18
Abschied von der Uni – Start ins Berufsleben

Fürs Leben gern wüßt' ich: was fangen die vielen Leute nur mit dem erweiterten Horizont an?
– KARL KRAUS

Master ist fertig – und jetzt?

Wer ein lang angestrebtes Ziel endlich erreicht hat, kämpft manchmal mit sonderbaren Gefühlen. Statt Stolz, Erleichterung und Glück spürt man in sich nur eine unerklärliche Leere, eine

B. Messing, *Das Studium: Vom Start zum Ziel*, 2. Aufl.,
DOI 10.1007/978-3-642-20651-1_18,
© Springer-Verlag Berlin Heidelberg 2012

Mischung aus Katzenjammer und Wochenbettdepression. Das ist eine natürliche Reaktion auf eine lange Zeit der Konzentration und inneren Anspannung. Vielleicht kennen Sie das schon, weil Sie einmal an einem wichtigen sportlichen Wettkampf oder einem Theaterstück teilgenommen haben. Erst nach und nach beginnt man zu ahnen, dass es außerhalb der Prüfung noch ein paar andere Dinge gibt. Die Umstellung kann ein paar Tage dauern – treffen Sie in dieser Zeit keinesfalls wichtige Entscheidungen.

Mit dem Abschluss Ihres Studiums stehen Sie am Anfang Ihrer beruflichen Laufbahn. Auch wenn Sie sich wohlüberlegt für ein Fach entschieden und schon eine Perspektive für Ihren Beruf entwickelt haben, müssen Sie doch noch einmal neu überlegen: Wo stehe ich jetzt? Was kann, was weiß ich? Was kann ich besonders gut, was fällt mir leicht, was tue ich gern und wovor scheue ich mich? Wo möchte ich hin und wie kann ich dieses Ziel erreichen? Ist es realistisch oder laufe ich Träumen hinterher? Nicht nur der Arbeitsmarkt hat seine eigene Dynamik. Man selbst verändert sich auch und möchte vielleicht eine andere Richtung einschlagen als ursprünglich geplant.

18.1 Bewerbung

Beobachten Sie den Stellenmarkt schon eine Weile, bevor Sie mit Ihren Bewerbungen loslegen. So können Sie ein Gefühl dafür gewinnen, welche Stellenausschreibungen für Sie in Frage kommen und welche Sie ansprechen. Viele Stellenanzeigen wirken durch ihren hohen Anspruch furchteinflößend. Die Firmen scheinen nach der „eierlegenden Wollmilchsau" zu suchen: Bewerber sollen jung, auslands- und praxiserfahren sein, in kurzer Zeit studiert und dabei gute Noten bekommen haben und eine Reihe von Spezialkenntnissen und persönlicher Stärken aufweisen.

Bewerben Sie sich, auch wenn nicht alle Ihre Merkmale mit dem Anforderungsprofil übereinstimmen. Nicht nur Sie müssen

Kompromisse bei der Jobsuche schließen, auch ihre zukünftigen Arbeitgeber müssen das. Nicht zu jeder Zeit steht der perfekte Bewerber zur Verfügung – Gelegenheit genug für Sie zu zeigen, dass Sie auch passen. Wichtig ist, dass Sie Ihre persönlichen Fähigkeiten in ein möglichst positives Licht rücken. Bedenken Sie aber immer: Es geht nicht nur darum, dass Sie den Job bekommen. Sie müssen ihren Job ausfüllen können – aber umgekehrt sollte Ihr Beruf Ihnen auch Erfüllung bringen. Das gilt besonders dann, wenn mit einem hohen Arbeitseinsatz (und einem angemessenen Gehalt) zu rechnen ist. Man riskiert Lebensfreude und Gesundheit, wenn man seine Arbeit nicht mag. Interpretieren Sie Absagen nicht als persönliche Ablehnung, sondern als Fingerzeig, dass dies vielleicht nicht die richtige Aufgabe für Sie ist. Manchmal hilft auch das Vorstellungsgespräch oder das Assessment Center zu zeigen, wo man *nicht* arbeiten will – wenn die Rahmenbedingungen, die Aufgaben und die Leute einfach nicht zu einem passen.

Verfolgen Sie die Veröffentlichungen zum Thema „Bewerbung" und „Karriere", aber lassen Sie sich nicht von den manchmal allzu autoritären Karriereberatern verrückt machen. Es kommt darauf an, dass Sie Ihren Platz in der Arbeitswelt finden, nicht darauf, dass Sie alle Anforderungen eines *Young Professional* erfüllen. Sich traurigen Betrachtungen über düstere Prognosen hinzugeben, nutzt nichts. Die schlechte Auftragslage wird im Übrigen gern dazu benutzt, die Gehälter zu drücken und beispielsweise Praktikanten zu Hungerlöhnen zu beschäftigen. Sie können nicht erwarten, vom Studium weg ohne Mühe in ein sicheres Angestelltenverhältnis übernommen zu werden. Aber Sie sollten sich auch nicht unter Wert verkaufen. Sehr kritisch zu sehen sind unbezahlte Praktika nach einem abgeschlossenen Studium. Es mag in manchen Situationen die einzige Möglichkeit sein, sich weiter zu qualifizieren, aber welchen Wert hat ein Abschluss, wenn man zusätzlich zu einem Fulltime-Job kellnern muss, um seinen Lebensunterhalt zu verdienen?

Klaus Werle, Redakteur bei *manager-magazin*, beschreibt in seinem Buch über die „Perfektionierer" die heute weit verbrei-

tete Haltung, alles passgenau planen und durchführen zu wollen,
von der Ausbildung über den Job bis hin zum durchgestylten
Body und dem im Internet konfigurierten Partner [Wer10]:

> Wer brav und buchstabengetreu das abarbeitet, was ihm Karriererat-
> geber und Personalchefs vorbeten, der hat am Ende ein Bündel von
> Zertifikaten und Qualifikationen gesammelt, die alle anderen auch
> haben. Und dabei das verloren, was gerade in der Wissensgesell-
> schaft entscheidend ist: Persönlichkeit, Kreativität, selbstständiges
> Denken. Wie tückisch die Sucht nach dem vermeintlich Besten sein
> kann, zeigt gerade das Thema Selbstständigkeit: Ausgerechnet an
> den Privatunis, wo Studierende quasi an die Hand genommen wer-
> den, bemängeln Personaler in diesem Aspekt gravierende Defizite.

Werle beschreibt eine Situation in einem Bewerbungsverfah-
ren, in dem die Bewerber auf Einfallsreichtum getestet werden,
so:

> Besucht wurde eine Firma, die Büroeinrichtungen verleast und
> gleichzeitig eine Kunstsammlung mit mehreren hundert Gemälden
> besitzt. Die Master-Bewerber sollen Synergien zwischen beiden Be-
> reichen entwickeln. Zweieinhalb Stunden lang saßen sie konzentriert
> über ihren Folien, aber keiner, nicht ein Einziger unter siebzig, hatte
> einer originellerre Idee als „Imagepflege". Jetzt bemüht sich Jansen
> um Fassung. „Wie haben Büro-Leasing", sagt er langsam, als sprä-
> che er zu einem Zweijährigen und betont das Wort „Leasing", „wir
> haben Hunderte Gemälde, die im Keller verstauben. Was fällt Ihnen
> dazu ein?"Anna-Lena spielt an ihren Perlenohrringen, sie sieht jetzt
> aus wie ein waidwundes Reh. „Gemälde-Leasing"kommt ihr nicht
> in den Sinn. „Auf die Frage bin ich nicht vorbereitet", erwidert sie.
> „Was wollen Sie denn von mir hören?"

Tja – was wollen sie hören? Sie wollen aus der Antwort heraushören, dass die Bewerber das besitzen, was Sabine Schonert-Hirz als „die sechs Zukunftstugenden" bezeichnet:
Lernfähigkeit, Entscheidungsfreude, Kreativität, Teamfähigkeit,
Flexibilität und Belastbarkeit [SH09]. Notfallpläne, so zeigte es
erst die Katatrophe von Fukushima wieder, sind sinnvoll, haben
aber immer nur einen begrenzten Nutzen. Was wirklich zählt,
ist die Fähigkeit der Einsatzkräfte, auf *unerwartete* Ereignisse

richtig zu reagieren. Wissen und Routine sind gefragt, reichen aber nicht aus.

18.2   Den eigenen Weg finden

Die Erfolgreichen sind begeistert von ihrer Arbeit und setzen ihre Vorstellungen auch gegen Widerstände und Schwarzmalerei durch. Den oben erwähnten Herrn Jansen beschreibt Klaus Werle so:

> [...] sein Leben hat einige scharfe Wendungen genommen, sein Aufstieg ist beachtlich. Aber: Strategisch war er nicht. Jansen hat immer das gemacht, woran er am meisten Spaß hatte, deshalb war er gut darin. [Wer10]

Manchmal kostet es etwas, das zu tun, wonach es einen drängt. Manchen Menschen behagt es wenig, die vertraute Umgebung zu verlassen, aber sie bringen sich dadurch um eine Vielzahl interessanter Erfahrungen und womöglich auch um ihren Traumjob, der ja vielleicht 400 km entfernt zu haben wäre, wenn man sich nur entschließen könnte. Man muss wissen, was man in Kauf nimmt, wenn man einen ungeliebten Job behält, weil man seine Wohnung behalten will. Bei häufigen Ortswechseln – die bei Akademikern nun einmal häufiger sind als bei anderen Beschäftigten – kann sich ein Gefühl der Heimatlosigkeit einstellen. Spätestens mit der Familiengründung ist die Umzieherei nicht mehr so leicht.

Offensichtlich sind die Probleme „da draußen" ganz andere als die, mit denen Sie im Studium gekämpft haben. Ihre Professorin legte auf allergrößte Exaktheit wert und im „wahren Leben" wird unter Zeitdruck geschludert. An der Uni haben Sie Stunden an wohlklingenden Formulierungen gefeilt, und später schreiben Sie rasche Memos und alles muss *asap* (as soon as possible) erledigt werden. Oft ist für ausführliche Erörterungen von Pro und Contra keine Gelegenheit, es muss schnell entschieden werden und es hält unendlich auf, an Informationen zu kommen oder Zuständigkeiten herauszufinden. Wenn Sie im Studium gejobbt haben oder Praktika absoviert haben, trifft der „Praxisschock" Sie nicht so sehr, aber eine Umstellung ist der Alltag im Berufsleben allemal.

Und es kann noch eine Weile dauern, bis Sie das von sich sagen können, was einige Menschen erst beim zwanzigjährigen Abiturjubiläum von sich behaupten: dass sie endlich „angekommen" seien. Das ist ein schönes Bild für das Gefühl, seinen Platz im Leben gefunden zu haben.

18.3 Wissenschaft als Beruf

Sagt mal „Kri-i-i-ise"!

Vielleicht macht Ihnen das Studium so viel Spaß, dass Sie sich überlegen, ob Sie nicht weiter an der Universität bleiben wollen. Gute Noten, eine gut funktionierende Zusammenarbeit mit den Dozenten, vielleicht das Lob Ihres Professors mögen Sie ermutigt haben. Man muss aber auch wissen, worauf man sich dann einlässt. Für einen Professor ist es schön, einen begabten Doktoranden für ein Gebiet zu finden, das beide interessiert. Bei der derzeitigen Situation an den Hochschulen und auch auf dem Arbeitsmarkt steht aber dahinter ein großes Fragezeichen.

Wer in die Wissenschaft will, muss als Erstes eine Promotion anstreben. Außerhalb der Medizin muss man dafür mehrere Jahre veranschlagen. Wie lange die Promotion dauert, hängt unter anderem davon ab, wie sie finanziert wird. Günstig sind eine Stelle an der Hochschule oder ein Stipendium in einem Graduiertenkolleg. Verlängernd wirkt sich begreiflicherweise eine Berufstätigkeit außerhalb der Hochschule aus. Die zum Teil dürftige Doktorandenbetreuung oder aber hohe Ansprüche des Doktorvaters dehnen das Projekt Promotion weiter aus. Deshalb sollte man vorher gründlich überlegen, ob sich der Aufwand lohnt. Nicht immer bringt der Doktortitel den Karrierekick, den man sich davon versprochen haben mag. Als „Parkstudium" ist die Promotion nicht geeignet. Aber wenn es Sie in die Wissenschaft oder in einen wissenschaftsnahen Beruf drängt, ist sie Ihre erste Bewährungsprobe.

Die Beschäftigungsverhältnisse an den Hochschulen sind unterhalb der Professur im wissenschaftlichen Bereich fast immer zeitlich befristet. Für eine Hochschullaufbahn sind Ortswechsel fast unvermeidbar. Man ist mit der entsprechenden Qualifikation so spezialisiert, dass es nur noch wenige Stellen gibt, die auch wirklich passen. Eine Karriere in der Wissenschaft ist immer mit einer hohen Arbeitsbelastung verbunden, die oft nicht angemessen bezahlt wird. Lehraufträge, also Lehraufgaben, die man ohne feste Anstellung erledigt, werden lächerlich schlecht bezahlt, und die Hoffnung auf eine spätere Einstellung erfüllt sich nur selten. Man muss diese Arbeit wirklich sehr lieben, um mit solchen Arbeitsbedingungen zurecht zu kommen.

Aber auch unter erschwerten Bedingungen wird es immer Menschen geben, die wissenschaftlich arbeiten, und eine Reihe von ihnen schaffen es ja auch, sich ihren Lebensunterhalt damit zu verdienen. Wissenschaft ist viel zu faszinierend, und Forschen viel zu spannend, als dass sich schrecken ließe, wer einmal einen Fuß drin hat. Wenn andere davon reden, wann sie denn morgens zur Arbeit „müssen", sagt der Vollblutwissenschaftler, dass es ihm die Arbeit so viel Spaß macht, dass er auch sonntags forscht – als Freizeitvergnügen. Er freut sich auf die Semesterferien, denn nur außerhalb der Lehrveranstaltungen kommt er so richtig zum Arbeiten. Wissenschaft ist ein schöner Beruf, weil er immer etwas Neues bringt. Wer gute Ideen hat, wird immerzu auf dem Weg sein.

Schaut man nicht starr auf die Berufsaussichten sondern auf die persönlichen Optionen, dann ist eine wissenschaftliche Qualifikation außerordentlich attraktiv: Im Idealfall verfügt ein Wissenschaftler nicht nur über reiche Fachkenntnis, sondern auch über kommunikative und didaktische Kompetenz, über die Fähigkeit, ausdauernd und selbstständig zu arbeiten und über ein hohes Reflexionsniveau. Auch wenn man dann vielleicht nicht ganz die Passform des Arbeitsmarktes hat: Dumm rumsitzen wird man mit diesen Qualitäten nicht. Wenn Ihnen dieses Buch gefallen hat, empfehle ich Ihnen zum Thema Promotion die Fortsetzung: [MH07].

Kapitel 19
Ein Wort zum Schluss

*Echte Bildung ist nicht Bildung zu irgendeinem
Zwecke, sondern sie hat, wie jedes Streben nach
dem Vollkommenen, ihren Sinn in sich selbst. So
wie das Streben nach körperlicher Kraft,
Gewandtheit und Schönheit nicht irgendeinen
Endzweck hat, etwa den, uns reich, berühmt und
mächtig zu machen, sondern seinen Lohn in sich
selbst trägt, indem es unser Lebensgefühl und
unser Selbstvertrauen steigert, indem es uns
froher und glücklicher macht und uns ein
höheres Gefühl von Sicherheit und Gesundheit
gibt, ebenso ist auch das Streben nach
„Bildung", das heißt nach geistiger und
seelischer Vervollkommnung, nicht ein
mühsamer Weg zu irgendwelchen begrenzten
Zielen, sondern ein beglückendes und stärkendes
Erweitern unsres Bewusstseins, eine
Bereicherung unsrer Lebens- und
Glücksmöglichkeiten.
– HERMANN HESSE, Bibliothek der Weltliteratur,
1929*

Lebenslanges Lernen ist in aller Munde, Bildung wird überall
groß geschrieben. In einem Land wie Deutschland sind Wissen
und Technologie die wichtigsten Rohstoffe. Bei all diesen Not-
wendigkeiten, wirtschaftlichen Erwägungen und Sorgen um die

B. Messing, *Das Studium: Vom Start zum Ziel*, 2. Aufl.,
DOI 10.1007/978-3-642-20651-1_19,
© Springer-Verlag Berlin Heidelberg 2012

Zukunft wird leicht vergessen, welchen Wert Bildung für den inneren Reichtum und das persönliche Glück spielt – so wie Hesse das schildert. Dabei zählt nicht der akademische Abschluss, sondern die Fähigkeit, sich zu entwickeln – lebenslang.

„Nur die Unzufriedenheit macht glücklich" hat Georg Kreisler[1] in seiner Autobiographie geschrieben. In einem Interview mit der *Zeit*[2] erläutert er: „Mit Unzufriedenheit meine ich, dass man nicht aufhören soll, nach etwas zu streben. Sich für etwas zu interessieren."

Irgendwann in der Schulzeit beginnt es anstrengend zu werden, sich für alles Mögliche zu interessieren. Nicht jeder will dringend etwas über die Gebisse der Meeressäuger wissen, nur weil gerade Biologie auf dem Stundenplan steht. Auch im Studium sind manche Durststrecken zu überwinden. Wer aber endlich dem nachgehen kann, was ihn am meisten interessiert, kann sich glücklich schätzen und wird es nicht bereuen, auch die faden Abschnitte überwunden zu haben. Einen Job zu haben, bei dem man nicht ständig auf die Uhr schaut und sich nach Urlaub sehnt, sondern den man mit so viel Freude ausübt, dass auch fade und anstrengende Etappen nichts an der grundsätzlichen positiven Haltung ändern: Das ist etwas, wofür sich (fast) jede Anstrengung lohnt. Ob man das als Gebrauchtwagenhändler oder als Professorin für Politikwissenschaft erreicht, ist weniger wichtig.

Das Schreiben dieses Buches war ohne Zweifel auch mühsam, doch der Spaß an der Sache überwog bei weitem. Auf Ihrem Weg wünsche ich Ihnen außer Erfolg vor allem das: Freude an dem, was Sie tun.

---

[1] Musiker und Schriftsteller, wurde bekannt wurde er durch makabre Chansons wie „Taubenvergiften".

[2] *Die Zeit*, 28.7.2011.

Kapitel 20
Begriffe und Abkürzungen im Hochschulbereich

Alma Mater	Veraltete Bezeichnung für die Universität („nahrungsspendende Mutter")
Approbation	Staatliche Zulassung als Arzt/Ärztin oder Apotheker/in
…and/in	in Vorbereitung auf einen Abschluss Tätiger, z. B. Diplomandin, Doktorand, Habilitandin
AStA	Allgemeiner Studierendenausschuss
Audimax	Auditorium Maximum (größter Hörsaal einer Hochschule)
Bachelor	niedrigster akademischer Abschluss, dem sich der Master-Abschluss anschließen kann
BAFöG	Bundesausbildungsförderungsgesetz; auch die auf diesem Weg erhaltenen Bezüge werden mit „BAFöG" bezeichnet
Belegbogen	Dokumentation der in einem Semester belegten Veranstaltungen. Örtliche Vorschriften beachten!
Bibliographie	Verzeichnis von Literaturangaben
Cand.	Student, der das Vorexamen abgeschlossen hat (z. B. cand. jur.)
Citation Index	Verzeichnis der Arbeiten, in der eine Publikation zititert wurde („Umkehrfunktion" zur Literaturangabe)

B. Messing, *Das Studium: Vom Start zum Ziel*, 2. Aufl.,
DOI 10.1007/978-3-642-20651-1_20,
© Springer-Verlag Berlin Heidelberg 2012

CP	Credit Points, „Leistungspunkte" im Bachelor- und Masterstudiengang
c. t.	cum tempore – eine Viertelstunde später (12 c. t. = 12 : 15 Uhr), das „akademische Viertelstündchen"
Curriculum	Festlegung der inhaltlichen und organisatorischen Gestaltung des Studiums
DAAD	Deutscher Akademischer Austauschdienst
Dies academicus	(sprich di-es) „Hochschulfeiertag" mit allgemeinen Vorträgen und Veranstaltungen, eine Art „Tag der offenen Tür"; die normalen Vorlesungen fallen aus
DFG	Deutsche Forschungsgemeinschaft
ECTS	European Credit Transfer System: System, nach dem die Credit Points vergeben werden
Emeritus	„entpflichteter" Professor („Rentner, der vorher Professor war")
Exmatrikulation	Abmeldung oder Streichung eines Studenten/einer Studentin als Hochschulangehörige/r
Fachschaft	Im weiteren Sinn: alle Studierende eines Fachbereichs; im engeren Sinn: Die studentische Vertretung derselben
FB	Fachbereich
FH	Fachhochschule
Graduiertenkolleg	durch Stipendien geförderte Gruppe von Doktorandinnen und Doktoranden
HIS	Hochschul-Informationssystem
HRG	Hochschulrahmengesetz
HS	Hörsaal
Immatrikulation	Einschreiben (= Anmelden) an der Hochschule

Kolloquium	Vortrag und Diskussion zu wissenschaftlichen Themen, auch als regelmäßige Veranstaltung (Forschungskolloquium)
LG	Lehrgebiet, moderne Bezeichnung für „Lehrstuhl"
M. A.	Magister Artium
Mensa	Kantine an der Universität
LN	Leistungsnachweis („Schein")
N. N.	nomen nominandum oder nomen nescio oder „nicht nominiert", zu deutsch: Dozent/in noch nicht bekannt
NC (auch N. c.)	Numerus clausus, über die Abiturnote definierte Zulassungsbeschränkung
OE	Orientierungseinheit (für Erstsemester, auch O-Phase genannt)
OPAC	Online Public Access Catalogue (Bibliothekskatalog im Internet)
PH	Pädagogische Hochschule
PO	Prüfungsordnung
Propädeutik	Vermittlung von Vorkenntnissen; einführende Veranstaltung
Proseminar	Seminar, das man vor der Zwischenprüfung besuchen kann
Präsenzstudium	Studium, bei dem man persönlich anwesend ist (im Ggs. zum Fernstudium)
Ranking	Bewertung und Rangfolge von Hochschulen nach verschiedenen Qualitätsmerkmalen
Ringvorlesung	Veranstaltungsreihe, die von verschiedenen Dozenten gehalten wird, oftmals interdisziplinär konzipiert und im Rahmen des ↪ Studium generale angeboten
Seminar	Fachwissenschaftliches Institut oder auch Veranstaltung, siehe Abschn. 3.3.3
s. t.	sine tempore – ohne das akademische Viertelstündchen (12 s. t. = 12 : 00 Uhr)

SHK	Studentische Hilfskraft, siehe Abschn. 3.2.3
Skript, Skriptum (Mz.: Skripten)	Schriftliche Ausarbeitung der Vorlesung
Stipendium	steuerfreie finanzielle Förderung von Studierenden und Nachwuchswissenschaftler/innen
SP	Studierendenparlament (auch: StuPa)
SS	Sommersemester
Studium generale	Veranstaltungen, die nicht zum ursprünglich gewählten Fach gehören, sondern der Allgemeinbildung dienen
SWS	Semesterwochenstunden
TH	Technische Hochschule
Ü	Übung
UStA	Unabhängiger Studierendenausschuss
V	Vorlesung
VV	Vollversammlung
WHK	Wissenschaftliche Hilfskraft
Workload	Erwartete studentische Arbeitsleistung, nach der sich Leistungspunkte berechnen
WS	Wintersemester
ZVS	Zentralstelle für die Vergabe von Studienplätzen

Kapitel 21
Internet

Die folgenden Links und eine Reihe weiterer finden Sie auf meiner Homepage:

www.barbara-messing.de

Diese Sammlung beinhaltet Seiten, die ich bei der Recherche genutzt habe und solche, die ich interessant finde. Es ist eine subjektive und als exemplarisch anzusehende Sammlung. Ich habe keinen Einfluss auf ihre Inhalte, kann also keine Verantwortung übernehmen. Hinweise auf „tote" Links oder solche, die hier aufgeführt werden sollen, nehme ich gern per E-Mail entgegen: info@barbara.messing.de.

21.1 Studienfachwahl und Einstieg

www.bildungsserver.de
  umfangreiche Informationen von Servern von Bund und Ländern
www.studienwahl.de
  Hier kann man sich auch die Broschüre Studien- und Berufswahl bestellen.
www.abitur-und-dann.de
  Berufsberatung für Abiturienten
www.wege-ins-studium.de
  Beratung für Studieneinsteiger

B. Messing, *Das Studium: Vom Start zum Ziel*, 2. Aufl.,
DOI 10.1007/978-3-642-20651-1_21,
© Springer-Verlag Berlin Heidelberg 2012

www.hochschulstart.de
  Zentralstelle zur Vergabe von Studienplätzen (Nachfolgeeinrichtung
der ZVS)
www.bibb.de
  Bundesinstitut für Berufsbildung
www.uni-deutsch.de
  Deutsch für Studium und Wissenschaft
www.uni-due.de/isa
  Informationssystem Studienwahl und Arbeitswelt
www.hochschulkompass.hrk.de
  Infoservice der Hochschulrektorenkonferenz
www.auswahlgespraeche.de
  Arbeitsgruppe Studienberatung, FU Berlin
http://studiengaenge.zeit.de/
  Zeit online Studiengangssuche
www.einstieg.com
  viele Infos zu Studiengängen
www.orientiere-dich.de
  Studien-und Berufsorientierung
www.altphilologenverband.de
  Hier gibt es Infos zum Latinum als Voraussetzung für bestimmte Studiengänge
www.daad.de
Deutscher Akademischer Austauschdienst, Ansprechpartner für das
Studium im Ausland

Eine Liste von Universitäten und Fachhochschulen findet
man unter dem Stichwort Universität bei Wikipedia (http://de.
wikipedia.org/wiki/Hauptseite). Die Adressen der Hochschulen
sind weitestgehend standardisiert: www.uni-irgendwo.de bzw.
www.fh-irgendwo.de

Bei Interesse an einem bestimmten Fach helfen berufsständi-
sche Vertretungen, z. B.

www.gdch.de
  Gesellschaft deutscher Chemiker
www.gi-ev.de
  Gesellschaft für Informatik
www.mathematik.uni-bielefeld.de/DMV
  Deutsche Mathematikervereinigung
www.think-ing.de
  Informationsplattform für Ingenieurberufe

www.vde.com
  Verband der Elektrotechnik, Elektronik, Informationstechnik e.V.
www.vdi.de
  „Portal der Ingenieure"

Bei diesen Vereinigungen gibt es u. a. fachspezifische Information zu den Themen Studium, Berufsaussichten usw. Ihr Fach ist nicht dabei? Starten Sie eine Web-Suche nach „Bundesverband", „Berufsverband", „Vertretung" oder „Gesellschaft", jeweils in Kombination mit dem angestrebten Fach; auch die Suche in den Verzeichnissen von Yahoo kann zum Ziel führen.

21.2 Leitseiten von Institutionen

www.bmbf.de
  Bundesministerium für Bildung und Forschung
www.bildungsserver.de
  die Kultusministerien der Bundesländer
www.his.de
  Hochschul-Informationssystem
www.che.de
  Centrum für Hochschulentwicklung
www.akkreditierungsrat.de
  Stiftung zur Akkreditierung von Hochschulgängen in Deutschland
www.stiftungsindex.de
  jede Menge Stiftungen
www.hrk.de
  Hochschulrektorenkonferenz

21.3 Zeitungen/Zeitschriften mit studiumsrelevanten Themen

Die Online-Ausgaben von *ZEIT*, *FAZ* und *Spiegel* haben Extraseiten für alles rund um die Uni. Und hier kann man auch schauen:

www.audimax.de
  Hochschulzeitschrift, gibt es schon sehr lang
www.unicum.de
  ebenso

www.abi-magazin.de
  Herausgeber: Bundesagentur für Arbeit
www.uni-magazin.de
  ebenso

21.4 Recherche und Bücher

21.4.1 Literaturrecherche

Informieren Sie sich am besten zuerst bei Ihrer örtlichen Universitätsbibliothek. Dorthin kommen Sie von der Startseite aus über „zentrale Einrichtungen"oder ähnlich lautende Links. Insbesondere die Fachbibliotheken sind für Sie wichtig.

www.subito-doc.de
  Dokumentlieferdienst der deutschen Bibliotheken
www.grass-gis.de/bibliotheken
  Sammlung von Links zu Bibliotheken
www.hbz-nrw.de/
  Bibliographischer Werkzeugkasten (Bibliotheken, Nachschlagewerke, Bibliographien etc.)
www.hebis.de
  Hessischer Bibliotheksverbund
www.ubka.uni-karlsruhe.de/kvk.html
  Karlsruher virtueller Katalog – hier finden Sie so ziemlich alles.
www.ddb.de
  Deutsche Bibliothek; Recherche und kostenpflichtige Dokumentenbeschaffung
www.gutenberg.org
  Projekt Gutenberg; digitale Bibliothek (ohne Kosten)

21.4.2 Nachschlagewerke und Portale

Suchen Sie auch nach fachspezifischen Portalen und Wikis.

www.wikipedia.org
  Online-Enzyklopüdie
c2.com/cgi/wiki?

Informationen zu Wiki-Systemen
www.leo.org
„Link everything online" – TU München
www.wissenschaft-online.de
Wissenschaftsportal mit umfangreichem Angebot, z. B. Fachwörterbücher
www.enzyklo.de/
Portal für Enzyklopädien online
www.paperball.de
Suche in Zeitungen

21.4.3 Literaturverwaltung

www.citavi.net
Literaturverwaltungsprogramm Lightversion zum kostenloser Download
www.heutling.de/html/winliman.html
WinLiman Literaturverwaltungsprogramm
www.studi-bib.de
Online-Literaturverwaltung

21.4.4 Schreiben und Textverarbeitung

www.uni-due.de/schreibwerkstatt
Informatives von der Schreibwerkstatt der Uni Duisburg-Essen.
Service u. a.: Sprachtelefon.
www.dante.de
LATEX-Treffpunkt
www.jurawiki.de/LaTeX
LATEXfür Juristen, nicht so informatiklastig

21.5 Jobben im Studium

www.minijob-zentrale.de
Infos zu Minijobs und Steuerpflicht
www.studentenwerke.de
nicht nur zum Thema Jobben

www.uni-kiel.de/stwsh/seiten_sozial/jobben-im-studium.pdf
   Ausführliche Information zum Jobben

21.6 Mathematik

www.mathematikum.de
   Mathematikmuseum
www.matheprisma.uni-wuppertal.de
   Modulsammlung zur Mathematik
www.mathe-online.at
   Galerie multimedialer Lernhilfen
www.weblearn.hs-bremen.de/risse/MAI/docs/vorkurs.pdf
   Test über Mathematik-Vorkenntnisse

21.7 Frauenspezifisches

www.physik.tu-darmstadt.de/website/frauen/allgemein/portraits.html
   Porträts berühmter Wissenschaftlerinnen in Physik und Mathematik
www.fembio.org
   Dahinter verbirgt sich das Institut für Frauen-Biographieforschung
(Prof. Luise Pusch).
www.addf-kassel.de
   Archiv der deutschen Frauenbewegung
www.dibev.de
   Deutscher Ingenieurinnenbund

Literaturverzeichnis

Bau97. BAUMANN, PETER: *Studenten brauchen Geld! BAFöG – Stipendien – Nebenjob.* Walhalla Verlag, Regensburg, Bonn, 1. Auflage, 1997.

BB02. BUZAN, TONY und B. BUZAN: *Das Mind-map-Buch.* mvg, Landsberg am Lech, 5. Auflage, 2002.

Ber95. BERCKHAN, BARBARA: *Die etwas gelassenere Art, sich durchzusetzen. Ein Selbstbehauptungstraining für Frauen.* Kösel, München, 1. Auflage, 1995.

BM10. BENSBERG, GABRIELE und JÜRGEN MESSER: *Survivalguide Bachelor.* Springer, Heidelberg, 1. Auflage, 2010.

BRKT03. BRUCE, KIM B., ROBERT L. SCOT DRYSDALE, CHARLES KELEMAN und ALLEN TUCKER: *Why Math?* Communications of the ACM, 46(9):41–44, 2003.

Bro95. BRODBECK, KARL-HEINZ: *Entscheidung zur Kreativität.* Wissenschaftliche Buchgesellschaft, Darmstadt, 1. Auflage, 1995.

Bur00. BUROW, OLAF-AXEL: *Ich bin gut – wir sind besser.* Klett-Cotta, Stuttgart, 1. Auflage, 2000.

Bus02. BUSCH, BURKHARD G.: *Denken mit dem Bauch. Intuitiv das Richtige tun.* Kösel, München, 1. Auflage, 2002.

Dev01. DEVLIN, KEITH: *Das Mathe-Gen Oder wie sich das mathematische Denken entwickelt und warum Sie Zahlen ruhig vergessen können.* Klett-Cotta, Stuttgart, 2. Auflage, 2001.

Dör03. DÖRNER, DIETRICH: *Die Logik des Misslingens. Strategisches Denken in komplexen Situationen.* Rowohlt, Hamburg, 3. Auflage, 2003.

B. Messing, *Das Studium: Vom Start zum Ziel*, 2. Aufl.,
DOI 10.1007/978-3-642-20651-1,
© Springer-Verlag Berlin Heidelberg 2012

Dud01.   DUDEN: *Richtiges und gutes Deutsch. Wörterbuch der stilistischen Zweifelsfälle.* Bibliographisches Institut, Mannheim, 5., neubearbeitete Auflage, 2001.

Ede00.   EDELMANN, WALTER: *Lernpsychologie.* Beltz, Weinheim, 6. Auflage, 2000.

Fra04.   FRANCK, NORBERT: *Fit fürs Studium. Erfolgreich reden, lesen, schreiben.* Deutscher Taschenbuchverlag, München, 6. Auflage, 2004.

Gei01.   GEISSLER, KARLHEINZ A.: *Es muss in diesem Leben mehr als Eile geben.* Herder Spektrum, Freiburg i. Brsg., 1. Auflage, 2001.

Gig02.   GIGERENZER, GERD: *Das Einmaleins der Skepsis. Über den richtigen Umgang mit Zahlen und Risiken.* Berlin Verlag, Berlin, 1. Auflage, 2002.

Hin00.   HINZ, ARNOLD: *Psychologie der Zeit. Umgang mit Zeit, Zeiterleben und Wohlbefinden.* Waxmann, Münster, 1. Auflage, 2000.

HVH06.   HERRMANN, DIETER und ANGELA VERSE-HERRMANN: *Geld fürs Studium und die Doktorarbeit: Wer fördert was?* Eichborn, Frankfurt am Main, 1. Auflage, 2006.

JH04.   JÜRGEN HESSE, HANS CHRISTIAN SCHRADER: *Was steckt wirklich in mir? Der Potenzialanalysetest.* Eichborn, Frankfurt/Main, 1. Auflage, 2004.

Kru01.   KRUSCHE, HELMUT: *Entschuldigen Sie die Unordnung.* mvg Verlag, München; Landsberg am Lech, 1. Auflage, 2001.

Man08.   MANGUEL, ALBERTO: *Eine Geschichte des Lesens.* Rowohlt Taschenbuch, Hamburg, 1. Auflage, Neuauflage 2008.

Mee01.   MEER, DOROTHEE: *Der Prüfer ist nicht der König – Mündliche Abschlussprüfungen in der Hochschule.* Max Niemeyer Verlag, Tübingen, 1. Auflage, 2001.

MH07.   MESSING, B. und K.-P. HUBER: *Die Doktorarbeit: Vom Start zum Ziel.* Springer, Berlin, Heidelberg, 4. Auflage, 2007.

MS03.   METZIG, WERNER und MARTIN SCHUSTER: *Lernen zu lernen. Lernstrategien wirkungsvoll einsetzen.* Springer, Berlin, Heidelberg, 6. Auflage, 2003.

Nut09.   NUTT, HARRY: *Mein schwacher Wille geschehe – Warum das Laster eine Tugend ist. Ein Ausredenbuch.* Campus, Frankfurt, 7. Auflage, 2009.

Püs00.   PÜSCHEL, ULRICH: *Wie schreibt man gutes Deutsch?* Bibliographisches Institut & F. A. Brockhaus AG, Mannheim, 1. Auflage, 2000.

Qui68.   QUILLIAN, M.: *Semantic Memory.* In: MINSKY, M. (Herausgeber): *Semantic Information Processing,* Seiten 216–270. MIT Press, Cambridge, Mass., 1968.

Rüc11.   RÜCKERT, HANS W.: *Schluss mit dem ewigen Aufschieben. Wie Sie umsetzen, was Sie sich vornehmen.* Campus, Frankfurt, 7. Auflage, 2011.

Sch94.   SCHNEIDER, WOLF: *Deutsch fürs Leben. Was die Schule zu lehren vergaß.* Rowohlt, Hamburg, 1. Auflage, 1994.

Sch99.   SCHNEIDER, WOLF: *Deutsch für Profis. Wege zu gutem Stil.* Goldmann, München, 1. Auflage, 1999.

SH09.   SCHONERT-HIRZ, SABINE: *Machen Sie Ihren Kopf fit für die Zukunft.* Campus, Frankfurt a. M., 2009.

SS08.   SHIPLEY, DAVID und WILL SCHWALBE: *Erst denken, dann senden. Die peinlichsten E-Mail-Fallen und wie man sie vermeidet.* Heyne, München, 4. Auflage, 2008.

The05.   THEISEN, MANUEL R.: *Wissenschaftliches Arbeiten.* Vahlen, München, 12. Auflage, 2005.

TP04.   TRÖMEL-PLÖTZ, SENTA: *Gewalt durch Sprache. Die Vergewaltigung von Frauen in Gesprächen.* Milena, Wien, 1. Auflage, 2004.

Ver09.   VERBRAUCHERZENTRALE: *Clever studieren – mit der richtigen Finanzierung.* Verbraucherzentrale NRW, Düsseldorf, 2009.

Vol00.   VOLLMAR, KLAUSBERND: *Sprungbrett zur Kreativität. Verwirklichen Sie Ihren Lebenstraum.* Econ Ullstein List, München, 1. Auflage, 2000.

vR04.   RANDOW, GERO VON: *Das Ziegenproblem. Denken in Wahrscheinlichkeiten.* Rowohlt Verlag, Hamburg, Neu- Auflage, 2004.

Wag04.   WAGNER, WOLF: *Uni-Angst und Uni-Bluff. Wie studieren und sich nicht verlieren.* Springer, Berlin, 3. Auflage, 2004.

Wer10.   WERLE, KLAUS: *Die Perfektionierer: Warum der Optimierungswahn uns schadet – und wer wirklich davon profitiert.* Campus, Frankfurt a. M., 2010.

Sachverzeichnis